춤추는
뇌

뇌과학으로 풀어 보는 인간 행동의 비밀

김종성

| 글머리에 |

    후두둑, 타다닥 컴퓨터 자판을 두드린다. 자판을 두드린 결과 흰 화면에는 검은 선들이 글자를 이뤄 모니터에 나타난다. 글자를 이룬 그 선들은 화면에서 튀어나와 눈을 자극한다. 동공을 거쳐 망막을 향해 계속 들어온다. 마치 잘 훈련된 전투 부대처럼 일사분란하게 망막 세포를 지나 시신경 회로를 거쳐 뒤통수에 있는 후두엽을 향해 달린다. 후두엽은 시각 중추이다. 따라서 나는 후두엽을 사용해 그 글자를 볼 수 있다. 하지만 후두엽은 문맹이라서 글을 해독할 재간이 없다.

    내가 글을 읽을 수 있는 이유는 후두엽이 시각 정보를 언어 중추로 보내 이것을 해독하기 때문이다. 내가 어릴 적부터 배우고 사용해 온 우리말은 왼쪽 뇌에 있는 언어 중추에 고스란히 담겨 있다. 후두엽이 시각 정보를 언어 중추에 보내 해독하는 속도는 매우 빠르다. 그래서 글을 보자마자 그 의미를 파악할 수 있는 것이다.

    나는 글자를 해독하면서 동시에 글을 계속 써 나간다. 하지만 그에 앞서 무엇을 쓸 것인지 생각했을 것이다. 이런 일은 이마의 안쪽에 위치한 전두엽이 담당한다. 전두엽은 아이디어의 창고이다. 그러나 이것만으로는 글을 쓰기에 부족하다. 생각을 글로 만들기 위해서는 다시 한 번 언어 중추의 도움을 받아야 한다. 전두엽과 언어 중추가 힘을 모아 만든 글자들이 이어져 글이 완성되는 것이다.

그러나 아무리 전두엽과 언어 중추가 긴밀하게 협조한다 해도 손이 제대로 움직이지 않는다면 글을 쓸 수 없을 것이다. 손을 움직이려면 우선 전두엽 뒷부분에 있는 운동 중추가 손의 근육에 글을 쓰라는 명령을 내려야 한다. 뿐만 아니다. 뇌 안쪽 깊숙이 숨어 있는 기저핵과 뒤통수 아랫부분에 달려 있는 소뇌의 도움도 받아야 한다. 기저핵과 소뇌는 글을 쓰는 손의 움직임을 조절한다. 만약 이들이 없다면 나는 손이 마구 떨려서 1분에 기껏 몇 글자밖에 쓸 수 없을 것이다.

그렇다면 나는 무엇을 쓰려 하는가? 내 전두엽은 도대체 어떤 생각을 하고 있는가? 나는 이 책에서 뇌에 대한 의학적 지식과 진화론, 그리고 살면서 관찰해 온 인간의 행동과 감정을 접목해서 글을 쓰고자 한다. 이런 의지가 전두엽 속에서 살아 꿈틀댄다.

우리는 숨쉬고, 먹고, 자고, 놀고, 일한다. 사랑도 하고 미워도 한다. 나는 인간의 행위가 매우 다양하고 복잡하지만 본질적으로는 적자생존의 법칙을 벗어나지 않는다고 생각한다. 이런 인간의 행동을 궁극적으로 조절하는 것은 유전자이다. 그리고 유전자가 자신의 전략을 수행하기 위해 발달시킨 것이 바로 '뇌'이다. 뇌는 우리의 모든 행동을 직접적으로 조종한다. 즉 유전자가 대대장이라면 뇌는 중대장인 셈이다.

그렇다면 뇌는 어떻게 인간의 행위를 조절할까? 뇌는 수많은 신경 세포의 덩어리다. 신경 세포는 말하자면 전기가 흐르는 전깃줄과도 같다. 그 전선들은 마치 컴퓨터 회로처럼 복잡하게 서로 연결되어 있고, 그 사이에는 신경 전달 물질이라는 수십 가지 화학 물질이 흐른다. 결국 뇌는 전기적·화학적 신호를 사용하여 우리의 행동을 규정한다. 세나 히데아키(瀨名秀明)가 소설 『브레인 밸리』에서 말한 대로 어쩌면 인간은 모두 "뇌의 작은 화학 반응에 춤추는 꼭두각시"인지도 모른다.

물론 인간은 본능만 따르는 동물은 아니다. 인간은 여느 동물과는 달리 생존과는 당장 관계가 없는 예술과 종교를 논하고, 타인을 위해 희생하기도 한다. 이것은 다른 동물에 비해 대뇌가 발달했기 때문이다. 이런 행위들은 단순한 진화론 혹은 적자생존의 법칙으로 쉽게 이해할 수 없는 문제이지만, 이러한 행위가 진화론적 해석에서 완전히 벗어나는 것도 아니다. 단지 대뇌가 매우 발달했고, 신경 세포들이 복잡하게 얽혀 있으므로 우리가 그것을 이해하기 힘들 뿐이다. 즉 신을 닮은 이런 경이로운 인간의 행위에서조차 유전자는 여전히 뇌를 사용해서 자신의 목적을 달성하려 하고 있는 것이다.

1장부터 3장까지 나는 교묘하게 설계된 뇌가 어떻게 복잡한 인간 행동을 조절하는가에 대해 말하고자 한다. 그리고 그 속에 깊이 숨어 있는 유전자의 전략을 짚어볼 것이다. 4장에서는 이처럼 멋지게 발달된 뇌에 생기는 수많은 질병들과 이런 수수께끼 같은 질병을 이해하고 정복하기 위해 싸운 의학자들의 생생한 이야기를 전하고 싶다. 이런 이야기를 나누며 매혹적인 뇌의 세계를 독자들과 함께 여행하고 싶은 생각이 나의 머릿속에 가득하다.

  그러나 먼저 걱정이 앞선다. 뇌에 대한 의학 지식은 전문적이기 때문에 일반인이 이해하기에는 언제나 어려움이 따른다. 그렇다고 전문 용어나 내용을 지나치게 생략한다면 글은 알맹이 없는 빈껍데기가 될 것이다. 여기에 나의 딜레마가 있다. 무게 있는 정보를 흥미롭게, 독자들이 이해하기 쉽게 전달하려면 어떻게 써야 할까? 나는 글을 논문 쓰듯 주제별로 나열하지 않고 수필처럼 쓰고자 한다. 일상의 대부분을 환자를 진찰하고 논문을 쓰며 살아온 나에게 이것은 결코 쉬운 일이 아니지만, 한번 시도해 볼 만한 가치가 있다고 생각한다.

  여러분은 1장에서 콩밥을 먹을 때 간간이 딱딱한 콩이 씹히듯 흥미로운 글의 중간 중간에 뇌의 구조와 기능에 관한 내용이 섞여 있는 것을 발견하게 될 것이다. 만일 독자가 이미 뇌에 관한 지식을 어느 정도 가지고 있다고 생각한다면 이런 부분은 건너뛰며 읽어도 상관없다. 그러나 많은 것을 기대하는 독자라면 2장, 3장, 4장의 본격적인 탐험을 위한 준비 운동으로 생각하고 빠짐없이 읽는 편이 좋을 것 같다. 준비 운동을 제대로 한 몸이 본격적인 운동에서 빛을 발하듯, 준비를 제대로 한 당신의 뇌에 불이 더욱 환하게 지펴질 것이다.

자, 그러면 우선 숨쉬기 운동부터 시작하자.

차례

글머리에 5

1장 뇌와 우리 몸

온딘의 저주 15 | 심장보다 더 중요한 뇌 18 | 사랑과 기억의 뇌 21
우리가 짱구가 된 이유 25 | 협조적인 신피질 29 | 변연계와 신피질의 조화 33
웃기 35 | 당신의 두 눈엔 잠이, 가슴엔 평화가 38 | 밤의 제왕 멜라토닌 42
꿈꾸기 45 | 식물인간과 잠금 증후군 47 | 12쌍의 다리 50 | 냄새와 인간 53
꽃이 아름다운 이유 56 | 앞을 보고 걷는 인간 60 | 달이 눈썹으로 보이는 이유 63
맛보기 67 | 허무한 식욕 70 | 어디선가 들려오는 노랫소리 74
음악에 부쳐 77 | 악성의 뇌, 음치의 뇌 81 | 균형 잡기 85 | 인생은 인형극? 89
움직이기 93 | 걷기 97

2장 희로애락의 비밀

인간은 행복한가, 불행한가? 105 | 인간과 페로몬 111
우리는 닮은 사람을 좋아한다 113 | 여성의 아름다움 116 | 매력적인 남자의 얼굴 119
사랑은 어떻게 고통을 치유하나 122 | 섹스는 뇌로 하는 것 126 | 사랑은 아무나 하나 129
자식 사랑, 애인 사랑 135 | 태아의 착취? 138 | 줄다리기 143
나랑 함께 있어 줘요, 엄마 147 | 이타적인 뇌 150 | 남과 여의 갈림길 157

3장 기억, 지능 그리고 성격

기억이 사라진 HM을 기억하며 165 | 기억이란 무엇일까? 168
뇌가 기억하는 방법 171 | 기억을 좋게 하는 방법? 176
노인이 기억하는 법 181 | 망각의 기술 184 | 유전인가 환경인가 189
혼자 살 것이냐, 함께 살 것이냐 193 | 긍정적인 생각은 타고난다? 198
너무 친근한 것도 병이다 201 | 참을 수 없는 웃음의 괴로움 204
세로토닌이 2퍼센트 부족할 때 208 | 나쁜 남자 213
폭력의 생물학적 근거 216 | 현대인을 위한 레퀴엠 221 | 현대인의 중독 226

4장 우리들의 일그러진 뇌

멍청해진 아저씨 231 | 말을 잃어버린 여인 233 | 마비된 너 자신을 알라 238
내 손은 불쌍한 손자 243 | 뇌량 절단 증후군 247 | 거울형 글쓰기 250
계산 불능증 252 | 실행증 256 | 햄릿의 고민 258
미칠 것이냐 발작할 것이냐, 그것이 문제로다 264 | 여자는 괴로워 267
인어 소년 이야기 272 | 자클린 뒤 프레의 비극 276 | 뚫어, 말어? 279
어찌할 수 없는 나의 손발 283 | 꼬이는 인생, 꼬이는 손발 287
보톡스의 용도 변경 290 | 루스벨트 대통령의 오진? 294 | 장님 코끼리 만지기 297
인간 광우병 303 | 소가 미친 것인가, 인간이 미친 것인가 307
풀려가는 히프노스의 비밀 312 | 뇌 이식 317 | 벗겨지는 뇌의 신비 323

글을 마치며

뇌의 미래 329 | 뇌 질환 이름은 왜 어려운가 332 | 춤추는 뇌 335

참고 문헌 340
찾아보기 352

1장_ 뇌와 우리 몸

다행히도 저주받은 청년과는 다르게 우리는 숨을 무의식적으로 쉰다. 즉 숨쉴 때마다 매번 대뇌의 명령을 받지 않는다. 물론 마음을 가다듬기 위해 일부러 심호흡을 할 때도 있고, 잠수할 때처럼 일부러 숨을 참기도 한다. 하지만 이런 예외적인 경우를 제외하면 우리는 의식하지 않아도 숨을 잘 쉴 수 있으며, 매일 밤 걱정없이 잠들 수 있다.

온딘의 저주

유럽 신화에는 온딘(Ondine)이라는 요정의 이야기가 나온다. 그녀는 한 청년을 열심히 짝사랑했지만 청년은 그녀를 본 척도 안 했다.(에코 요정과 나르키소스 이야기에서도 나오듯 유럽의 신들은 대체로 이런 남자를 못마땅해 하는 것 같다.) 분노한 신들은 그에게 벌을 내렸다. 청년에게서 자율적으로 숨쉬는 기능을 빼앗아 버린 것이다. 이제 청년은 숨을 의식적으로 쉬어야 했다. 그는 숨을 쉬기 위해 밥을 먹는 것도 잠깐씩 중단해야만 했고, 숨쉬는 것을 잊어버리면 안 되기 때문에 생각에 잠길 수도 없었다. 하지만 정말 심각한 문제는 따로 있었다. 잠이 들면 숨을 쉴 수 없었던 것이다. 결국 청년은 밀려오는 잠을 참을 수 없어 죽고 말았다.

다행히도 저주받은 청년과는 다르게 우리는 숨을 무의식적으로 쉰다. 즉 숨쉴 때마다 매번 대뇌의 명령을 받지 않는다. 물론 마음을 가다듬기 위해 일부러 심호흡을 할 때도 있고, 잠수할 때처럼 일부러 숨을 참기도 한다. 하지만 이런 예외적인 경우를 제외하면 우리는 의식하지 않아도 숨을 잘 쉴 수 있으며, 매일 밤 걱정없이 잠들 수 있다.

이런 자율적 숨쉬기 기능은 뇌간(brainstem, 뇌의 가장 아랫부분을 지칭하며 곧 다음에 설명한다.)에 위치한 몇몇 신경 세포들이 담당한다. 우리 몸의 대사 상태에 따라 변화하는 혈액의 이산화탄소, 산소, 수소 이온 농도 등은 이러한 정보를 경동맥(목 앞쪽 양측으로 올라가는 커다란 동맥) 근처에 있는 화학적 수용체에 전해 준다. 그곳에서 시작하는 말초 신경들은 그 화학적 정보를 뇌간으로 전달한다. 뇌간의 신경 세포들은 이것을 분석한 후 손발을 척척 맞추어 숨을 내쉬거나 들이쉬도록 가로막이나 가슴뼈 사이의 근육들에게 명령한다. 즉 뇌간은 이런 몸의 화학 정보를 일일이 대뇌에 보고하지 않고 '자율적으로' 일을 하는 것이다.

그런데 뇌간에 뇌졸중 같은 병이 생기면 호흡 조절에 장애가 오는 경우가 있다. 이때 환자는 마치 자신이 자동적으로 호흡하는 것을 깜박 잊어버린 듯 숨쉬기를 게을리 하며, 산소가 부족해 얼굴이 창백해진다. 특히 환자의 의식이 안 좋거나 밤에 잠을 잘 때 이런 현상이 두드러진다. 혈액의 산소량을 측정해 보면 낮에는 정상이지만 밤에는 저하된다. 드물지만 산소가 부족해져 사망하는 경우도 있다. 따라서 이런 환자에게는 인공 호흡 장치를 사용해서 인공적으로 숨쉬게 해주어야 한다.

1962년 세베링하우스(Severinghaus)와 미첼(Mitchell)은 이런 증세에 '온딘의 저주(Ondine's curse)' 라는 이름을 붙여 주었다. 스위스의 보고우슬라브스키(Bogousslavsky) 교수는 온딘의 저주 증세가 나타나는 뇌간 뇌졸중 환자의 뇌를 부검한 결과 손상은 연수(medulla oblongata, 뇌간의 맨 아래쪽 부분)의 의핵(ambiguus nucleus)과 망상체(reticular formation)에 국한되어 있다고 주장했다. 유럽의 신들은 청년의 뇌에서 바로 이 부분을 손상시켰는지도 모를 일이다.

뇌간이 손상되었을 때 나타나는 호흡 이상 증세는 온딘의 저주 이외에도 많지만 이것을 모두 소개하는 것은 이 책의 범주를 넘을 듯하다. 이번에는 대뇌가 손상되었을 때 나타나는 대표적인 호흡 이상 증세를 이야기하겠다.

한 바보가 샤워하러 욕실에 들어갔다. 그런데 수도꼭지를 틀어보니 찬물이 나오는 것이었다. 그는 꼭지를 온수 방향으로 한껏 돌렸다. 물은 점차 따뜻해졌지만 조금 있으니 너무 뜨거워졌다. 그래서 이번에는 찬물 방향으로 힘껏 돌렸다. 물은 금세 몹시 차가워졌다. 이런 식으로 바보는 물 온도를 적당히 맞추지 못하고 수도꼭지 돌리기만 계속 되풀이했다. 1976년 노벨상을 받은 경제학자 밀턴 프리드먼(Milton Friedman)은 '샤워실의 바보' 라는 용어를 써서 어떤 경제 정책을 내놓은 후 그 효과가 발생할 때까지 기다리지 못하고 다른 처방을 내놓는 어리석은 관료를 비꼬았다. 그런데 우리의 뇌 역시 샤워실의 바보가 되어 호흡을 조절하지 못하기도 한다. 하지만 이런 증세를 '샤워실의 바보 호흡'이라고 하지는 않는다. 영국의 체인(Cheyne) 박사가 처음 기술했기 때문에 체인스토크스 호흡(Cheyne-Stokes respiration)이라고 부른다.

체인스토크스 호흡의 증세는 이렇다. 환자의 호흡이 점점 더 빨라지며 한참 숨을 가쁘게 몰아쉬다가, 수십 초 지나면 다시 서서히 느려진다. 그리고 점점 느려지다가 급기야 몇 초간은 아예 숨을 쉬지 않는다. 그러고는 '참, 숨을 쉬어야지! 내 정신 좀 봐.'라고 깨달은 듯 다시 서서히 숨을 쉬기 시작한다. 그 숨은 점점 빨라지고 결국 호흡 사이클 내에서 너무 빨리 쉬었다, 안 쉬었다를 계속 반복하는 것이다. 물론 환자가 의식적으로 이렇게 하는 것이 아니다. 저절로 행해지는 것이다. 그렇다면 왜 이런 증상이 나타나는 것일까?

체인스토크스 호흡은 '온딘의 저주'와는 달리 뇌간이 아니라 양쪽 대뇌가 손상된 경우에 발생한다.(대뇌는 뇌간을 제외한 뇌의 부분을 말하며, 곧 다시 설명할 것이다.) 앞서 말한 대로 호흡은 뇌간이 자율적으로 조절한다. 하지만 이러한 뇌간도 평소에는 대뇌의 통제를 받는다. 미국 코넬 대학교의 프레드 플럼(Fred Plum) 박사에 따르면, 뇌간에는 숨쉬기를 억제하는 부분이 있는데 대뇌는 바로 이 부분을 억제한다고 한다. 따라서 대뇌가 손상되면 숨쉬기에 대한 '억제'를 '억제'하지 못하므로 결국 숨을 지나치게 쉬게 된다. 이처럼 한참 숨을 헐떡거리면 우리 몸의 산소 농도가 지나치게 올라가고 이산화탄소 농도는 낮아진다. 그렇게 되면 뇌간은 갑자기 이것을 깨닫고 숨쉬기를 늦추다가 아예 숨을 멈추게 된다. 얼마 후 이산화탄소가 몸 안에 지나치게 차오르면 갑자기 이것을 깨닫고 숨을 헐떡거리며 쉬게 된다. 다시 말해서 대뇌와 뇌간의 상호 조절 작용의 실패 때문에 몸에서 내는 화학 정보와 뇌의 반응에 시간차가 생겨 샤워실의 바보처럼 숨을 빨리 쉬었다 안 쉬었다를 계속 반복한다는 것이다. 임상에서 체인스토크스 호흡은 온딘의 저주보다 훨씬 더 자주 볼 수 있는 호흡 이상 증세이다.

이제까지 뇌간과 대뇌의 손상에 따라 발생한 흥미로운 호흡 이상증의 두 가지를 소개했다. 이쯤 해서 뇌간과 대뇌가 무엇인지 간단히 살펴보기로 하자.

심장보다 더 중요한 뇌

언젠가 심장 질환 전문의의 강의를 들은 적이 있다. 그는 진지한 표정을 지으며 이렇게 말했다. "우리 몸의 장기 가운데 가장 중요한 것은 심장입니다. 단 1분이라도 심장이 멈춘다고 생각해 보십시오. 누구라도 죽지 않을 재간이 없습니다." 그의 말이 틀린 것은 아니다. 1분에 60~80번 부지런히 뛰는 심장이 잠깐이라도 멈추면, 온몸의 장기에 산소가 공급되지 않아 우리는 즉시 사망하게 된다.

그런데 조금만 더 생각해 보면 그의 말이 반드시 옳은 것은 아니라는 사실을 알게 될 것이다. 심장이란 무엇인가. 심장은 우리의 흉곽 속에서 펌프질을 하는 한 줌의 근육 덩어리일 뿐이다. 그 근육을 1분에 60~80차례 뛰도록 명령하는 것은 누구인가. 바로 뇌이다. 진짜 중요한 것은 심장이 아니라 심장에 직접 신경 세포 가지를 뻗쳐 심장 근육이 움직이도록 명령을 내리는 뇌인 것이다. 이처럼 자나 깨나 심장을 움직이게 하는 뇌의 부분은 어느 곳일까? 그곳이 바로 뇌간이다.

우리의 딱딱한 머리뼈 속에서 뇌는 마치 반쪽으로 자른 사과의 모습을 하

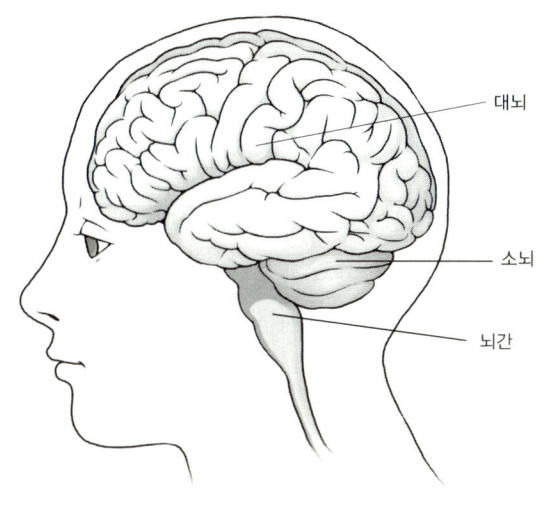

그림 1. 뇌의 구조

고 있다. 그 단면을 아래로 가게 한 후, 중앙에 포크를 꽂은 모습을 생각해 보자. 이때 포크의 머리 부분을 우리는 뇌간이라고 부른다. 즉 뇌간은 인간의 뇌에서 가장 아래쪽에 있는 작은 부위이다. 그리고 뇌간의 뒤쪽에 마치 호두 알처럼 달려 있는 조직이 소뇌(cerebellum)이다. 뇌간과 소뇌를 뺀 나머지 뇌를 대뇌(cerebrum)라고 한다. 우리의 뇌는 이처럼 크게 세 부분(뇌간, 소뇌, 대뇌)으로 나뉜다.(그림 1.)

그림 1에서 볼 수 있듯, 뇌간은 뇌의 맨 아래쪽에 있는 작은 부위이다. 그 단면적은 불과 몇 제곱센티미터밖에 안된다. 하지만 작은 고추가 맵듯, 뇌간은 생존에 대단히 중요한 역할을 한다. 심장에 신경 세포를 보내 심장을 뛰게 하는 것은 물론, 숨쉬기, 위장관 움직이기, 땀 내기, 동공 반사처럼 우리의 생존에 꼭 필요한 수많은 생리적 자율 기능을 담당한다. 이런 기본적 기능은 시

시각각 변하는 우리 몸의 상태, 예컨대 산소·이산화탄소의 양, 산·염기 농도 등의 화학적 변화에 따라 저절로 이루어진다. 따라서 우리는 숨을 쉬고 심장을 뛰게 하고 위장을 움직이느라 의도적으로 애쓰지 않아도 된다. 뿐만 아니다. 뇌간의 여러 곳에는 망상체(reticular formation)라는 부분이 있는데, 말 그대로 거미줄처럼 대뇌의 여러 곳과 연결되는 곳이다. 이 망상체는 각성 상태를 유지하기 때문에 뇌간이 심하게 손상되면 의식을 잃게 된다. 다음에 자세히 이야기하겠지만 뇌간은 우리의 잠을 조절하기도 한다.

뇌간은 또한 운동 신경이나 감각 신경이 지나가는 통로이기도 하다. 대뇌의 운동 중추에서 출발한 운동 신경은 뇌간을 지나 등뼈 속에 있는 신경 다발인 척수를 거쳐 전신의 근육으로 향한다. 반대로 팔다리에서 느끼는 감각은 감각 신경을 통해 척수로 향하고, 그 후 역시 뇌간을 거쳐 대뇌의 감각 중추로 올라간다. 마치 섬과 본토를 잇는 다리처럼 뇌간은 비록 좁지만 중요한 교통의 요지이다. 뇌간이 심하게 손상된다면 여기를 지나가는 운동 신경 세포와 감각 신경 세포가 모두 끊어지므로 우리는 전신이 마비되고 감각을 느낄 수 없게 된다.(47쪽을 보라.)

마지막으로 뇌간에는 12쌍의 뇌신경이 연결되어 있다. 이 신경들은 안구나 얼굴 근육을 움직이기도 하고(운동 신경), 혹은 보고 듣는 감각을 담당하기도 한다(감각 신경). 이런 신경들의 기능, 그리고 이것을 통해 이루어지는 다양한 인간의 행동에 관해서는 앞으로 자세히 다뤄 볼 것이다.

뇌간은 이처럼 인간의 삶과 직결된 중요한 일을 하지만 감정이나 사고 같은 고등적인 기능과는 아무런 관계가 없다. 파충류의 뇌는 주로 뇌간 수준까지 발달했기에 1960년대 미국의 폴 맥린(Paul MacLean)은 뇌간을 '파충류의 뇌'라고 부르기를 즐겼다. 뇌간에서 한 단계 더 발달한 뇌는 감정의 뇌라 부르는 변연계이며, 가장 나중에 발달한 뇌는 신피질(neocortex)이다. 변연계와 신피질을 합해서 '대뇌'라 부를 수 있다.

사랑과 기억의 뇌

나는 도저히 이해할 수가 없다. 사람들은 사랑의 징표로 심장 모양이 그려진 카드를 보낸다. 하지만 심장과 사랑이 도대체 무슨 관계가 있다는 말인가? 뿐만 아니다. "사랑은 눈으로 한대요."라는 노래 가사도 있다. 내가 이 가사의 뜻을 이해 못하는 것은 아니지만 사랑은 눈이나 심장과는 아무런 관계가 없다. 사랑은 뇌로 하는 것이다. 마음 같아서는 「사랑은 뇌로 한대요」라는 곡이라도 한번 만들어 보고 싶지만, 그런 재주가 없는 것이 안타까울 뿐이다.

인간의 마음이 심장에서 온다고 믿은 것은 고대 이집트 사람들이 처음이었고, 그리스를 대표하는 뛰어난 지성의 소유자 아리스토텔레스마저 그렇게 생각했다고 한다. 그러나 로마 시대의 갈레노스(Galenos)에 의해 인간의 마음은 심장이 아닌 뇌에서 유래한다는 사실이 밝혀졌다. 그는 뇌 손상을 입은 군인들을 정밀하게 조사함으로써 이 사실을 알아냈다. 그러나 아리스토텔레스의 영향이 큰 탓인지, 아직까지도 사람들은 밸런타인데이 때 심장 모양이 그려진 카드를 보낸다.

그러나 이 책을 읽는 독자라면 쭈글쭈글하게 생긴 뇌 모양의 카드를 연인에게 보내야 한다. 그 감정이 사랑임을 증명하기 위해 분홍색을 칠해도 좋다. 혹은 큐피드의 화살이 관통한 뇌 그림도 나쁘지 않을 것 같다. 그러나 카드를 받은 사람이 이것을 좋아할지에 대해서는 자신이 없다.

우리의 뇌에서 사랑이나 공포 같은 감정을 주관하는 곳은 변연계(limbic system)이다. 변연계란 뇌간 혹은 파충류의 뇌에서 한 단계 더 발달한 뇌의

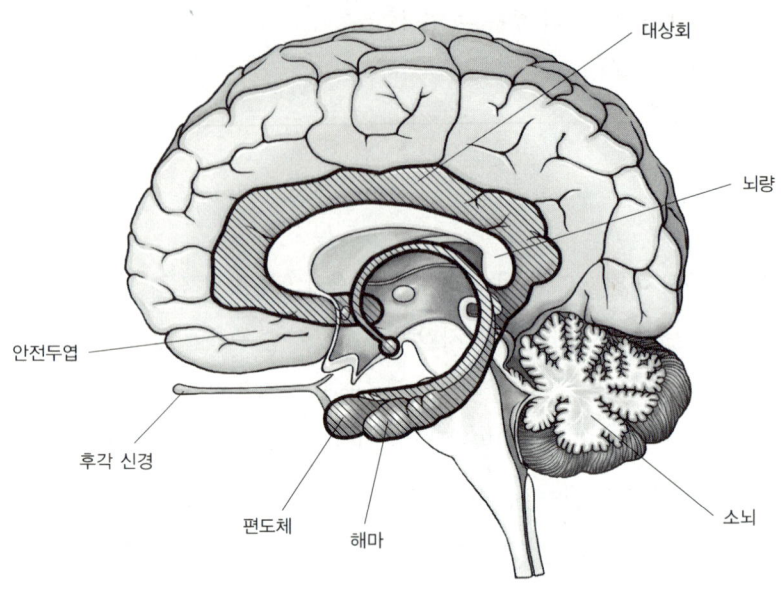

그림 2. 변연계 (빗금 친 부분)

부위로, 뇌의 맨 아래쪽 뇌간과 바깥쪽 신피질 사이에 있는 원형 회로를 말한다.(그림 2.) '변연계'라는 용어는 1878년 프랑스의 신경학자 폴 브로카(Paul Broca)가 처음 사용하였다. Limbus는 라틴 어로 '가장자리'라는 뜻이다. 그는 뇌의 이 부분이 후각 기능을 담당한다고 생각했다.(나중에 말하겠지만 후각 중추는 변연계의 앞쪽, 아래쪽의 아주 작은 일부에 불과하므로 그의 생각은 틀렸다.) 1932년 독일의 발터 루돌프 헤스(Walter Rudolf Hess)는 실험쥐의 뇌 여기저기에 전기 자극을 가한 뒤 쥐의 행동이 어떻게 변하는지 관찰했다. 그가 변연계라고 생각되는 부위에 자극을 가하니 쥐는 공포에 질려 도망가려 했다. 이때부터 변연계가 동물이나 인간의 감정 형성에 중요한 역할을 한다는 사실이 알려졌다. 하지만 이미 1715년에 네덜란드의 의사 헤르만 부르하브

(Hermann Boerhaave)는 개에 물린 후 감정 장애를 보인 광견병 환자의 뇌를 부검했더니 변연계에 해당되는 부위에 염증이 있었다고 보고한 적이 있다. 1937년 해부학자 제임스 파페즈(James Papez)는 변연계 회로를 이루는 구조물을 정립하였다.

변연계는 뇌의 안쪽에 있으므로 뇌를 절개하지 않는 이상 이것을 볼 수가 없다. 말하자면 사과나 배의 깊은 속살에 해당한다고 할 수 있다. 신은 우리의 부끄러운 감정을 숨기기 위해 뇌의 가장 안쪽 깊은 곳에 변연계를 숨겨 놓은 것일까? 그러나 그런 것은 아니다. 뇌의 구조물 가운데 가장 나중에 발달한 신피질이 변연계를 덮어버려 이렇게 된 것이다. 하지만 요즘에는 MRI를 이용해서 숨겨진 변연계의 구조들을 눈으로 쉽게 볼 수 있다. 이러한 변연계는 포유동물에 와서 발달했다. 포유류와 파충류는 새끼를 낳느냐 알을 낳느냐, 털이 있느냐 없느냐 등으로 구분되지만, 무엇보다 자식에 대한 태도에 있어 많은 차이를 보인다. 파충류는 알을 낳을 뿐 새끼를 기르는 데에는 무관심하다. 거북이는 물가 모래 구덩이 속에 수십 개의 알을 낳은 후 나몰라라 하고 바다로 떠나 버린다. 만일 바다 속에서 어미와 새끼가 만난다 할지라도 그들은 서로를 몰라볼 것이 틀림없다. 변연계가 발달하지 않았음에도 자신의 새끼를 돌보는 악어는 파충류 중 예외에 속한다. 그렇지만 악어는 포유류처럼 새끼를 따스하게 품어 주고 젖을 먹여 주지는 않는다. 악어는 태어나자마자 스스로 사냥해야만 한다. 또한 포유류와 달리 변연계가 발달하지 못한 악어는 잘 길들여지지 않는다. 여러 종류의 야생 동물과 함께 지낸 후 『동물과 대화하는 아이 티피』라는 책을 쓴 프랑스 소녀 티피 드그레(Tippi Degre)는 실망스러운 말투로 이렇게 적었다. "악어는 한 가지 생각밖에 할 줄 모른다. 먹는 생각."

자식을 따스하게 품어 주고 자신의 젖을 먹여 준다는 점에서 부모의 자식 사랑은 포유류에서 시작되었다고 할 수 있다. 자식과 어미는 깊은 감정의 교류를 가진다. 이러한 정서적 교감은 변연계에서 이루어지며 '변연계 공명'이라고도 한다. 인간 역시 넓게 보면 포유동물의 하나이므로 변연계를 통해 남을 사랑한다. 그러나 인간이 사용하는 변연계 회로는 다른 동물의 것보다 복잡하다. 동물의 경우 변연계의 작은 부분인 중격핵이나 편도체가 그들의 기쁨과 공포를 좌우한다. 인간도 이런 구조물들이 기본적인 감정 형성에 관여하지만, 감정이 이처럼 단순하지는 않다. 우리의 감정은 시시때때로 변하고 경우에 따라서는 영원히 지속되기도 한다. 흔하지는 않지만 타인을 위해 기꺼이 자신을 희생하기도 한다. 우리는 아폴론적 사랑과 디오니소스적 사랑을 하는 복잡한 동물이다. 이처럼 인간의 감정이 복잡한 이유는 변연계뿐 아니라 신피질이 밀접하게 연관되어 감정을 이루기 때문이다. 여기에 관해서는 2장에서 자세히 다뤄 보겠다.

마지막으로 변연계는 감정뿐만 아니라 기억과도 밀접한 관계가 있다. 기억 형성에는 변연계 회로의 일부인 '해마'가 특히 중요하다. 해마는 우리가 중요하다고 생각하는 것을 붙잡아 두는 창고이다. 오늘 아침에 무엇을 먹었는지, 어제 저녁에 누구를 만났는지 기억할 수 있는 것은 해마가 있기에 가능하다. 그림 2에서 볼 수 있는 해마는 편도체와 매우 가까이 있다. 이처럼 기억과 감정의 중추가 나란히 자리한 이유는 이 두 가지 기능이 매우 밀접한 관계를 갖고 있기 때문일 것이다. 여러분이 지금 머릿속에 간직하고 있는 기억들이 무엇인지 생각해 보면 대개는 매우 기뻤던 일이거나 혹은 매우 슬펐던 일일 것이다. 자신이 좋아하는 과목의 공부를 잘하는 이유 역시 편도체와 해마가 이웃하는 데서 비롯된다.

우리가 짱구가 된 이유

우리는 이마가 튀어나온 사람을 보고 '짱구'라고 놀리지만 누구라도 남을 놀릴 입장은 못 된다. 인간은 다른 동물과 비교한다면 누구나 어느 정도 짱구이기 때문이다. 어쩌면 지구상의 다른 동물들은 우리를 보고 짱구라고 비웃을지도 모른다. 이처럼 우리가 '짱구 동물'이 된 것은 진화 과정 중 뇌, 특히 신피질을 가장 크게 발달시켰기 때문이다.

인류는 영장류에서 갈라져 나왔다. 영장류들은 다른 동물보다는 지능이 우수하다. 대부분의 영장류는 사회생활을 하는데, 이것은 험난한 환경에서 살아남기 위해서이다. 사회생활을 하려면 머리가 좋지 않으면 안 된다. 우선 어느 녀석이 나보다 세고 어느 녀석이 약한지 기억할 수 있어야 다음번에 상대방을 만났을 때 적절하게 대처할 수 있다. 만일 이것을 기억하지 못한다면 이들은 항상 싸움만 할 것이다. 혹은 많은 경쟁자들 가운데 이성을 유혹하는 방법을 생각해 내다 보니 뇌가 발달했을 수도 있다. 사실 지금도 인간은 주로 이런 이유로 머리를 굴리고 있다.

지금으로부터 수백만 년 전 인간은 나무 위에서 살다가 들판으로 내려왔다. 이때 인간의 조상은 이미 머리가 커져 있어 네 발로 기어 다니기가 쉽지 않았다. 그리고 먹이를 찾거나 적을 발견하는 데 키가 큰 편이 유리하므로 자주 서 있어야 했다. 한 연구에 따르면 원숭이를 두 발로 걷도록 훈련시키면 운동 중추와 시각 중추의 활동이 활발해진다고 한다. 아마 우리의 뇌도 이런 식으로 발달했을 것이다. 한편 일본의 생물학자 다케우치 구미코(竹內久美子)는 인간이 서서 생활하게 된 이유를 여성이 원시 시대 때부터 키가 커서 생존에 유리한 남성을 배우자로 선택해 왔기 때문이라고 본다. 그래서 지금도 여성들은 키가 큰 남성을 선호하는 것일까? 아무튼 인간은 두 발로 걸어 다니면서 마음껏 뇌의 크기를 늘렸다.

뇌를 발달시키기 위해 인간이 택한 또 한 가지 방법은 상대적 조산이다. 인간의 머리가 자꾸 커지는 데다 두 발로 걸어 다니면서 변해 버린 골반의 구조 때문에 여성은 상대적으로 미성숙한 태아를 낳을 수밖에 없었다. 대신 출산 후 장시간의 교육을 통해 지능을 발달시키는 방법을 택했다. 다른 영장류에서 보기 힘든 일부일처제는 이처럼 오랫동안 계속되는 자녀의 양육과 교육을 위해 택한 방법이었을 수도 있다.

위기를 기회로 이용하는 인간은 빙하기가 시작될 무렵인 250만 년 전에 뇌를 더욱 발달시켰다. 이때 갑작스러운 기후의 변화 때문에 생태계가 파괴되고 동물의 개체수도 줄었다. 거친 환경에서 짐승들은 힘이 세거나 빨리 달아날 수 있도록 진화했다. 이런 척박하고 경쟁이 치열한 상황에서 살아남기 위해 조상들은 발명과 협동을 했다. 빠른 짐승을 잡기 위해 도구를 발명했고, 살아남기 위해 협동을 했다. 그들은 협동의 규칙을 세워야 했으며 먹을 것을 공평히 나눌 줄 알아야 했다. 이에 따라 인간의 언어, 손재주, 계산 능력이 계발되었다. 그리고 이런 능력을 수행하는 신경 세포는 대뇌의 이곳저곳에 자리 잡게 되었다. 이런 과정을 겪으며 우리의 뇌도 커졌는데 주로 커진 부분이 변연계를 덮는 신피질이다. 이런 점에서 변연계는 '구피질'이라고도 할 수 있다. 우리는 변연계와 신피질을 합해 '대뇌'라고 부른다.

신피질은 말하기, 계산, 추리, 판단 등을 가능케 한다. 또한 변연계와 밀접한 상호 작용을 함으로써 감정을 세련되게 한다. 예컨대 토끼의 뇌는 대부분 변연계일 뿐 신피질은 극히 빈약하다. 따라서 토끼는 자식에 대한 보살핌은 극진하지만, 인간처럼 다양한 형태의 사랑의 행위를 보여 주지는 못한다. 즉 자식을 잘 키우기 위해 일부러 고생을 시켜 본다든지, 군대를 보낸다든지 하는 생각은 절대로 하지 못하는 것이다.

인간은 짱구가 될 때까지 대뇌의 크기를 늘려 왔다. 하지만 우리가 대뇌 발달을 중요시 여긴 사실은 크기 외에도 여러 가지로 나타난다. 뇌의 무게는 전체 몸무게의 2퍼센트 정도이다. 하지만 뇌로 가는 혈류는 전체의 무려 20퍼센트이다. 다시 말하면 몸 전체가 사용하는 산소의 20퍼센트를 뇌가 가져가는 것이니 과연 우리는 뇌만 발달한 기형적인 동물이라 하지 않을 수 없다. 게다가 뇌는 3대 영양소인 단백질, 지질, 당분 중 에너지 생성에 가장 효과적인 당분(포도당)만을 에너지원으로 사용한다. 그런데 포도당의 원료인 글리코겐은 간이나 근육에 저장되어 있고 뇌에는 저장되어 있지 않다. 따라서 뇌가 당분을 필요로 하면 다른 장기가 이것을 만들어 주어야 한다. 이런 점에서 뇌는 자신을 위해 다른 장기를 희생시키고 있다고 볼 수도 있다.

우리 인체는 이처럼 귀하게 발달시킨 뇌를 보호하기 위해 혼신의 노력을 다하고 있다. 뇌는 단단한 두개골 안에 안전하게 모셔져 있다. 그런데 우리가 움직일 때마다 부드러운 뇌 조직이 딱딱한 두개골에 부딪혀 손상되면 곤란할 것이다. 『두뇌 혁명』의 저자인 나카마쓰 요시로(中松義郞)는 이것이 무서워 달리기도 하지 않는다고 했다. 그러나 이것은 쓸데 없는 걱정이다. 두개골 안의 뇌는 120cc 정도의 척수액에 담겨 있다. 뇌는 두개골에 직접 맞닿은 것이 아니라 물에 담겨 둥둥 떠다니고 있는 것이다. 게다가 뇌는 세 겹의 뇌막으로 둘러 싸여 있다. 마지막으로 뇌에 분포되어 있는 혈관은 '혈관·뇌장벽(blood brain barrier)' 이라는 특별한 장치를 가지고 있다. 이것은 외부에서 혈관을 통해 독소가 들어오는 것을 방지해 준다.

이처럼 인간은 있는 공을 다 들여 뇌를 발달시키고, 신주 모시듯 보호하고 있다. 하지만 우리가 뇌의 무게만을 가지고 자랑한다면 고래나 코끼리가 웃을 것이다. 인간의 뇌는 1,200~1,400그램 정도인데 코끼리는 4,000그램, 고래는 무려 9,000그램이나 된다. 그러나 뇌의 무게를 몸무게로 나눈 비(상대적 뇌의 무게)를 계산해 보면 포유류 가운데 우리 인간의 뇌가 가장 무겁다. 보통 여성의 뇌는 남성에 비해 150~200그램 정도 가볍지만 신체 무게를 감안하면 서로 비슷하다.

한편 인간의 대뇌 신피질에는 주름이 많이 있다. 뇌 표면의 3분의 2는 주름 속에 감추어져 있다. 이것은 진화 과정 중 자꾸만 뇌가 커지자 딱딱한 두개골 안에 수많은 신경 세포들을 집어넣기 위한 어쩔 수 없는 방편이었다. 뇌 주름을 모두 펴 놓으면 그 넓이는 보통 A4 용지 4장 정도가 된다. 침팬지의 뇌는 A4 용지 1장, 원숭이는 엽서 1장, 쥐는 우표 1장 정도의 면적이다. 뇌에 주름이 많을수록 머리가 좋을까? 아마도 그럴 것이다. 인간보다 뇌에 주름이 많은 동물은 돌고래이다. 우리는 이 사실을 예외로 돌리고 싶겠지만 저 깊은 바다 속에서 돌고래들은 인간보다 자신들의 머리가 더 좋다고 이야기하고 있을지도 모른다. 그리고 보니 돌고래 역시 짱구이며, 그리스 신화에서는 돌고래가 본래 인간이었다고 전해진다.

그렇다면 언어와 계산 능력 같은 높은 수준의 뇌 기능은 대뇌가 발달한 인간에게만 고유한 것일까? 반드시 그런 것 같지는 않다. 예컨대 야생 침팬지는 서로 다른 뜻을 가진 약 36개의 단어를 사용한다. 하지만 이 단어들을 조합해서 더욱 복잡한 언어로 만들지는 못한다. 제인 구달이 관찰한 대로 침팬지는 나뭇가지를 사용해 흰개미를 굴 속에서 낚아 올릴 수 있다. 하지만 그들은 공들여 만든 나뭇가지를 잘 보관했다가 다음날 다시 사용하지는 않는다. 코끼리도 그림을 그린다고 하지만 그것이 진정한 예술적 표현인 것 같지는 않다. 그들은 죽은 동료의 뼈를 여러 차례 코로 만지고는 하지만 그것이 죽음을 애도하는 행위인지는 확실치 않다. 결국 세상의 여러 동물 중 인간이 가장 고등적인 뇌 기능을 가지고 있으며, 따라서 "한 길 마음속"을 알 수 없는 복잡한 동물이 된 것이다.

협조적인 신피질

　세상은 점점 더 전문화되어 가고 있다. 의학만 해도 오래전에는 의사 한 명이 모든 종류의 질병을 치료했지만, 곧 내과와 외과로 나뉘었다. 그리고 얼마 지나지 않아 정신과, 소아과, 정형외과, 신경과, 비뇨기과 등 수많은 과로 더욱 세분되었다. 진화 과정 중 우리의 행동 양식이 복잡해지면서 뇌 역시 전문화되었다. 특히 신피질은 인간의 필요에 따라 더욱 전문화되었다.

　우선 뇌는 좌우로 전문화되었다. 왼쪽 뇌는 분석적, 논리적인 기능을 한다. 또한 인간의 95퍼센트가 언어 중추를 왼쪽에 가지고 있다. 따라서 왼쪽 뇌가 손상되면 우리는 언어 기능을 잃어버린다. 이런 상태를 실어증이라 한다. 반면 오른쪽 뇌는 세상을 종합적, 전체적으로 인식한다. 또한 바깥세상과 자신과의 공간적 관계를 인식한다. 음악에 관계된 기능도 주로 오른쪽 뇌가 담당하는 것으로 알려졌다.

　그러나 이처럼 전문화된 뇌 세포들이 집단 이기주의에 물든 것 같지는 않다. 그들은 언제나 서로 협조해서 일을 한다. 결코 독단적이지 않다. 예컨대 우리가 말을 할 때 언어 구사는 왼쪽 뇌가 맡지만, 감정이 섞인 음조는 오른쪽 뇌가 담당한다. 우리가 양손을 사용해서 일을 할 때도 양쪽 뇌는 서로 협조한다. 이러한 좌우 뇌의 정보 교환은 좌우 뇌를 잇는 다리인 뇌량(corpus callosum)이 있기에 가능하다.(뇌량 손상에 따른 증상에 관해서는 4장을 참고하라.) 두정엽이나 전두엽에는 소위 연합 영역이라고 부르는 넓은 마당 같은 곳이 있다. 마치 회의가 열리듯 이곳에서는 여러 정보가 혼합되고 추려지며, 이에 따라 우리는 가장 적절한 행동을 수행할 수 있다.

　뇌의 신경 세포가 한꺼번에 연결되어 일하는지, 아니면 독립적으로 일하는지는 오랫동안 학자들 가운데 논란이 되었던 주제였지만, 실은 둘 다 옳다. 뇌는 서로 연결되어 일을 하지만 뇌의 각 부위는 각자 세분화된 기능을 수행하기도 한다. 신피질은 해부학적 구조와 기능에 따라 전두엽, 두정엽, 측두엽, 후두엽의 네 부분으로 나뉜다.(그림 3.) 이처럼 세분화된 뇌 부위 중 가장 중요하면서 인간다운 부위는 전두엽(frontal lobe)이다. 인간의 능력 중에서 무엇보다 중요한 것은 주변 상황에 대한 정확한 판단과 이에 기반한 합리적인 행동 결정이기 때문이다.(전두엽 손상에 따른 증상에 관해서는 231쪽을 보라.) 다윈은 살아남은 자를 변화에 가장 잘 적응한 자로 표현했다. 상황의 변화에 따라 유연하게 판단하고 결정을 내리는 일은 전두엽이 한다. 그러나 전두엽이 이런 고상한 일만 하는 것은 아니다. 전두엽의 맨 뒷부분 즉 두정엽의 바로 앞에는 '운동 중추'라는 곳이 있다. 이곳에서 출발한 신경 세포는 우리 신체의 근육을 지배하여 움직이도록 한다. 즉 전두엽은 대통령 일도 하지만 동시에 일선에서 노동자를 직접 관리하는 '십장'의 역할도 하는 것이다.

두정엽(parietal lobe)은 말 그대로 머리의 꼭대기에 해당된다. 두정엽의 앞에는 전두엽, 뒤에는 후두엽, 그리고 아래쪽에는 측두엽이 붙어 있다. 두정엽을 전두엽과 가르는 국경선은 중심선(central sulcus)이며, 측두엽과는 실비우스구(Sylvius fissure)라는 깊은 골짜기로 경계를 이룬다. 두정엽의 가장 앞쪽에는 감각 중추가 있어 외부에서 전해지는 감각을 받아들인다. 감각 중추는 전두엽의 운동 중추와 이웃하고 있다. 두정엽은 또한 공간적 사고와 인식 기능, 계산 기능 등을 수행한다. 두정엽은 이런 지리적 이점을 이용해서 여러 부위의 신피질에서 전해지는 정보를 연합하는 일도 한다. 즉 두정엽은 마치 국제 회담이 열리는 회의실 같은 곳이다. 따라서 두정엽이 손상된다면, 그에 따라 나타나는 증상 역시 심각하다.(257쪽을 참고하라.) 여러 지역에서 들어오는 정보가 연합되지 못하기 때문이다.

후두엽(occipital lobe)은 뇌의 제일 뒷부분, 즉 뒤통수에 해당되며 사물을

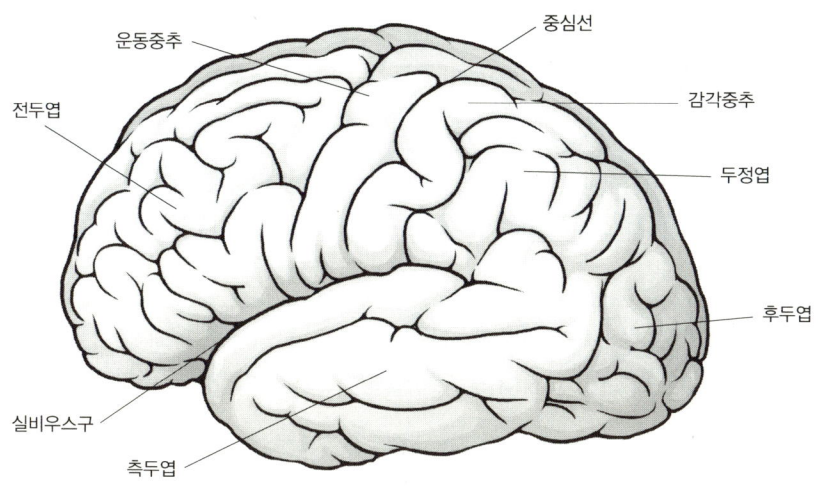

그림 3. 신피질

보는 역할을 한다. 즉 후두엽은 시각 중추이다. 우리의 눈에 상이 맺히면 그 상은 시신경을 통해 후두엽으로 전해진다. 이때 우리는 비로소 우리가 본 사물이 무엇인지 인식할 수 있다. 즉 세상을 보는 눈은 얼굴의 앞쪽에 있지만, 실제로 우리는 제일 뒤쪽의 뇌로 보고 있는 것이다.

측두엽(temporal lobe)은 말 그대로 뇌의 옆 부분이다. 귀가 얼굴의 옆에 붙어 있듯, 측두엽은 청각 중추로서 듣는 기능을 담당한다. 왼쪽 측두엽에 위치한 청각 중추의 뒤쪽에는 우리가 귀로 들은 언어를 이해하는 부분이 있다. 즉 이 부분은 언어 중추의 일부이다. 측두엽의 안쪽은 후각 중추가 있어 우리가 맡은 냄새를 분간하는 일을 한다. 또한 측두엽의 안쪽은 기억, 감정과 관련되는 해마, 편도체 등을 포함한다. 즉 이 부분은 둥근 모양으로 회로를 이루고 있는 변연계(감정과 기억의 뇌)의 아래쪽 회로를 이룬다.(그림 2 참고.)

뇌의 영역이 이처럼 전문화되었듯 신경 세포들 역시 전문화되었다. 예컨대 시신경 세포는 시각 자극에만 반응하며, 청신경 세포는 청각 자극에만 반응한다. 그런데 요즈음 내과도 소화기 내과, 심장 내과, 내분비 내과 등 여러 분야로 더욱 세분화되었듯 일부 신경 세포 역시 좀 더 세분화되어 일을 하고 있다는 증거가 제시되고 있다. 말하자면 '초전문화' 된 세포들이 있다는 것이다.

최근 캘리포니아 공과 대학의 이차크 프리드(Itzhak Fried) 교수 팀은 인간의 해마와 편도체 신경 세포에 전극을 꽂은 후 여러 종류의 시각적 자극을 주었다. 그리고 어떤 신경 세포가 자극되는지 살펴보았다. 그 결과 특정한 전문적 자극에만 반응하는 신경 세포가 14퍼센트에 달하는 것을 발견했다. 예컨대 신경 세포 A는 사람의 얼굴을 보여 줄 때만 반응을 나타내며 다른 시각적 자극에는 전혀 반응하지 않는다. 반면 세포 B는 동물의 모습을 보여 줄 때만 반응하고 사람 모습에는 반응하지 않는다. 자연 경치에만 반응하는 세포도 있고 집을 보여 주어야 반응하는 녀석도 있다. 즉 우리 뇌의 많은 세포는 일정한 자극에 반응하도록 특화되어 있다는 것이다.

어떤 특정 질병에 대해 전문의가 일반의보다 능숙하게 진료하듯 신경 세포의 이러한 '초전문화' 는 복잡한 뇌의 업무 처리를 효과적으로 수행하는 데 더욱 유리할 것이다. 그러나 대부분의 신경 세포가 이와 같은 정도의 전문성을 가지고 있지는 않다는 사실을 생각해 볼 때, 뇌는 효율성 및 유연성, 종합성을 함께 아우르고 있는 것이 아닐까 한다.

변연계와 신피질의 조화

이제까지 뇌를 뇌간, 변연계, 신피질의 3단계로 나누어 설명했다. 하지만 이들이 물과 기름처럼 따로 노는 것은 아니며, 서로 밀접하게 정보를 주고받는다. 예컨대 뇌간이 심하게 손상되면 우리는 의식을 잃게 된다. 이것은 뇌간의 망상체(reticular formation)라는 곳에서 각성에 관여하는 정보가 대뇌의 여러 곳으로 퍼져 나가기 때문이다. 뇌간의 심한 손상으로 대뇌의 모든 부위가 이런 정보를 받지 못하게 되므로 의식을 차리지 못하는 것이다.

신피질과 변연계의 상호 작용은 이보다도 더욱 긴밀하다. 우선 신피질은 불필요한 변연계의 작용을 억제한다. 불같은 충동과 어리석은 열정을 자제하는 것은 신피질이 하는 일이다. 헤르만 헤세가 "이성은 감정을 지배한다"라고 했을 때 이성은 신피질을, 감정은 변연계를 말한 것으로 풀이할 수 있을 것이다.

학문적 수준에서 이런 이야기를 처음 한 사람은 19세기 영국의 유명한 신경과 의사인 휼링스 잭슨(Hughlings Jackson)이다. 1890년대 그는 인간의 원시적 뇌에서 유래하는 성욕이나 공격성을 대뇌 피질이 적절히 조절하는 것으로 생각했다. 변연계에 대한 개념이 없던 그 당시로서는 놀라운 발상이었다. 잭슨의 이런 생각은 인간의 정신을 3단계로 구분하여 해석하려 했던 프로이트(Freud)에게도 영향을 주었다. 프로이트가 말한 초자아(superego)와 자아(ego)는 신피질에서, 이드(id, 무의식적 본능)는 변연계와 뇌간에서 담당한다고 말해도 큰 무리는 없을 것이다.

아무튼 신피질로 인해 우리는 본능의 노예 상태에서 벗어나 좀 더 높은 경지의 인간이 된다. 하지만 신피질이 변연계를 지나치게 억제하면 오히려 원활한 감정 교류에 문제가 생기는 경우도 있다. 따라서 우리는 가끔 신피질을 억제하여 우리의 감정을 자유롭게 만든다. 그 대표적인 방법은 음주인데, 알코올은 우리가 가장 쉽게 구할 수 있는 신피질 조절 약물이다. 복잡한 사회에서 현대인들은 흔히 알코올을 사용하여 신피질을 억제하고, 변연계를 활성화시킨다. 그래서 술을 마시면 분위기에 젖고 기분이 좋아진다. 술자리에서 사람들은 어색한 느낌을 털고 서로의 감정을 잘 교류한다. 야유회 때 어린 시절에 했던 놀이를 하고 노래를 부르는 것도 신피질을 억제하고 변연계를 활성화하려는 행위라 볼 수 있다. 부부나 연인 사이라면 성행위는 훌륭한 변연계 활성화 방법이다. 우리는 흔히 이런 방법들로 신피질의 충돌에서 빚어진 갈등을 무마한다.

반사적 성행위는 뇌간과 시상 하부가, 남녀 간의 기본적인 애정은 변연계가 담당한다. 하지만 정신적 교감을 근거로 하는 사랑, 일생 단 한번 하는 깊은 사랑은 신피질이 있기에 가능하다. 즉 신피질 사랑은 니체가 말하는 아폴론적 사랑이며, 변연계 사랑은 디오니소스적 사랑이라 말할 수도 있다. 또한 인간은 애인이나 형제뿐 아니라 자신과 직접적인 혈연 관계가 없는 타인 혹은 국가를 사랑하기도 한다. 이런 사랑은 변연계보다는 신피질의 행위이다. 즉 신피질이 발달한 인간만이 이런 희생적인 사랑을 할 수 있다.

뇌간, 변연계, 신피질 3단계로 발달되면서 우리가 더욱 고등한 생명으로 진화되었다는 생각은 1960년대 미국의 폴 맥린이 이어 받았다. 그러나 감정이 논리에 비해 미성숙한 인간의 성질이라는 생각을 내포하는 이러한 서열 세우기식 사고 방식은 최근 들어 거센 도전을 받고 있다. 감정이 이성의 지배를 받는다기보다는, 이 둘은 뗄 수 없는 긴밀한 관계로 맺어져 서로에게 영향을 미치고 있는 동등한 중요성을 갖는 성질이라는 의견이 대두되고 있는 것이다. 실제로 우리의 감정은 신피질인 전두엽의 활성화와 관계가 깊으며 변연계도 기억 형성 등 논리적 생각의 기본 틀 형성에 많은 기여를 하고 있다.

인간에 있어 이러한 긴밀한 논리와 감정의 조화는 주로 신피질에 가장 가까운 변연계 부위인 대상회(cingulate gyrus), 그리고 변연계와 가까운 신피질인 안전두엽(orbitofrontal lobe)이라는 구조물의 발달에 많이 의존한다.(안전두엽은 말 그대로 눈에 가장 가까운 전두엽, 즉 전두엽 중에서도 가장 앞쪽, 아래쪽에 있는 부위를 말한다. 그림 2를 참고하라.)

다케노우치 유타카(竹野內豊)와 천후이린(陳慧琳)이 주연한 「냉정과 열정 사이」라는 영화 제목을 생각나게 하는, 감정과 이성의 경계를 넘나드는 이러한 다양한 인간의 행동, 그리고 이것을 가능케 하는 뇌의 모습은 2장에서 자세히 그릴 것이다. 하지만 그 이전에 뇌간, 변연계, 대뇌가 한꺼번에 일하여 만들어 내는 현상인 '웃음' 그리고 '잠'에 관해 이야기를 하겠다. 이어서 우리에게 뇌간과 대뇌의 상호적 기능을 생각하게 해 주는 환자들의 상태 몇 가지를 소개하겠다.

웃기

자, 일단 한번 크게 웃어 보자. 웃으려면 우리는 우선 숨을 들여마시고 그다음 세게 내쉬어야 한다. 그리고 성대 근육을 사용해서 내쉬는 숨을 짧게 딱딱 끊어야 한다. 이것이 바로 웃음이다. 내쉬는 숨의 세기와 성대의 굵기에 따라 웃음소리는 달라진다.

우리는 지금 의식적으로 웃었지만 웃는 순간의 동작은 자율적이다. 즉 숨을 들이쉬고 내쉬고, 성대를 사용해서 숨을 끊는 것 하나하나를 일일이 생각하며 웃는 것은 아니다. 만일 이런 식으로 복잡하게 웃어야 한다면 누구라도 웃으려 하지 않을 것이다. 이처럼 웃음이 자율적이라면 이러한 웃음 동작은 한꺼번에 프로그램화되어 뇌 어딘가에 저장되어 있을 것이다. 그곳은 뇌간일 것으로 예상된다. 뇌간은 운동 신경에 명령을 내려 가로막과 갈비뼈 사이의 근육을 움직이게 해서 웃게 만든다. 그런데 뇌간이 웃음을 만드는 부위라면, 뇌간이 잘 발달한 개구리나 토끼도 웃어야 할 것이다. 하지만 이 세상에 웃는 동물은 인간밖에 없는 것 같다. 왜 그럴까? 그 이유는 웃음이 뇌간의 기능을 넘어서는 복잡한 행위이기 때문이다. 어떤 상황이 생겼을 때 이것이 우스운 것인가를 판단하는 곳은 뇌간이 아니라 신피질이다. 인간은 신피질이 유난히 발달된 동물이기에 웃을 수 있지만 그렇지 못한 다른 동물들은 웃을 수 없다. 이런 점에서 "인간은 웃을 수 있는 유일한 동물"이라고 말한 아리스토텔레스의 말은 틀리지 않았다.

그러나 그보다 더 오랫동안 야생 동물들을 관찰한 다윈이나 제인 구달은 그렇게 생각하지 않았다. 인간처럼 소리를 내서 웃지 않을 뿐이지 원숭이나 오랑우탄에게 간지럼을 태우면 인간의 웃음 비슷한 형태의 표정(원시적 웃음)을 짓기 때문이다. 이런 점에 비추어 웃음은 진화론적으로 간지럼에서 시작되었을 수도 있다. 아마도 영장류에서 인간에 이르며 복잡해진 사회에서 신뢰와 협동을 촉진시키는 기술로서 웃음은 진화되었을 것이다.

그러면 인간다운 웃음을 가능케 하는 대뇌의 부위는 어디인가? 몇 년 전 간질 환자의 전두엽 위쪽(superior gyrus)을 자극하면 웃음이 유발된다는 보고가 있었다. 그리고 기능적 MRI를 사용한 연구에서(기능적 MRI에 관해서는 324쪽을 참고하라.) 사람들이 웃을 때 전두엽의 아래쪽(inferior gyrus)이 활성화된다는 결과도 나왔다. 결과는 약간 다르지만 어쨌든 우스운 상황을 판단하는 곳은 전두엽으로 생각된다. 하지만 웃는 행위는 판단인 동시에 감정 행위이다. 감정은 주로 변연계 소관이니 변연계 역시 활성화되어야 한다. 실제로 변연계의 아랫부분인 시상 하부에 과오종(hamartoma)이라는 종양을 가지고 있는 환자는 간질 발작이 웃는 형태로 나타나는 경우가 있다. 이것을 홍소 발작(laughing seizure)이라고 한다. 결국 인간의 웃음이란 신피질과 변연계가 동시에 활성화되는 현상으로 생각된다. 활성화된 신피질과 변연계는 뇌간에게 웃으라고 명령을 내린다. 이 명령에 따라 뇌간은 상황이 우스운지 아닌지도 모르고 그저 충실하게 웃음 동작 프로그램을 작동하는 것이다. 즉 뇌간은 웃음의 하드웨어이며, 신피질과 변연계는 소프트웨어이다.

만일 어떤 질병으로 대뇌가 손상된다면 웃는 일이 가능할까? 일반적으로 뇌가 손상된다고 웃지 못하는 것은 아니다. 하지만 우스운 상황을 파악하는 부위에 문제가 생긴다면 환자는 웃지 못할 것이다. 특히 전두엽이 손상된 환자는 감정이 사라지고 표정도 없어지는 것을 볼 수 있다. 물론 남을 웃기지도 못하니 코미디언이라면 절대 이 부위가 손상되면 안 된다. 그런데 전두엽에서 뇌간에 이르는 웃음 회로에 뇌졸중 같은 질병이 생기면 뇌간에 대한 조절 기능이 잘못되어 오히려 지나치게 웃는 증세가 나타나기도 한다. 이런 증상을 병적 웃음(pathological laughter)이라 하는데, 양쪽 뇌 모두가 손상된 경우 특히 그 증세가 심하다.(204쪽을 참고하라.)

우스운 상황을 판단하는 것도 그렇지만 남을 웃기는 것 역시 신피질이 하는 일이다. 나는 코미디언 하면 배삼룡, 서영춘, 구봉서, 이주일 등의 이름이 생각난다. 이름만 생각해도 절로 웃음이 나오는 이들의 쇼를 보고도 배꼽을 잡지 않는다면 뇌가 좀 잘못된 사람일지도 모르겠다. 그런데 이런 코미디는 대부분이 바보 흉내를 내거나 서로 싸우는 것이 주된 소재인데, 이와 같은 코미디를 변연계식 코미디라고 말할 수 있을 것이다. 반면 오랫동안 원맨쇼를 했던 미국의 자니 카슨의 경우, 여러 상황을 교묘하게 압축한 유머 한마디로 관객들의 폭소를 자아낸다. 그런데도 정작 자신은 전혀 웃지 않고 덤덤한 표정으로 말을 하기 때문에 사람들을 더욱 재미있게 한다. 이런 코미디는 반대로 신피질식 코미디라고 하겠다.

여성이 일반적으로 유머가 있는 남성을 좋아하는 것은 변연계와 신피질이 골고루 발달했다는 증거라고 볼 수 있다. 침팬지 연구로 유명한 제인 구달이 아프리카에서 비행기 사고가 났을 때의 일이다. 그녀는 몸이 불편해 추락한 비행기에서 빠져 나오지 못하는 한 남자를 구하기 위해 어렵게 그에게 다가갔다. 이때 연기가 나는 가운데 꼼짝도 못하고 앉아 있던 남자가 그녀에게 건넨 말은 "당신 여기서 뭐 잃어버린 게 있어요?"였다. 프로이트는 유머를 "사형대 위의 웃음"이라고 했다지만, 제인 구달이 그 남자와 결혼한 것은 위태로운 순간에도 유머를 발할 수 있는 기지에 매료되었기 때문일 것이다.

웃음은 이처럼 사회를 인간답게 만들지만 웃는 사람의 신체 역시 건강하게 만든다. 이것은 변연계가 활성화되어 신경 호르몬이 변화하기 때문이다. 한 시간 동안 코미디 프로그램을 보면 백혈구가 증가하며, 특히 자연 살해 세포(natural killer cell) 기능이 활성화된다는 보고가 있다. 여자가 남자보다 많이 웃기 때문에 더 오래 산다는 주장도 있다. 가수 이선희의 노래 가사대로 한바탕 웃음으로 잊어버리기에는 이 세상에서의 상처가 너무나 클지도 모르지만, 그래도 웃음에는 분명 치료 효과가 있다.

당신의 두 눈엔 잠이, 가슴엔 평화가

그리스 신화에 따르면 잠의 신 히프노스(Hypnos)는 어둠의 신 에레보스와 밤의 여신 뉘크스 사이에서 난 아들이다. 히프노스의 형제자매로는 노쇠의 신 게라스, 비난의 신 모모스, 고뇌의 신 오이튀스, 불화의 여신 에리스, 거짓말의 신 아바테가 있다. 가족이 모두 부정적인 신들인 것을 보면, 고대 그리스 인들은 잠자는 것을 죽음과 동일시 하고 부정적으로 바라본 것 같다. 불교 최초의 경전이라 일컬어지는 『숫타니파타(Sutta-nipata)』에도 "일어나 앉으라, 잠을 자서 그대들에게 무슨 이익이 있겠는가. 화살에 맞아 고통 받는 이에게 잠이 웬 말인가."라고 적혀 있다. 인간의 선함을 끝까지 믿었던 계몽주의자 루소도 "잠은 인체가 지닌 가장 두드러진 약점 중 하나이다. 그것은 신체 기능이 가장 비정상적이고 병적인 상태이다."라고 외친 바 있다.

19세기까지만 해도 잠을 잔다는 것은 깨어 있지 못한 몽매한 상태로 여겼다. 그러나 사실은 그렇지 않다. 잠을 잘 때 우리의 몸은 비록 몽매한 상태일지 모르겠지만 뇌는 전혀 그렇지 않다. 잠에 관여하는 뇌의 신경 세포 입장에서는 섭섭해 할 말이다. 우리의 뇌가 만들어 내는 잠에는 다섯 단계가 있고, 여기에 관련된 유전자들도 여러 가지다. 게다가 온갖 종류의 신경 전달 물질이 교대로 활동해야 한다. 즉 잠은 우리의 생존에 필요한 능동적인 행위이다. 그런데도 오랫동안 억울하게 바보 취급을 받아 왔던 것이다. 우리가 이처럼 애써서 잠을 자야 하는 진화론적 이유에 대해 관심 있는 독자라면 나의 전작 『뇌에 관해 풀리지 않는 의문들』을 읽어 보기 바란다. 여기서는 '어떻게 잠을 자게 되는가?'에 대해 이야기하고자 한다.

오랫동안 알지 못했던 이 어려운 질문에 대한 해답이 의학이 발달하면서 조금씩 밝혀지고 있다. 최근 의학자들은 일련의 동물 실험을 통해 개체가 잠을 자고 깨는 것이 각성과 수면에 관계되는 몇 가지 유전자의 주기적 발현, 그리고 이로 인한 단백질 생성에 따른다는 사실을 알게 되었다. 예컨대 수면과 관계되는 clock와 Bmall 유전자는 잠을 자는 동안 증가하며 이들이 만들어 내는 단백질은 계속 축적된다. 그리고 그 양이 일정 수준에 도달하면 이번에는 이 유전자들이 per와 cry 유전자의 발현을 유발한다. 이때 개체는 잠에서 깨기 시작한다. 즉 per와 cry 유전자는 아침에 우는 자명종이나 수탉의 역할을 한다. 우리가 아침에 잠에서 깨어 낮에 활동하고 있는 동안에 per와 cry 유전자 발현에 의한 단백질 생성은 뇌 안에서 점점 증가한다. 저녁이 되어 이 단백질의 양이 어느 수준에 다다르면 이것이 다시 clock와 Bmall 유전자 발현을 유발한다. 그러면 개체는 다시 잠을 자기 시작한다. clock과 Bmall 유전자의 발현은 어머니의 자장가인 셈이다.

결국 유전자들의 활동 여하에 따라 우리 몸도 자고 깨는 것인데 이러한 유전자에 문제가 생기면 잠과 깸의 조절에 문제가 생김은 물론이다. 예컨대 clock 유전자에 돌연변이가 생긴 쥐는 잠을 오래 잔다. 그렇다면 이러한 유전자가 발현되고 단백질 변화가 일어나도록 하여 우리의 잠을 조절하는 곳은 어디일까? 그곳은 뇌의 아랫부분에 위치한 시상 하부의 상교차핵(suprachasmatic nucleus)이다.

그런데 우리의 잠과 깸은 이런 유전자의 변화만으로 설명할 수 있는 단순한 현상이 아니다. 이런 기본적인 사이클에 영향을 미치는 변수는 많다. 그 중 가장 중요한 것은 다름 아닌 '빛'이다. 우리는 눈으로 빛을 감지한다. 눈의 망막 세포는 세상의 밝고 어두움을 파악하여 이 정보를 망막 시상 하부로(retinohypothalamic tract)라는 길을 통해 뇌의 시상 하부로 전달한다. 이 과정에서 글루타민 신경 전달 물질과 NMDA 수용체가 관여하는 것으로 알려졌다.(신경 전달 물질과 수용체에 관해서는 92쪽을 보라.) 시상 하부에 빛이 지속적으로 전달되거나 혹은 글루타민 자극을 오랫동안 가하면 우리의 수면 사이클은 뒤로 늦춰진다. 예컨대 우리가 홍콩이나 태국처럼 우리나라보다 한두 시간 느린 곳으로 여행을 한다면 밝은 빛이 평소보다 우리의 시상 하부를 더 오래 자극하기 때문에 잠자는 시간은 뒤로 미뤄진다.

앞서 잠을 조절하는 중요한 부위가 시상 하부의 상교차핵이라고 했으나 이 구조 혼자서 우리의 잠과 깸을 모두 조절하는 것은 아니다. 유전자 발현,

단백질의 증감, 혹은 밝고 어두운 외부의 빛 정보가 이곳에 전달되면 이로 인해 형성된 전기 자극은 뇌간, 시상, 대뇌 등 뇌의 여러 곳으로 전달된다. 이때 이런 구조들은 다양한 신경 전달 물질을 내면서 우리의 잠을 조절하게 된다. 결국 per와 cry, clock과 Bmall 유전자들이 오케스트라의 제1바이올린이라면 여러 신경 전달 물질들은 비올라, 첼로, 트럼펫, 클라리넷 같은 다른 악기가 된다. 그리고 그 교향곡이 연주되는 상교차핵은 공연장에 해당된다. 우리의 뇌에서 '수면'이라는 곡은 매일 이렇게 연주된다.

잠에 대한 연구를 위해 학자들은 흔히 우리 머리에 전극을 붙여 뇌파 검사를 해 왔다. 검사 결과를 통해 깨어 있는 상태에서 우리의 뇌는 1초에 8번 정도의 규칙적인 리듬을 낸다는 것을 알 수 있었다. 우리가 잠이 들기 시작하면 뇌파의 파장은 점차 느려진다. 즉 우리가 깊이 잠들수록 뇌파의 파장은 점점 느려져 제4단계 수면 시에는 가장 느리다. 그런데 잠이 든지 약 90분쯤 후 다섯 번째 단계에 이르면 뇌파는 다시 빨라진다. 물론 우리는 이때도 계속 잠을 자고 있지만 뇌파만 가지고 본다면 잠을 자고 있는지 깨어 있는지 구분하기 힘들다. 이때 몇 가지 두드러진 생리적 현상이 나타나는데 가장 특징적인 현상은 우리의 눈동자가 좌우로 저절로 움직이는 것이다. 따라서 이런 상태의 수면을 렘(rapid eye movement, REM)수면이라고 한다. 그리고 그 외의 수면 상태를 통틀어 비(非)렘(non-REM)수면이라 한다.

렘수면 동안 우리의 눈은 좌우로 움직이지만 팔다리는 축 늘어져 있다. 그리고 이때 사람들은 꿈을 꾼다. 렘수면이 지나가면 뇌파가 점차 느려지고 우리는 다시 깊은 잠에 빠져든다. 물론 90분 후에는 다시 렘수면이 찾아온다. 렘수면과 비렘수면을 조절하는 것 역시 뇌인데 여기에는 시상 하부나 뇌간의 아드레날린, 세로토닌, 아세틸콜린 등과 같은 신경 전달 물질이 관여한다. 하지만 궁극적으로 렘·비렘수면은 시상 하부의 바깥쪽에 있는 히포크레틴이라는 신경 세포가 조절한다. 즉 히포크레틴은 렘·비렘수면을 조절하는 지휘자이다. 히포크레틴의 기능이 저하되면 수면 조절이 잘못되므로 우리는 시도 때도 없이 잠에 빠지게 된다. 이런 병을 기면증이라 한다.(이 병은 4장에서 소개할 것이다.) 아무튼 우리는 렘과 비렘수면이 적당히 섞여 있는 수면을 7~8시간 정도 취하고 나면 "잘 잤다."라고 말한다. 결국 우리가 밤에 잠을 자고 낮에 깨는 현상은 시상 하부의 몇몇 작은 신경 세포들의 종횡무진한 활약에 좌우된다.

믿는 종교에 관계없이 독자 여러분은 시상 하부 신경 세포의 안녕함에 감사 기도를 드리고 잠자리에 들어야 할 것이다. 잠을 잘 못 자는 병(불면증)은 매우 흔하기 때문에 하는 말이다. 그래서 우리는 저녁 때 어른들께 "안녕히 주무세요."라고 인사한다. 사랑에 빠진 로미오도 줄리엣과 헤어지면서 이렇게 인사했다. "당신의 두 눈엔 잠이, 가슴엔 평화가 깃들기를!"

밤의 제왕 멜라토닌

알 파치노가 노련한 탐정으로 나오는 「인썸니아(불면증, insomnia)」라는 영화에서 LA에 살던 알 파치노는 알라스카로 출장을 떠난 후 극심한 불면증에 시달린다. 이것은 교활한 범인과의 숨바꼭질, 실수로 동료를 죽인 자신에 대한 자책 등 여러 가지 정신적 고통 때문이기도 했지만 이것보다는 백야 현상이 주원인이었다. 무려 일주일 밤을 하얗게 샌 그는 범인의 총에 맞고서야 "이제야 비로소 잠이 오는 군." 하며 영원한 잠에 빠져든다.

불면증에는 정신적 불안, 우울, 약물 중독 등 수많은 원인이 있지만 우리는 가끔 문명의 이기 때문에 잠을 못 잔다. 옛날 비행기가 없던 시절에는 순식간에 밤낮이 바뀌는 곳으로 이동하는 경우가 없었다. 비행기 때문에 우리에게 뜻하지 않은 문제가 생긴 것이다. 우리가 한나절 걸려 미국 뉴욕에 도착했다고 하자. 서울 시간으로는 저녁이지만, 뉴욕 시간으로는 새벽이다. 분명 뇌 안의 유전적·화학적 변화에 따르면 잠을 자야 할 시간이다. 하지만 밖은 점차 밝아지고 있다. 그리고 그 빛은 이제 잠을 깰 때가 되었다는 신호를 수면 중추에 보낸다. 이처럼 뇌에 가해지는 정반대의 신호로 인해 뇌 안의 정보 처리 시스템은 마치 바이러스가 들어온 컴퓨터처럼 뒤죽박죽이 된다. 그리고 우리는 수면 장애와 더불어 두통, 피로, 식욕 저하 등에 시달리게 된다. 이런 현상을 시차 증후군(Jet Lag Syndrome)이라고 부른다. 시차 증후군은 물론 우리가 북극권 같은 백야 현상이 있는 곳으로 여행을 떠났을 때도 생긴다. 영화 속의 알 파치노가 바로 그런 경우다.

그런데 마치 숲 속의 부엉이처럼, 뇌 안에서 밤을 지배하는 중요한 신경 전달 물질이 있다. 그 이름은 멜라토닌(melatonin)이다. 멜라토닌은 우리 뇌의 한가운데, 아래쪽에 있는 송과선이란 곳에서 분비되는 호르몬이다. 멜라토닌은 시상 하부에 작용하여 우리 몸의 생리를 잠자는 데 맞춘다. 따라서 멜라토닌은 불면증 및 시차 증후군의 치료제로 사용되고 있다. 멜라토닌은 수면 조절 이외에도 여러 가지 생리적 역할을 할 것으로 생각되지만 아직 모르는 점이 많다. 어떤 학자들은 겨울이 되면 우울해지는 계절 우울증(winter blues)의 원인이 햇볕을 적게 받은 데 따른 세로토닌과 멜라토닌의 불균형 탓이라고 말한다. 또한 멜라토닌은 우리의 면역 체계를 조절하는 기능도 한다. 긴 여행 끝에 감기에 걸리거나 쇠약해지기 쉬운 것은 멜라토닌 시스템의 기능 이상 때문이라는 주장이 있다.

한때 멜라토닌은 인간의 수명을 늘리고 암을 예방하며, 면역 체계를 증강시키는 것으로도 알려져 미국에서는 꽤 많이 팔렸다. 이른바 '미국판 불로장생 약'이었다. 그러나 이런 약효에 대한 확실한 근거는 없다. 멜라토닌이 수명을 늘린다는 주장은 쥐를 사용한 실험 결과에 근거하지만, 그 쥐들은 정상적인 쥐가 아니고 선천적으로 멜라토닌이 결핍된 쥐였다. 즉 부족한 부분을 보충해 주었으니 잘 살았을 뿐이다. 멜라토닌이 암 환자에 도움을 준다는 것은 이 물질이 세포에 해로운 유리 산소기를 제거한다는 보고에 근거한다. 하지만 멜라토닌의 유리 산소기 제거 효과는 훨씬 싸고 구하기 쉬운 비타민 C보다도 떨어진다. 더구나 멜라토닌의 장기 복용에 따른 부작용을 우리는 아직 확실히 알지 못한다. 따라서 멜라토닌은 캐나다, 프랑스, 영국 같은 나라에서는 팔지 않는다. 다만 미국에서는 약품이 아닌 식품으로 인정되어 FDA의 규제 없이 식품점에서 팔리고 있다.

 멜라토닌은 아직도 알려지지 않은 것이 많은 신경 전달 물질이지만, 시차 증후군으로 고생해 본 사람이라면 멜라토닌이 얼마나 중요한 호르몬인지를 알 수 있을 것이다. 위에 이야기한 알 파치노도 멜라토닌을 복용했다면 증세가 좀 나아졌을 것이다. 그러나 우리보다도 더욱 멜라토닌에 감사해야 할 이들이 있는데 그것은 다름 아닌 보호색을 만드는 동물들이다. 예컨대 개구리나 두꺼비의 피부색이 주변 색에 맞추어 변하는 것, 그리고 산토끼의 털이 겨울에는 흰색, 여름에는 갈색으로 바뀌는 것은 멜라토닌 덕분에 가능한 일이다. 물론 이런 보호색은 동물들의 생존과 밀접한 관계가 있다. 그렇다면 멜라토닌의 이런 성질을 이용하면 피부색이 너무 어두워서 고민하는 사람의 걱정을 해결해 줄 수 있지 않을까? 아쉽게도 그렇지는 않다. 다른 동물과는 달리 인간의 피부색은 멜라토닌과 별로 관련이 없기 때문이다.

꿈꾸기

어느 날 장주는 나비가 되었다. 훨훨 나는 것이 분명 나비였다. 그러다 문득 꿈에서 깨어났다. 그렇다면 장주가 꿈에 나비가 된 것인가, 나비가 꿈에서 장주가 된 것인가……. 『장자(莊子)』에 나오는 이야기다. 한편 사자성어 '남가일몽(南柯一夢)'의 유래는 이렇다. 당나라 덕종 때 순우분은 괴안국 임금의 사위가 되어 20년 동안 온갖 부귀영화를 누렸다. 그런데 깨어나 보니 술에 취해 느티나무 옆에서 잠깐 잠든 사이에 꾼 꿈이었다. 인생이란 이처럼 덧없는 한낱 꿈에 불과한 것이다.

동양인의 꿈에 대한 생각은 이처럼 철학적이다. 반면 서양인의 꿈에 대한 생각은 분석적이고 실제적이다. 마케도니아 왕 페르디카스(Perdiccas)는 열이 나고 잠이 안 오고, 몸이 쇠약해지는 병에 걸렸다. 그리고 이상한 꿈만 자꾸 꾸었다. 페르디카스의 치료를 담당한 의사는 의학의 아버지라 불리는 히포크라테스. 그는 왕이 꾼 꿈의 내용을 듣고는 대번 이것은 왕이 필라(Philla)란 여인에 대한 애정을 마음속으로 감춰 두었기에 생긴 상사병이라고 해석했다. 왕이 필라에 대한 감정을 솔직히 고백하자 병은 깨끗이 나았다. 프로이트가 꿈을 통해 자아를 분석하고 정신 분석 치료를 시작하기 수천 년 전에 벌써 이런 방법이 시도되었던 것이다.

꿈이란 무엇일까? 오랫동안 사람들을 궁금하게 만든 질문이지만 아직도 우리는 꿈이 무엇인지 잘 모른다. 나는 꿈을 꾸는 행위는 렘수면 단계에서 이루어진다고 언급했다. 하지만 최근에는 비렘수면 동안에도 약간의 꿈을 꾸는 것으로 알려졌다. 그러나 깨어나서 기억할 수 있을 정도의 생생한 꿈은 대부분 렘수면 시에 꾸게 된다. 렘수면 시에는 신경 전달 물질 특히 아드레날린과 세로토닌에 변화가 생긴다. 이런 변화는 평소 이러한 신경 전달 물질에 억제되어 있던 뇌간의 아세틸콜린 함유 신경 세포를 활성화시킨다. 한껏 활성화된 아세틸콜린 세포들은 시각 중추, 운동 중추, 변연계 등 뇌의 여러 부분을 자극한다. 그렇다면 꿈이란 뇌가 이런 식으로 자극되어 나타나는 일종의 환각일 수도 있다. 실제로 렘수면의 조절 장애를 일으키는 기면증에 걸리면 아무 때나 렘수면 상태에 빠져서 생생한 시각적 환상을 경험하는 경우가 많다.

최근 일부 학자들은 잠과 꿈은 우리의 기억 작용을 보강하는 역할을 한다는 주장을 내세우고 있다. 우리는 뇌의 해마란 부분을 사용해서 낮에 일어났던 일들을 기억한다.(기억의 기제에 대해서는 3장을 참고하라.) 해마는 기억을 영구적으로 붙들고 있지 못하므로 기억된 것 중 중요한 것들을 신피질로 옮긴다. 이러한 기억 이동 혹은 기억 증강 과정이 주로 잠이 든 상태에서 이루어진다는 것이 그들의 생각이다. 어쩌면 공부를 잘하려면 잘 자야 하는지도 모른다. 최근 UCLA의 찰스 윌슨(Charles L. Wilson) 교수 팀은 사람의 해마에 전극을 꽂고 수면 연구를 해 보았다. 그들은 깊은 잠에 빠지는 동안 해마에서 활동적인 파장이 나타나며 렘수면 시에는 줄어든다는 사실을 발견했다. 윌슨 교수의 해석은 이렇다. 깊은 잠에 빠진 도중 평소 간직해 둔 기억을 신피질로 옮기느라 해마의 파장이 활성화된다. 렘수면 중 이 활동이 줄어드는 것은 마치 우리가 50분 강의를 들은 후 잠시 쉬면서 복습하듯, 해마가 잠시 쉬면서 신피질로부터 피드백(feedback)을 받는 현상이라는 것이다. 그렇다면 꿈이란 이때 신경 세포들의 연결이 이완되면서 평소 간직된 기억이 왜곡되어 나타나는 현상일 수도 있다.

꿈이 생기는 기전이야 어쨌든, 뇌의 여러 부분이 활성화되어 생성된 지각들이 합성되면 나름대로의 줄거리가 있는 꿈이 이루어지기도 하며, 이런 과정 중에 평소 우리 뇌에 간직되어 있던 기억, 감정, 소망이 섞인다. 이런 점에서 꿈은 억압된 자아의 표출이라고 한 프로이트의 주장은 일리가 있다. 프로이트의 꿈과 무의식의 탐구는 현대인의 정신 상태를 해석하는 데 지대한 영향을 미쳤다. 하지만 그의 꿈 해석은 지나치게 성적인 상징을 중심으로 이루어졌기 때문에 그의 견해를 그대로 수용하는 사람은 그리 많지 않다. 그리고 꿈의 중요성은 정신과 영역에서도 이제 많이 줄어들었다. 다만 평소 그 사람이 가지고 있는 심상을 엿볼 수 있는 방법으로서의 역할을 할 뿐이다.

"꿈보다 해몽이 더 좋다.", "꿈은 반대다."라는 말에는 꿈이 잘 맞지 않는다는 의미가 담겨 있지만, 다른 한편으로는 자신의 소망을 따라 오지 못하는 현실에 대한 아쉬움이 담겨 있기도 하다. 우리나라에는 유난히 길몽, 흉몽이 많다. 그리고 로또 복권을 산 사람이 아니더라도 좋은 꿈을 꾸길 기대하는 사람이 많다. 하지만 꿈이란 결국 뇌가 무작위로 자극되어 나타나는 환상이다. 꿈을 잃어버리면 안 되지만, 아무 노력도 없이 소망이 이루어지기를 바라는 것은 옳지 않다. 우리에게는 꿈보다는 냉철한 각성이 더 필요할지도 모른다.

식물인간과 잠금 증후군

스페인 감독 페드로 알모도바르의 아름다운 영화 「그녀에게」에서 헌신적인 주인공은 사랑하는 여인에게 매일 다정한 말을 들려주며 간호하지만, 아무런 소용이 없다. 그녀는 교통사고로 대뇌가 모두 손상되어 '식물인간(vegetative state)'이 되었기 때문이다.

식물인간이란 무엇인가? 우리 뇌의 맨 아래쪽 작은 부위인 뇌간은 숨을 쉬게 하고 심장을 뛰게 하는 기본적인 기능을 담당한다. 이러한 뇌간을 제외한 나머지 뇌 부분 즉 인간의 고등 행위를 관장하는 대뇌가 뇌 손상, 일산화탄소 중독, 뇌졸중 같은 질병으로 모든 기능을 잃어버린 상태를 우리는 식물

인간이라고 부른다.

    이 경우 뇌간은 살아 있으므로 맥박이 뛰는 것과 숨을 쉬는 것은 정상이다. 뿐만 아니라 환자는 눈을 깜박이고, 잠을 자고 깨기도 한다.(수면 조절은 주로 뇌간이 한다.) 자극을 주면 얼굴을 찡그리며 기본적인 신체의 반사적 움직임도 가능하다.(이 정도의 움직임은 뇌간 혹은 척수 수준에서 가능하다.) 하지만 대뇌에서 명령이 내려오지 못하므로 의지적 움직임은 불가능하다. 예컨대 이런 환자는 손을 뻗어 탁자 위의 컵을 들고 물을 마시지 못한다. 물론 결코 남을 알아보거나, 대화를 하거나, 감정을 교류할 수 없기에 가족들을 슬프게 한다. 특별한 합병증이 생기지 않는 한 이러한 식물인간 상태는 영원히 계속된다. 영화에서는 주인공 여자가 회복되지만 이런 경우는 지극히 드문 예이다.

    이번에는 이와 반대의 경우, 즉 대뇌는 정상이며 뇌간이 선택적으로 손상된 상태를 생각해 보자. 앞에서 이야기한 대로 뇌간은 숨쉬기, 심장 근육 움직이기 같은 생명 유지에 중요한 일을 한다. 뇌졸중 같은 병으로 뇌간이 심각하게 손상되면 이런 기능이 정지되어 사망하기 쉽다. 그런데 일반적으로 뇌간의 '심장 근육 움직이기' 기능은 '숨쉬기'에 비해 늦게까지 유지되는 경향이 있다. 따라서 뇌간의 모든 기능이 소실되어 사지 근육을 움직이거나 숨을 쉬지 못해도 심장만은 뛰고 있는 경우가 있다. 이때 인공호흡을 해 주면 신체에 산소가 정상적으로 공급되므로 근육이나 내장 같은 신체의 기능은 얼마 동안 유지된다. 이런 상태를 '뇌사(brain death)'라고 한다. 뇌는 거의 죽었으나 신체는 살아 있다는 의미이다. '뇌사' 상태에서는 뇌의 기능을 돌이킬 가망이 없다고 판단되므로 이런 환자의 장기를 적출하여 장기 이식에 사용하기도 한다.

    그런데 뇌간이 심하게 손상된 환자라도 응급 처치를 잘하면 살아나는 경우가 있다. 맥박도 뛰고 숨도 쉴 수 있게 된다. 하지만 환자가 살아난다고 해도 사지가 심하게 마비되어 꼼짝 못하고 누워 지내게 되는 경우가 빈번하다. 뇌간이 운동 신경이 지나가는 좁은 통로였음을 독자 여러분이 기억한다면(15쪽 참고), 뇌간이 손상되어 사지가 마비되는 현상이 이해될 것이다. 이 경우 얼굴과 목구멍 근육도 마비되므로 환자는 말을 할 수도, 삼킬 수도 없다. 그러나 식물인간 상태와는 달리 이 사람들에게 사랑한다는 말은 전해 줄 수 있다. 시체처럼 누워 지내야 하고 음식도 튜브를 통해 공급해야 하지만, 대뇌는 분명 또렷이 살아 있기에 그들은 그 말을 이해할 수 있는 것이다. 온몸이 자물쇠로 잠긴 것 같은 이런 상태를 우리는 '잠금 증후군(locked-in syndrome)'이라 부른다.

이런 비극은 누구에게든 찾아올 수 있으므로 결코 '나만은 예외'라고 자신할 수 없다. 1995년 프랑스 여성 잡지 《엘르》의 편집장 장 도미니크 보비는 뇌간에 발생한 심각한 뇌졸중으로 인해 순식간에 잠금 증후군 환자가 되었다. 사지를 움직일 수 없고 말도 할 수 없게 된 그는 무려 100만 번 이상 눈꺼풀을 깜짝이는 신호로 조수와 대화하며 자서전 『잠수복과 나비』를 펴냈다. 여기서 그는 자신을 하루 종일 몸에 꽉 끼는 잠수복을 입고 있는 인간으로 비유한다. 아마도 이러한 상태에서 펴낸 책 자체가 잠수복에서 해방된 나비일지도 모르겠다. 책이 발간된 지 일주일 만에 그는 세상을 떠났다.

의술이 발전하면서 심각하게 뇌가 손상된 환자의 생명을 살릴 기회는 많아졌지만, 역설적으로 식물인간이나 잠금 증후군 같은 비극적인 환자들의 수는 늘어나고 있다. 이런 환자를 대할 때면 도대체 이들 불행한 환자와 가족에게 현대 의학이 해 준 것이 무엇인가 하는 회의가 든다. 베르나르 베르베르의 소설 『뇌』에는 잠금 증후군 환자 장 마르탱의 눈 움직임을 컴퓨터와 연결해 책을 읽고, 글을 쓰고, 외부와 교신하는 장면이 그려진다. 아직은 소설 속의 상상이지만 언젠가는 가능한 일일지도 모른다.

이제까지 나는 뇌간, 변연계 그리고 신피질의 활동 혹은 기능 정지에 따라 일어나는 인간의 다양한 모습을 그려 보았다. 이제는 뇌간과 연결되어 있는 12쌍의 뇌신경에 관해 이야기 할 차례이다.

12쌍의 다리

메뚜기는 3쌍의 다리를 가지고 있다. 거미는 4쌍이다. 지네의 다리는 종류에 따라 15쌍에서 170쌍까지 다양하다. 우리의 뇌간에는 12쌍의 뇌신경 (cranial nerve)이 연결되어 있어서 마치 12쌍의 다리를 가진 생물처럼 보인다.(그림 4.) 그 다리들은 곤충 다리처럼 가늘지만 마디는 없고, 해파리처럼 부드럽다. 그래서 곤충이라기보다는 오히려 영화「마이너리티 리포트」에 나오는 거미 로봇(홍채에 내장된 인물 정보를 확인하는 기계) 같다.

12쌍의 부드러운 다리들은 모두 신경 섬유이다. 뇌간에서 나오기 때문에 특별히 뇌신경이라고 부른다. 이들은 뇌간에서 출발하여 복잡한 구조물들을 헤치며 얼굴의 이곳저곳으로 향한다. 뇌신경은 위에서 아래로 순서에 따라 1번부터 12번까지 번호가 매겨져 있다.

뇌신경의 기능은 매우 다양하다. 이 가운데 몇 개의 뇌신경들은 운동 신경으로서 근육의 움직임을 담당한다. 예컨대 6번 뇌신경은 뇌간에서 나와 눈으로 향한다. 눈에 도달하면 이 녀석은 안구에 붙어 있는 근육을 움직여 눈을 바깥쪽으로 돌린다. 3, 4번 신경 역시 눈을 움직이는 신경들이다. 이들은 6번 신경과는 다른 방향(위, 아래 또는 안쪽 방향)으로 눈을 움직인다. 3, 4, 6번 신경 중 어느 하나라도 손상되면 우리는 눈동자를 제대로 움직일 수 없다. 예컨대 왼쪽의 6번 신경이 손상되었다고 가정해 보자. 그러면 왼쪽 눈을 바깥쪽

(왼쪽)으로 돌릴 수 없다. 하지만 정상인 오른쪽 눈은 왼쪽으로 움직일 수 있다. 이때 우리가 왼쪽을 바라보려 하면 오른쪽 눈은 왼쪽에 있는 물체를 바라보지만 왼쪽 눈은 여전히 앞에 있는 물체를 보고 있다. 따라서 상이 두 개로 나누어져 보이고, 우리는 당연히 사물을 제대로 볼 수 없게 된다.

우리가 웃을 수 있는 것은 얼굴 근육의 움직임을 담당하는 7번 신경 덕택이다. 이 신경이 양쪽 모두 마비되면 웃고 싶어도 웃을 수가 없다. 물론 울 수도 없으며 심지어는 눈도 감을 수 없다. 실제로는 7번 신경이 양쪽 모두 손상된 경우보다 한쪽(오른쪽 또는 왼쪽)만 손상된 사례가 훨씬 더 많다. 이런 경우 말을 하거나 웃을 때 환자의 얼굴은 한쪽만 찌그러진다. 10번 신경은 후두 근육을, 12번 신경은 혀를 움직인다. 이 신경들이 마비되면 목소리를 낼 수도, 음식을 삼킬 수도 없게 된다.

나는 이제까지 '뇌간에서 나온 뇌신경'이란 표현을 썼다. 하지만 1, 2, 5, 8, 9번 뇌신경들에는 오히려 '뇌간으로 들어가는'이란 표현이 적합할 것 같다. 이들은 바깥세상으로부터 받은 감각을 뇌로 전달하는 감각 신경이기 때문이다. 1번 신경은 냄새를 맡고, 2번 신경은 사물을 본다. 5번 신경은 얼굴의 감각을 느끼며 8번 신경은 소리를 듣는다. 9번 신경은 후두 부근의 감각을 전해 준다.

불교에서는 외부에서 받아들이는 이러한 감각들이야말로 고뇌의 근원이라고 가르친다. 하지만 이 주장은 옳지 않다. 고뇌의 근원은 감각 자체가 아니라 감각을 제대로 처리 못하는 대뇌에 있는 것이다. 실제로 우리는 똑똑한 뇌신경들 덕분에 주변을 정확히 인식하고 있으며, 이에 따라 적절히 반응하며 살아가고 있다. 예컨대 왼쪽에서 소리가 나면 이 정보는 8번 신경을 타고 뇌로 전달되고, 우리는 이 소리를 듣는다. 그리고 3번과 6번 신경을 작동해서 소리나는 쪽으로 눈을 돌려 바라본다. 이들의 작용은 한 치의 오차가 없을

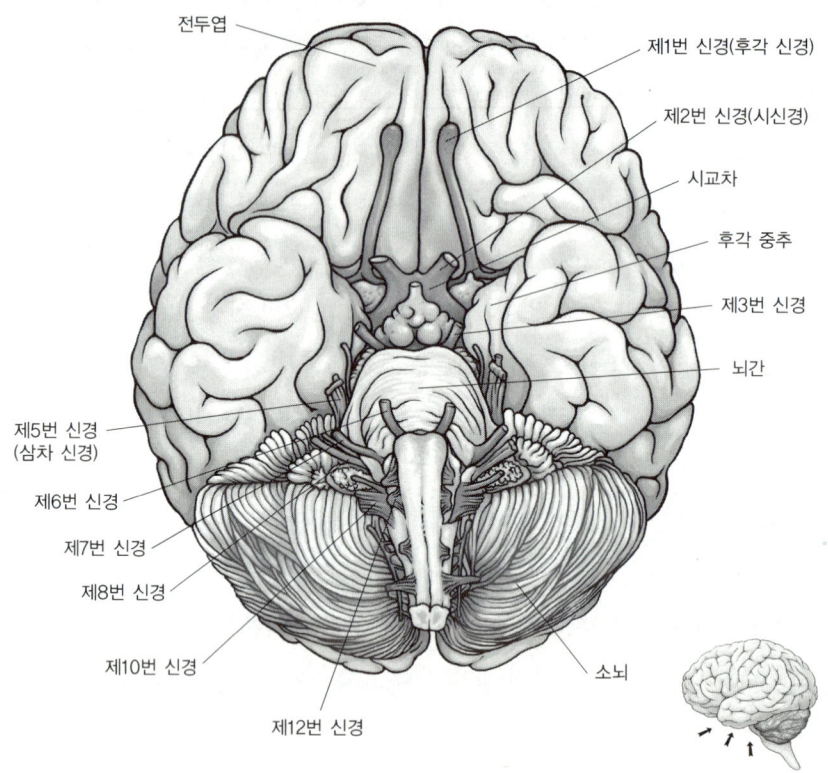

그림 4. 12쌍의 뇌신경

정도로 정밀하다. 우리 뇌는 정말 놀라운 컴퓨터와도 같다. 하지만 이 정도는 아무것도 아니다. 뇌신경의 기능을 통해 이루어지는 궁극적인 인간의 행동은 이들보다도 훨씬 더 복잡하고 다양하다. 즉 보고, 듣고, 냄새 맡는 이러한 기본적인 감각 인식 행위는 뇌를 통해 이루어지는 한없이 다양한 인간 행동의 서곡일 뿐이다. 이제부터 나는 그 다양하고 복잡한 인간의 행동, 그리고 이것을 조절하는 뇌의 모습을 그려보고자 한다.

냄새와 인간

우리는 후각으로 맛있는 음식을 찾는다. 하지만 후각 기능면에서 인간은 다른 동물에 비해 부끄러운 수준이다. 물론 동물들의 냄새 맡는 능력을 일률적으로 비교하기는 힘들다. 이 세상에는 감별할 수 있는 냄새가 무려 40만 가지나 있는데 동물마다 각각의 냄새를 맡는 능력에 차이가 있기 때문이다. 그러나 티올(thiol) 냄새로 검사하면 개는 인간보다 2000배 후각이 더 뛰어나며, 낙산(butyric acid)의 경우는 1000만 배 이상 차이가 난다. 후각 기능 면에서 인간은 개에 비해 훨씬 뒤쳐진다. 개뿐 아니라 우리의 후각은 대부분의 포유류나 파충류에 비해 못하다. 그래도 한 가지 위로가 될 만한 사실은 우리가 여러 동물들 가운데 꼴찌는 아니라는 사실이다. 예컨대 고래는 거대한 후각 기관을 가지고 있음에도 거의 아무런 냄새도 맡지 못한다.

이처럼 동물마다 후각 능력이 다른 이유는 개체의 생존 전략으로서 후각 기능의 중요성이 서로 다르기 때문이다. 예컨대 새는 지표면에서 멀리 떨어져서 날기 때문에 그들의 생존에 냄새 맡기가 별로 중요치 않다. 따라서 그들은 후각 기관보다는 시각 기관을 주로 발달시켰다. 다만 남아메리카 콘도르와 비둘기는 예외이다. 콘도르는 정글 속에서 움직이지 않는 썩은 고기를 찾아야 하므로 후각이 발달했을 것이고, 비둘기는 자신이 살던 곳으로 돌아가는데 후각을 이용한다는 주장이 있으나 아직 확실치는 않다. 인간의 후각이 발달하지 못한 이유 역시 확실히 밝혀져 있지는 않다. 프로이트는 인간이 직립 보행을 하면서 후각이 퇴화되었다고 믿었지만, 우리 조상들이 정글 속에 살다가 사방이 탁 트인 들판으로 나왔기 때문에 후각보다 시각이 더 발달했을지도 모를 일이다.

한 가지 이상한 것은 이처럼 후각 기능이 퇴화한 동물 치고는 후각을 담당하는 뇌신경 다발이 꽤 크다는 점이다. 우리는 코를 통해 냄새를 맡는데 냄새를 내는 화학 분자는 비강 바로 윗부분에 있는 두 개의 커다란 후각 신경 다발에 전해져 전기 신호로 바뀐다. 이 한 쌍의 후각 신경은 우리 뇌의 12쌍 뇌신경 중 1번으로 번호가 매겨졌다. 우리의 형편없는 후각 기능을 생각한다면 지나친 대우가 아닐 수 없다. 후각 신경을 검사하기 위해 의사들은 환자의 눈을 감게 한 후 한쪽 콧구멍을 막고 다른 쪽 콧구멍으로 향수나 담배 냄새를 맡게 한다. 그런데 신경과 의사들은 환자를 진찰할 때 후각 신경 기능 검사를 생략하는 경우가 많다. 왜냐하면 후각 신경에 생기는 병은 드물 뿐 아니라 후각 기능은 감기나 축농증 같은 병으로도 흔히 저하되기 때문이다. 하지만 이러다가 큰 일이 날 수도 있다. 후각 신경에 수막종이라는 종양이 생기면 한쪽 코로 냄새를 맡지 못할 뿐 그 이외의 기능은 완전히 정상이다. 나중에 MRI를 찍어 보고서야 커다란 종양이 있음을 발견하고 깜짝 놀라는 신경과 의사가 종종 있다.

후각 정보는 후각 신경을 통해 뇌로 들어가 측두엽의 안쪽에 위치한 후각 중추에 도달한다. 우리 뇌의 후각 중추는 후각 기능이 시원찮은 동물답게 아주 작다. 뇌 전체의 0.1퍼센트밖에 안된다. 일반적으로 좌우 뇌의 어느 한쪽의 후각 중추가 손상되어도 냄새 맡는 기능에는 별 지장이 없다. 그러나 양쪽이 모두 손상된다면 문제가 다르다. 1953년 난치성 간질 치료를 위해 양쪽 측두엽이 모두 잘려진 미국의 HM이란 사람은 기억력을 완전히 소실한 것으로 유명하다.(이 사람의 이야기는 3장에서 다시 등장한다.) 그런데 HM은 후각 기능에도 문제가 있는 것으로 밝혀졌다. 또한 정밀한 검사를 해 보면 파킨슨병이나 알츠하이머병과 같은 퇴행성 뇌 질환 환자들은 후각 기능이 약간 떨어져 있는 것을 알 수 있다. 후각 중추가 퇴화되었기 때문이다. 물론 이런 병들이 없더라도 나이가 들면 후각 기능이 떨어져 냄새를 잘 못 맡게 된다.

후각 중추는 측두엽의 안쪽에 있다. 그런데 이곳은 감정과 기억의 뇌인 변연계 회로의 일부이다. 따라서 후각은 인간의 감정, 기억과 밀접한 관계를 가진다. 이것은 당연한 일이다. 사슴은 사자의 냄새를 공포감과 함께 기억해야 하며 사자는 그 반대의 감정으로 사슴의 냄새를 기억해야 한다. 네덜란드의 심리학자 피에트 브룬(Piet Vroon)이 해석한 후각의 진화론적 의미는 이러하다. "악취는 피하고 상쾌한 냄새를 찾아가라. 그리고 익숙한 냄새가 나는 곳을 떠나지 마라. 그래야 너는 생존할 수 있다." 썩은 냄새, 상한 냄새, 배설물 냄새로 인한 괴로움은 이런 냄새가 나는 물체와 가까이 하지 않아야 생존에 유리하다는 진화론적 전략에서 기인한다.

후각 기능은 왼쪽보다는 오른쪽 대뇌와 연결이 많기 때문에 왼쪽 뇌에 위치한 언어 중추와는 별로 연관이 없다. 그래서인지 후각은 시각, 청각에 비해 그 섬세한 차이를 표현하는 어휘가 덜 분화되어 있다. 가령 우리는 피부에 가해지는 감각에 대해 아프다, 간지럽다, 부드럽다 등으로 묘사한다. 시각적 자극에 대해서는 푸르다, 푸르뎅뎅하다, 발갛다, 발그스름하다 등으로 표현한다. 하지만 냄새는 그럴 수 없다. 물론 김치찌개 냄새, 돼지 삼겹살 냄새 같은 표현은 많이 사용된다. 그러나 독자 여러분은 김치찌개 냄새를 여러분이 알고 있는 어휘(형용사)를 사용해 자세히 설명할 수 있는가? 후각을 언어로 분석·묘사하기는 어렵다. 다만 '좋은' 냄새, '싫은' 냄새처럼 감정적으로 표현할 수 있을 뿐이다.

게다가 후각은 기존의 감각에 쉽게 영향을 받는다. 샌디에이고 소재 캘리포니아 대학교의 케인(Cain) 교수는 정상인에게 눈을 가린 채로 어떤 냄새를 맡게 하였다. 그리고 얼마간 시간이 지난 후 다시 냄새를 맡게 해서 동일한 냄새가 나면 알려달라고 했다. 그 결과 동일한 냄새를 가장 잘 인지하는 시간은 대략 12초였다. 즉 후각은 시각, 청각과는 달리 어느 정도 시간이 지나야 그 정보가 뇌에 저장된다. 게다가 약 20퍼센트 정도의 사람은 맡지 않은 냄새를 맡았다고 이야기했다. 뿐만 아니라 어떤 냄새를 맡게 한 후 곧 다른 냄새를 맡게 하면 먼저 맡은 냄새는 잘 기억하지 못했다. 새로 인지된 냄새가 기존의 냄새의 기억 저장을 방해하기 때문이다. 이처럼 후각은 뭔가 좀 모자란 감각이다. 그러나 일단 우리의 뇌 속에 기억되면 상당히 오랫동안 지속된다.

후각 기능에 관해 재미있는 점은 어느 민족이나 여성의 후각이 남성보다 예민하다는 점이다. 그런데 이런 차이는 사춘기 이후에만 발견된다. 에스트로겐 수치가 오르는 배란기 때 여성의 후각이 더욱 예민해지고 남성에게 에스트로겐을 주입하면 후각 기능이 향상되는 점으로 보아 여성의 후각 발달은 에스트로겐과 관계되는 듯하다. 가임기 여성의 후각 기능이 남성보다 뛰어난 이유는 아마도 아이를 기르는 상태에서 후각을 사용해 주변의 위험을 좀 더 예민하게 파악하기 위함일 수도 있다. 이유야 어쨌든 현명한 남편이라면 음식이 상했는지 여부를 아내가 판단하도록 내버려 두는 편이 낫다.

2장에서 나는 후각 기능과 연관된 인간의 감정 형성에 관해 좀 더 자세히 살펴볼 것이다. 이제 시각 기능에 대해 알아보기로 하자.

꽃이 아름다운 이유

우리는 다른 어떤 감각보다도 시각에 의존해 정보를 인식한다. 예컨대 연인들은 흔히 "당신이 보고 싶다."고 편지를 쓴다. 실제로는 목소리를 듣고 싶고, 향기를 맡고 싶고, 손을 만져보고 싶겠지만 '보고 싶은 것'이 최우선인 것이다. 군대에 입대했거나 병원에 입원한 사람들도 편지나 전화로 위로를 받지만, 직접 면회 와서 '보는' 것을 가장 친밀한 행위로 생각한다. 일부 학자들은 인간의 정보 습득의 80퍼센트는 시각에 의존한다고 주장한다. 아마도 진화 과정 중 일어서서 걷다 보니 다른 동물에 비해 키가 커진 것이 우리에게 시각 기능이 중요해진 이유일 수 있을 것이다. 그렇다면 우리는 어떤 방식으로 시각 정보를 얻는가?

사물에서 발생한 빛 파장은 눈의 동공을 거쳐 망막으로 향한다. 망막은 안구의 바닥이지만 어찌 보면 '뇌'의 일부라 할 수도 있다. 망막에 존재하는 수많은 신경 세포는 빛 정보를 전기와 화학 정보로 바꾸어 시신경으로 보낸다. 시신경은 우리 뇌의 12쌍 뇌신경 중 제2번 신경이다. 그러나 우리가 본 물체를 실제로 인식하는 것은 눈이나 시신경이 아니다. 대뇌의 시각 중추의 작용에 의존한다. 이런 사실은 제1차 세계 대전 중 눈에는 아무런 상처가 없는데도 앞을 보지 못하는 군인들을 관찰함으로써 알려졌다. 그들은 눈이 아닌 뇌에 문제가 있었던 것이다.

안과 의사에게는 실망스러운 표현이겠지만 눈은 그저 고성능 카메라에 불과하다. 시각 중추는 대뇌의 맨 뒷부분에 해당되는 후두엽에 있다. 우리의 눈은 얼굴의 제일 앞쪽에 있으므로 망막에서 포착한 사물의 신호가 후두엽까지 도달하려면 먼 길을 가야 한다. 시각 정보는 시신경을 통해 시교차(optic chiasm)라는 사거리를 지나 뇌의 양쪽에 존재하는 외측 슬상체(lateral geniculate body)에 도달한다. 이곳에서 시각 정보는 마치 고속도로처럼 잘 뚫린 시신경 회로(optic tract)를 거쳐 후두엽에 이른다. 시각 정보가 왜 이처럼 먼 길을 가도록 만들어져 있는지에 대해서는 아직 아무도 모른다.

그런데 우리는 단순히 '보기'만 하는 것이 아니다. 우리는 색을 인식하고 있으며 덕택에 주변 사물을 아름답게 느낄 수 있다. 우리는 누구나 아름다운 꽃을 좋아하며, 때로는 그 아름다움에 도취되기도 한다.

우리와는 달리 사자나 사슴 같은 동물은 아프리카 벌판에 피고지는 많은 꽃들을 아름답다고 생각하지는 않을 것이다. 왜냐하면 그들은 거의 색맹에 가깝기 때문이다. 인간은 색감이 발달된 동물이므로 이처럼 눈부시게 아름다운 꽃을 음미할 수 있는 것인데, 이처럼 인간이 특별한 대우를 받게 된 이유는 무엇일까?

지금으로부터 100여 년 전인 1892년에 크리스틴 프랭클린(Christine Franklin)은 고대 동물의 망막에는 한 가지 종류의 광수용체가 있었지만, 진화가 계속되면서 두 가지 혹은 세 가지 종류의 수용체를 갖게 되어서 진화된 생물들이 색깔을 좀 더 잘 구분할 수 있게 된 것이라고 주장했다. 동물들의 망막에 있는 원추체(cone) 수용체에는 각각 짧은 파장의 빛(푸른색)과 긴 파장의 빛(붉은색)에 예민한 두 가지 종류의 세포가 있다. 따라서 동물들도 어느 정도는 색깔을 구분할 수 있는데, 그 수준이 영장류에 이르러서는 한 단계 올라갔다. 아마도 영장류 조상 가운데 4000만 년 전쯤 돌연변이가 생겨 세 가지 종류의 수용체를 가진 개체가 생겼는데, 이런 돌연변이를 가진 녀석들은 색깔을 더 잘 구별했을 것이다. 이들은 두 가지 종류의 수용체를 가진 동료에 비해 생존이 더 유리하였으므로 자연 선택되어 오늘에 이르게 되었다. 인간은 영장류에서 갈라져 나왔으므로 당연히 색깔 구분을 잘하는 것이다.

그러나 망막세포 이외에 후두엽 역시 색깔 인식에 중요한 역할을 한다. 이것은 대뇌 손상 이후에 색깔 인식을 하지 못하는 환자를 관찰함으로써 알려졌다. 일찍이 1888년 프랑스의 베레이(Verrey)가 이런 환자를 보고한 바 있지만, 이러한 색깔 인식 불능증(color agnosia) 현상은 미국 아이오와 대학교의 다마지오(Damasio) 교수에 의해 체계적으로 연구되었다. 특히 후두엽의 안쪽에 뇌졸중 같은 병이 생겼을 때 이러한 증세가 생기는데, 색깔 인식 불능은 대개 병이 발생한 반대쪽 시야에 나타난다. 즉 환자가 왼쪽 후두엽에 병이 생기면 오른쪽 시야에서 색깔을 인식하지 못한다. 좀 더 쉽게 말하자면 이런 환자의 오른쪽에 화장을 한 여자가 있다면 그는 그녀가 화장을 하지 않은 것으로 인식하는 것이다. 그녀가 시야의 왼쪽으로 이동해야 비로소 환자는 붉은 입술을 인지할 수 있다.

일반적으로 망막 이상에 따른 색맹 환자는 붉은색, 녹색 등 몇 가지 색을 구분하지 못하는 것에 반해 후두엽이 손상되어 색감이 없어지면 전반적인 색채에 대한 구분이 불가능해진다. 따라서 이런 환자들은 흔히 "갑자기 흑백 텔레비전을 보는 것 같다.", "물체가 빛이 바랜 것 같다."라고 호소한다. 일반적으로 후두엽 안에서 색깔 인식에 관여하는 부분은 V4 부위인 것으로 알려졌다.(후두엽은 기능에 따라 V1부터 V6까지 일련의 영역으로 나뉜다.) 결국 망막 수용체의 유전적 변이 그리고 몹시 발달한 대뇌 덕에 인간은 색깔에 민감한 동물이 된 것이며, 교과목에 미술이 생겼고 화가나 패션 디자이너 같은 직업도 생긴 것이다.

그런데 왜 우리는 색깔 구분이 예민한 쪽으로 진화했을까? 색깔에 예민하다는 것은 우리의 생존에 어떤 이득을 주었을까? 그것은 아마도 영장류가 숲 속 나무 위에서 살았기 때문일 것이다. 영장류는 주로 나무 열매를 먹고 산다. 따라서 열매가 익었는지 혹은 독이 들었는지를 감별하는 것은 매우 중요한 일이었다.(열매의 색깔은 그것이 익었는지 설었는지, 독이 있는지 없는지를 표시하는데, 이런 신호를 잘못 감별해서 독이 든 열매를 먹은 조상들은 쉽게 죽었을 것이다.) 또한 꽃이란 그곳에 먹을거리가 있다는 식물의 표시인데 꽃 색깔을 잘 구별하는 편이 음식 찾기에 유리했을 것이다. 혹은 색깔 식별을 잘하던 조상은 자벌레나 카멜레온처럼 보호색을 띠는 먹이를 좀 더 잘 구별했기 때문에 생존에 유리했을 수도 있다.

그렇다면 꽃은 왜 인간이 아름다움을 느끼도록 화려한 모습으로 진화했을까? 아마도 색깔에 대한 영장류의 시각 기능이 점점 예민해지자 여기에 맞추어 꽃나무들도 함께 진화하기 시작했을 수도 있다. 왜냐하면 꽃나무의 입장에서는 영장류가 자신의 꽃에 가까이 오고, 자신의 열매를 먹도록 이들을 유혹해야 했기 때문이다. 영장류는 은연중 꽃가루를 몸에 묻혀 수정을 도와주고 과일의 씨앗을 먼 곳으로 퍼뜨려 나무의 자손을 번성하게 해 준다. 그래서 나무는 아름다운 꽃으로 그곳에 맛있는 꿀이나 열매가 있다는 것을 표현했다. 이처럼 열심히 유혹의 손길을 뻗치지 못한 꽃나무는 영장류의 외면을 받았고, 따라서 씨를 퍼뜨리지 못해 번성할 수가 없었다. 결국 꽃나무와 영장류는 서로의 진화를 오랫동안 경쟁적으로 자극했던 것이고, 이런 이유로 봄에 찬란하게 피는 꽃은 우리를 유혹하는 것이다.

앞을 보고 걷는 인간

세상에는 세 종류의 사람이 있는 것 같다. 앞만 보고 가는 사람, 뒤만 바라보고 있는 사람 그리고 앞을 보며 걷다가 가끔씩 뒤를 돌아보는 사람이다. 첫 번째 사람은 발전적이고 진취적이지만 사는 동안 실수와 후회를 많이 할 것이고, 두 번째 사람은 실수는 안 하겠지만 어떠한 발전도 없을 것이다. 이런 점에서 세 번째 경우는 가장 현명한 사람이다. 그러나 누구든 씩씩하게 앞으로 나가면서 동시에 적절히 뒤돌아 보기란 쉽지 않다.

그래도 인간은 지구상의 어떤 동물보다도 앞을 보면서 잘 살아 왔으며, 지구의 주인으로 자리 잡았다. 내가 이렇게 말하면 지금은 고인이 되신 나의 큰아버지이자 고고학자셨던 김원룡 교수가 반대할지도 모르겠다. 그분 말씀에 따르면 우리는 스스로 지구의 주인이라고 생각하지만, 개미나 지렁이는 각자 자기가 세상의 주인이라고 생각한다고 한다. 이러한 뜻을 이해 못하는 것은 아니다. 나는 지구상에는 약 1경 마리의 개미가 살고 있고 그들의 몸무게를 합치면 인간의 총 중량과 비슷하다는 사실도 알고 있다. 그러나 객관적으로 볼 때 인간은 지구상에서 가장 영향력 있는 동물이며, 여기에 이의를 달 사람은 거의 없을 것 같다.

우리가 이처럼 앞을 보고 달려온 이유는 우리의 특이한 모습과 관계있을지도 모른다. 인간은 다른 동물에 비해 유난히 큰 머리통과 성기를 가진 동물이지만 이것 외에도 특이한 점은 여러 가지가 있다. 그중 하나는 눈의 위치이다. 다른 동물들의 눈이 양옆에 달려 있는 데 비해 우리 눈은 앞에 있다. 물론 인간뿐 아니라 원숭이들도 그렇다. 즉 이런 모습은 현대인의 독특한 모습이라기보다는 오랜 진화의 산물이다. 그렇다면 왜 영장류나 인간은 물고기나 말처럼 눈이 옆에 달려 있지 않을까? 지금처럼 두 눈이 앞을 향해 달려 있으면 우리에게 어떤 이익이 있을까?

여기에 관해서 두 가지 의견이 있다. 첫째는 매튜 카트밀(Matthew Cartmill)의 '시각 사냥꾼' 설이다. 초기 영장류들은 채식을 주로 했지만 나무 위를 기어 다니는 벌레나 작은 척추동물들을 잡아먹기도 했다. 이때 이것을 정확히 잡으려면 눈이 앞쪽에 있는 편이 유리했다는 것이다. 눈이 앞쪽에 있으면 눈이 양옆에 달린 것보다 시야가 겹치는 부분이 많아진다. 이때 시야의 가운데 있는 물체의 상은 망막에 명료하게 맺힌다. 따라서 상이 입체적으로 더욱 뚜렷해지며 자신과 먹잇감과의 거리 측정이 정확해진다. 한밤중에 땅바닥을 지나가는 작은 쥐를 정확히 낚아채야 하는 부엉이나 올빼미도 같은 이유로 눈이 앞으로 향해 있다. 이런 새들은 사냥의 정확성을 향상시키기 위해 또 하나의 작전을 사용하고 있는데 그것은 양쪽 귓구멍의 높이가 다르다는 사실이다. 즉 지면에서 위로 올라오는 소리가 양쪽 귀에서 다른 정도로 들리기 때문에 이것을 이용해 위치 파악 능력을 향상시킬 수 있다.

두 번째 이론은 로버트 마틴(Robert Martin)이 주장하는 '적당한 가지 찾기' 설이다. 나무를 건너다니는 영장류들은 단지 바라보는 것만으로 건너편 나뭇가지의 크기와 단단한 정도를 짐작해야 했고, 또한 나뭇가지 사이의 거리를 정확히 측정해야 했다. 이것은 그들의 생과 사를 가를 만큼 중요한 일이었을 것이다. 따라서 상을 뚜렷하게 하고 정확한 거리를 측정하기 위해서 눈이 머리의 앞쪽으로 왔다는 것이다. 독자들도 짐작하다시피 이 두 가지 이론은 사실 비슷한 주장이다.

인간은 400~500만 년 전 나무 위에 매달려 있는 친구들을 멀리하고 초원을 뛰어다니게 되었는데 이때 눈이 앞쪽에 있다는 것은 큰 장점이었다. 그들이 돌이나 창을 던져 동물들을 사냥할 때 정확한 거리 측정이 매우 긴요했기 때문이다. 만일 눈을 앞으로 옮겨 놓지 않았더라면 조상들은 사냥을 제대로 못했을 것이고, 어쩌면 초원의 다른 동물들과 경쟁하다가 멸종해 버렸을지도 모른다. 한편 인간은 동물에게 창던지기를 하면서 우리 뇌의 후두엽·두정엽 회로를 이용한 시각·공간적 종합 기능을 발달시켰는데 당시 사냥을 하지 않고 집에 남아 있던 여자들은 남자에 비해 이런 능력을 계발할 기회가 적었다. 오늘날까지 여성이 남성에 비해 도형 문제 풀기, 일자 주차 등에 미숙한 이유는 아마도 이런 이유 때문일지도 모른다.

그런데 지나치게 앞서 가는 사람이 대체로 결점이 많듯, 이처럼 얼굴의 앞쪽으로 나와 버린 눈 역시 문제가 없는 것은 아니다. 가장 큰 문제는 두 눈이 모두 앞만 바라보므로 양쪽 옆에 눈이 달린 경우보다 시야가 현저히 좁다는 사실이다. 조너선 스위프트의 소설 『걸리버 여행기』에서 말이 인간을 비웃었던 이유도 바로 이것이었다. 이것을 극복하기 위해 부엉이는 거의 360도 가까이 목을 돌릴 수 있도록 목뼈와 근육을 유연하게 만들었지만 영장류는 그러질 못했다. 즉 뒤에서 살금살금 다가와 공격하는 표범이나 독수리를 피할 길이 없는 것이다. 이러한 결점에도 불구하고 영장류가 그리고 우리 조상이 생존할 수 있었던 것은 그들의 사회생활 덕분이었다. 여럿이 각자 다른 방향을 바라보고 있으면 시야가 좁은 단점을 극복할 수 있는 것이다.

앞으로도 계속 인간의 눈은 앞에 달려 있을까? 이제 인간은 나뭇가지를 타고 다니지 않으며 창을 던져 사냥하지도 않으므로 눈이 앞에 달려야 할 이유는 적어 보인다. 그러나 표범이나 사자같이 뒤에서 달려드는 천적이 없기 때문에 눈이 옆에 붙어야 할 만큼 넓은 시야를 필요로 하지도 않는다. 물론 운전하는 데에는 눈이 양옆에 붙은 것이 더 유리하겠지만 책을 읽거나 글을 쓰거나 혹은 상대방의 표정을 살피는 데에는 눈이 앞쪽에 있는 편이 훨씬 나을 것이다. 아마 앞으로도 우리의 눈은 여전히 앞쪽에 붙어 있을 것이고, 후손의 눈이 물고기 눈처럼 되는 일은 일어나지 않을 것 같다.

나는 이제껏 인간의 눈이 앞에 달린 이유를 이야기했다. 진화론을 근거 삼아 생각해 보면 어쩔 수 없이 인간은 혼자서는 살 수 없는, 함께 살아가야 할 운명인 것을 깨닫게 된다. 또한 우리의 눈이 비록 앞에 달려 있더라도 혹 우리 자신이 게을렀거나 남에게 실수한 것은 없는지 가끔은 되돌아보며 살자.

달이 눈썹으로 보이는 이유

내 마음 속 우리 임의 고운 눈썹을
즈믄 밤의 꿈으로 맑게 씻어서
하늘에다 옮기어 심어 놨더니
동지 섣달 나르는 매서운 매가
그걸 알고 시늉하며 비끼어 가네
— 서정주, 「동천」

겨울 하늘에 뜬 그믐달은 누구의 망막에나 똑같은 시각 정보를 준다. 그 정보는 시신경 회로를 따라 후두엽에 전기적 영상을 맺는다. 하지만 위의 「동천」이란 시에서 보듯 서정주는 그믐달을 임의 고운 눈썹으로 보고 있다. 시인의 특이한 경험과 감정이 그믐달을 눈썹으로 보도록 만든 것이다. 이처럼 우리는 동일한 환경에 살고 있다 하더라도 개인의 경험과 감정 상태에 따라 세상을 각기 다르게 보고 있다. 게다가 우리는 세상을 전부 보고 있는 것도 아니다. 자신이 보고 싶은 것만 선택적으로 보면서 살아가고 있다.

여러 해 전 하버드 대학교의 심리학 교수 대니얼 사이먼스(Daniel J. Simons)는 재미있는 실험을 했다. 사람들이 공 뺏기 놀이를 할 때 슬며시 고릴라 복장을 하고 가슴을 두드리는 사람을 그들 가운데에 세워 보았다. 게임이 끝난 후 사람들에게 물어보니 그 고릴라의 존재를 알아차린 사람은 42퍼센트에 불과했다. 가운데에 서 있는 고릴라를 그들이 보지 못했을 리는 없다. 분명 고릴라의 상(像)은 그들의 망막에 맺혔을 것이고, 그 상은 후두엽에 전달되었을 것이다. 하지만 그 고릴라는 인식되지 못했다. 그들은 공에 정신을 집중하고 있었기 때문에 고릴라 상이 인식되기 전에 시야에서 지워 버린 것이다. 이처럼 관심 없는 물체를 인식하지 못하는 현상을 '부주의적 장님(inattentional blindness)'이라고 부른다. 뇌에서 관심이 있는 것과 없는 것을 가려내고 이중 덜 중요한 것을 시야에서 지우는 일을 하는 곳은 후두엽이 아니라 전두엽·두정엽 회로로 알려져 있다.

부주의적 장님과 비슷하면서도 조금 다른 현상으로 '변화적 장님(change blindness)'이라는 것이 있다. 이것은 습관적인 자극이 계속되는 경우에 달라진 것을 알아차리지 못하는 현상이다. 예를 들어 여자 친구가 모처럼 머리에 예쁜 핀을 꽂았는데 남자가 이것을 눈치 채지 못하는 것은 변화적 장님 현상이다. 이럴 때 여자에게는 화를 낼 자격이 충분하다. 남자가 애인을 습관적으로 보고 있거나 혹은 다른 중요한 일에 주의를 뺏겼다는 이야기인데 어느 경우든 여자 입장에서는 수긍할 만한 변명이 되지 못할 것이다.

한편 주의 집중은 우리가 평소 가지고 있는 감정과도 관련이 있다. 예컨대 '강간'이란 단어가 적힌 종이를 다른 여러 단어들 가운데에 두면 사람들은 이 단어를 더 빨리 찾아낸다. 그 단어가 주는 무서운 감정 때문이다. 거리에서 마주치는 수많은 사람들의 얼굴은 우리의 후두엽에 들어오자마자 스쳐 지나가 버린다. 하지만 옛 애인과 얼굴이 비슷한 사람을 보면 잠시 동안 그 사람에게 집중하게 된다. 이것 역시 감정이 주의를 조절하는 현상이다. 운전 도중 아름다운 여성이 앞을 지나간다면 운전에 더욱 조심해야 한다. 시야의 나머지 것들이 안 보일 수 있기 때문이다. 뿐만 아니라 감정이 섞이지 않은 기억만으로도 우리의 시각적 집중은 달라질 수 있다. 예컨대 신호를 잘 살펴야 하는 사거리에 '일단 정지' 표지판을 두면 사람들은 이것을 금방 인식하나, 신호등이 없는 한적한 길에 놓아두면 잘 인식하지 못한다.

결국 후두엽에 도달한 시각 정보들은 전두엽·두정엽 회로 혹은 감정·기억의 뇌인 변연계의 조절로 편집된다. 이것은 마치 신문사가 그날 들어온 많은 뉴스 중에 중요한 것만을 추려 편집하듯, 우리의 감각 기관으로 들어오는 수많은 정보 중에 자신에게 중요한 것만을 선택해서 집중하도록 하려는 매우 효과적인 방법이다. 결국 우리는 눈이 아니라 뇌로 보고 있는 것이며, 뇌 중에서도 시각 중추뿐 아니라 여러 부위의 뇌를 함께 사용하며 보고 있는 것이다.

이러한 현상은 자신에게 중요한 것을 선택하여 더욱 집중해서 보도록 하려는 진화적 전략이라 할 수 있다. 하지만 이런 합리적인 진화로 인해 보이지 않는 부분이 늘어나 교통사고가 발생하는 것은 어쩔 수 없는 일이다. 그렇지 않아도 우리의 눈이 앞에 달려 시야가 좁은데 말이다.

일반적으로 교통사고는 차선 변경을 위해 끼어들 때 잘 생긴다. 그런데 거리에서 묵묵히 운전을 하고 있는 사람들은 대부분 한 가지 착각 속에 빠져 있다. 옆 차선의 차들이 자신의 차보다 더 빨리 간다는 착각을 하고 있는 것이다. 최근 토론토 대학교의 도널드 레델마이에르(Donald Redelmeier) 교수는 비디오 촬영으로 자신의 차선과 옆 차선을 함께 찍어서 운전자 120명에게 보여 주었다. 그런데 양쪽 차선이 비슷한 속도로 움직이는데도 70퍼센트는 옆 차선의 차가 자신의 차보다 더 빨리 간다고 느꼈다. 그리고 60퍼센트는 옆줄로 차선을 바꾸고 싶은 마음이 들었다고 했다.

그 이유로서 몇 가지를 생각해 볼 수 있다. 첫째, 우리가 빠른 속도로 운전할 때에는 주로 앞을 본다. 그리고 천천히 운전할 때에는 옆을 보기도 한다. 따라서 천천히 운전할 때, 즉 남의 차에게 추월당할 때 그 차들을 더 많이 보게 된다. 둘째, 사촌이 땅을 사면 배가 아프듯 자신이 추월한 차보다는 자신을 추월한 차에 대해 신경을 더 많이 쓰기 때문에 옆 차선이 더 빠른 것처럼 느껴진다. 셋째, 눈이 앞을 향하고 있기 때문에 자신의 차를 추월한 차는 오랫동안 시야에 남고 자기가 추월한 차는 금방 시야에서 사라져 버린다.

레델마이에르 교수는 이중 세 번째 것을 운전자 착각의 중요한 원인으로 생각했지만, 이 외에도 앞에서 말한 부주의적 장님 현상, 그리고 인간의 눈이 자리 잡고 있는 위치적 특성상 시야가 좁아진 사실들이 모두 교통사고의 원인이라 할 수 있다. 교통사고는 우리나라에서 심혈관 질환, 악성 종양 다음의 중요한 사망 원인으로 자리 잡고 있다. 아마 1만 개가 넘는 낱눈과 3개의 홑눈으로 무장한 잠자리였다면 절대 이런 일은 없었을 테니, 교통사고 역시 인간 진화의 부작용 중 하나라 할 수 있을 것이다.

맛보기

유기농 신선한 야채에

참기름 한 수저

매큰한 풋고추

뚝뚝 잘라 넣고

가진 양념 산채 뚝배기 우렁 된장에

바글바글 끓인 순두부 한 그릇

── 이양우, 「여름 식도락」

「여름 식도락」이란 시에서 시인 이양우는 독자의 미각을 한껏 자극하는 맛깔스러운 구절을 쓰고 있다. 12쌍 뇌신경 중 미각을 담당하는 신경은 제7번, 9번 그리고 5번 신경인데, 이중 '삼차 신경(trigeminal nerve)'이라 불리는 5번 뇌신경이 가장 중요하다. 삼차 신경은 미각뿐 아니라 얼굴의 감각을 담당한다. 우리가 얼굴을 꼬집을 때 아픈 이유는 이 신경이 활성화되기 때문이다. 삼차 신경은 말 그대로 3개의 가지로 나뉘어져 있다. 첫 번째 가지는 이마의 감각을, 두 번째 가지는 눈부터 입술까지의 얼굴 감각을, 그리고 세 번째 가지는 입술부터 턱까지의 감각을 담당한다. 세 번째 가지를 하악지(mandibular branch)라고 부르는데 미각을 담당하기도 한다.

하악지를 통해 뇌로 들어온 미각은 전두엽의 일부, 그리고 도피질(insula, 전두엽 속에 파묻혀 밖에서는 보이지 않는 뇌의 일부이다.)이라는 곳에 퍼져 있는 맛의 중추로 전달된다.(그림 5.) 우리는 궁극적으로 이러한 뇌 부위를 사용해 맛을 느낀다. 미각 신경 회로가 손상되면 우리는 맛을 모르거나 혹은 맛을 이상하게 느끼게 된다. 예컨대 맛의 중추에 뇌졸중이 생긴 환자 중에는 단맛을 떫은맛으로 느끼는 사람이 있다. 입맛이 아예 변하는 환자도 있는데, 예컨대 생전 고기를 안 먹던 사람이 고기를 즐기며, 생선을 즐겨 먹던 사람이 이것을 피하기도 한다.

그런데 도피질 및 부근의 전두엽이 주된 맛 중추이지만, 여기보다 더욱 앞쪽에 있는 안전두엽(orbitofrontal lobe) 역시 맛과 관련된 일을 한다.(안전두엽은 전두엽의 가장 앞쪽, 아래쪽 부위를 말한다. 그림 2 참고.) 그런데 재미있는 것은 도피질은 미각을 전달시키면 항상 활성화되는 데에 반해 안전두엽은 우리가 배가 고플 때만 활성화된다는 사실이다. 영국 옥스퍼드 대학교의 에드먼드 롤스(Edmund Rolls) 교수의 주장에 따르면 안전두엽의 미각 담당 세포는 음식의 냄새 혹은 모양만으로도 흥분된다고 한다. 즉 음식을 먹을 때 맛 이외에도 냄새, 모양 등이 어우러져 음식 맛이 향상되는데 이러한 정보가 종합되는 곳이 바로 안전두엽일 가능성이 크다는 것이다. 맛 중추는 도피질 근처이지만 뇌에서 진짜 근사한 식당은 도피질이 아니라 안전두엽인 셈이다. 이런 생각을 뒷받침하는 결과는 또 있는데 영국 노팅검 대학교 프란시스(Francis) 교수 팀의 연구에 따르면 기분 좋은 자극(부드러운 벨벳)은 감각 중추와 안전두엽을 동시에 흥분시키는 데 반해, 중성적 자극(딱딱한 나무)은 감각 중추만 흥분시킨다고 한다.

그런데 미각은 생각보다 복잡해서 아직도 우리는 미각에 관련된 뇌의 구조와 생리에 대해 정확히 알지 못한다. 안전두엽 이외 대뇌의 여러 곳이 미각과 관계한다는 증거가 있다. 예컨대 일본 도호쿠 대학교의 가와시마 류타(川島隆太) 교수 팀은 소금물과 맹물을 각각 맛보게 하면서 피검자들의 뇌 혈류를 검사해 보니 소금물을 맛볼 때 도피질 이외에 대상회, 해마(hippocampus) 주변, 설엽, 미상핵 등 뇌의 여러 부위가 활성화되었다고 했다. 뿐만 아니라. 38명의 피검자에게 여러 가지 맛 자극을 주면서 실험했던 롤스 교수 팀의 최

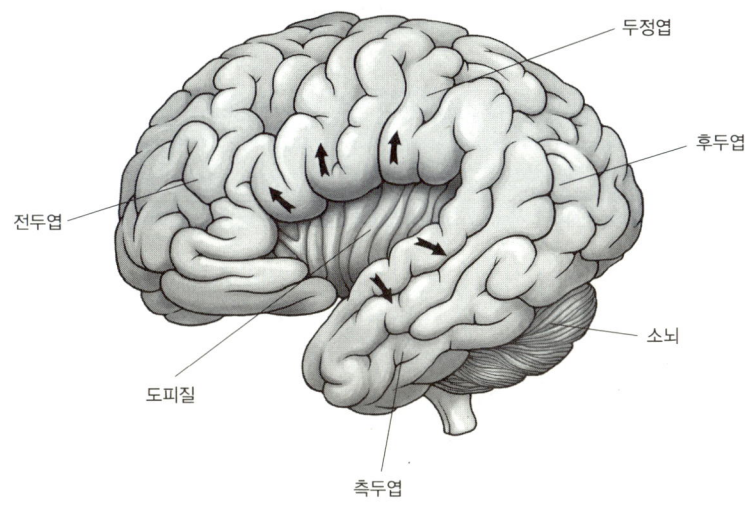

그림 5. 도피질 (전두엽과 측두엽의 경계인 실비우스구를 상하로 벌리면 보인다.)

근 연구에 따르면 맛 자극은 앞에서 말한 뇌 부위 이외에 지적인 판단 및 창조적인 아이디어를 담당한다고 생각되는 부위인 외측 전두엽(dorsolateral frontal cortex)까지도 활성화시킨다고 한다.

이처럼 뇌의 광범위한 부위가 미각과 관련된다면 뇌가 손상된 환자에서 미각 소실은 꽤 흔한 증상일 수도 있다. 이런 생각을 한끝에 나는 최근 동료들과 함께 120명의 뇌졸중 환자들을 대상으로 단맛, 신맛, 쓴맛, 짠맛을 느끼는 능력을 조사해 본 적이 있다. 그리고 그들의 맛 식별 능력을 나이가 비슷한 정상인과 비교했다. 그 결과 뇌졸중 환자들의 무려 20~40퍼센트 정도에서 맛 식별 능력이 떨어져 있음을 알 수 있었다.

이런 사실을 거꾸로 생각해 본다면 음식을 유난히 밝히는 미식가는 아마도 뇌의 여러 부위가 발달한 사람일지도 모른다. 더 나아가 미식가는 전두엽이 발달한 창조적인 사람일 수도 있을 것 같다. 사실 음식 문화가 발달한 지방, 예컨대 이탈리아, 프랑스, 중국 같은 지역은 다양한 문화와 발달된 문명을 이룬 곳이기도 하다. 그러나 밥과 김치만 먹고 사는 사람일지라도 다른 동물에 비한다면 어느 정도는 식도락가라 할 수 있다. 개미핥기는 개미만 먹고, 코알라는 유칼리나무의 잎만 먹고 산다. 사슴은 여러 가지 풀을 먹지만 고기 맛을 모르고, 사자는 얼룩말과 물소를 먹지만 과일 맛은 모른다. 이에 반해 세상의 거의 모든 동물과 식물을 즐겁게 먹는 인간은 어쩌면 그 다양한 음식의 종류 때문에 뇌가 발달했을지도 모른다는 생각이 든다. 또한 우리가 식사 대접을 하나의 사교 행위로 간주하는 것을 생각하면 어쩌면 맛 중추의 다변화는 인류의 사교 문화의 발전과 연관된 것일 수도 있다.

인간의 미각이 발달한 것은 좋지만 요즈음 비만 환자가 늘어나는 것은 문제가 아닐 수 없다. 비만은 물론 신체 활동에 비해 지나치게 음식 많은 섭취가 그 원인이다. 맛 중추를 즐겁게 자극하되 뚱뚱해지지 않으려면 '맛있는 것을 먹되 배부르기 전에 그쳐야' 하지만 그게 마음대로 안되는 게 문제다. 그런데 우리의 식욕은 전두엽의 맛 중추가 조절하는 것이 아니라 뇌의 가장 아래쪽에 있는 시상 하부가 한다. 우리가 먹는 음식의 맛은 맛 중추에도 전달되지만 시상 하부에도 전달되어 식욕을 조절하는 것이다. 그리고 그 식욕의 조절은 뇌의 또 다른 오묘한 조화에 따른다.

허무한 식욕

"우리는 식욕을 느끼고 즐겁게 맛을 보지만, 음식을 목구멍에 넘긴 직후부터 이 즐거움을 모르게 된다." 염세주의자 쇼펜하우어는 인간 욕망의 덧없음을 이렇게 표현했다. 하지만 이처럼 식욕이 덧없이 사라지는 까닭은 우리 신경계 호르몬의 적절한 조화 때문이다. 결코 세상 자체가 비관적이어서가 아니다.

뇌의 호르몬들은 우리 몸이 음식 섭취를 필요로 하는 정도에 따라 식욕의 스위치를 켰다껐다 한다. 이러한 메커니즘은 합목적적이다. 식욕이란 개체가 음식을 찾아 그 개체의 생존을 유지하도록 만든 유전자의 전략이다. 식사를 마치고 이제 필요한 것이 충족되었다면 이번에는 다른 중요한 것에 관심을 가져야 그 개체에게 유리하다. 게다가 식사를 한 후에도 식욕을 계속 느낀다면 건강에 해로울 것이다. 이솝 우화에 나오는 개구리처럼 배가 터져 버릴지도 모른다.

식욕을 조절하는 호르몬에는 어떤 것들이 있을까? 우리가 음식을 먹으면 위장관이 팽창하고, 이렇게 되면 반사적으로 위장관에 분포된 신경 세포의 조절에 따라 콜레시스토키닌(cholecystokinin)이란 호르몬이 분비된다. 이 호르몬은 혈액을 타고 뇌에 도달한 후 식욕 중추를 자극하여 포만감을 느끼게 해서 식욕을 없앤다. 이와는 반대로 역시 위장관에서 분비되는 그렐린(ghrelin)이라는 호르몬은 배가 고플 때 혈액 속에서 증가되고, 음식을 먹으면 금방 감소된다. 이 두 가지 호르몬의 상반된 작용을 통해 배가 고플 때에는 식욕이 생기고 음식을 먹으면 식욕이 사라진다. 콜레시스토키닌과 그렐린은 이처럼 짧은 기간 동안의 식욕의 변화와 관계된다. 즉 매일 점심 식사 때가 되면 배가 고프고 식욕이 나는 이유는 이런 호르몬의 작용에 따른 것이다.

이에 반해 장기적으로 식욕 조절을 하는 기제는 따로 있다. 여기에 중요한 역할을 하는 호르몬은 췌장에서 분비되는 인슐린(insulin)과 지방 조직에서 분비되는 렙틴(leptin)이다. 이들은 신체에 저장된 지방의 정도에 따라 혈액 속으로 분비된다. 즉 몸에 지방이 늘어나면 이들이 분비되어 식욕 중추를 억제하고 혈액에 있는 영양분을 세포로 이동시켜 세포가 사용하도록 한다. 만일 저장된 지방이 줄어들면 이러한 호르몬의 분비가 줄어들고 그 줄어든 정도는 뇌의 식욕 중추에 전달되어 식욕을 증진시킨다. 이러한 호르몬들은 서서히 작용하며 장기적인 식욕 조절을 담당한다. 예컨대 며칠 동안 계속 회식을 해서 체중이 증가하면 식욕이 떨어지는데, 이것은 이런 호르몬들의 작용 때문이다.

위장관 또는 지방 조직에서 나오는 식욕 조절 호르몬이 작용하는 뇌의 부위, 즉 식욕 중추는 어디에 있을까? 바로 뇌의 아랫부분에 있는 시상 하부의 궁상핵(arcuate nucleus)이라는 곳이다. 이 부위에는 두 가지 서로 다른 신경 세포군이 모여 있다. 하나는 식욕을 촉진하고 다른 하나는 억제한다. 촉진 세포군은 NPY(neuropeptide Y)라는 신경 전달 물질을 분비하며, 억제 세포군은 멜라노코르틴(melanocortin)이라는 단백질을 분비한다. 즉 렙틴, 인슐린 및 위장관에서 분비하는 호르몬들은 나름대로 시상 하부의 촉진 세포군과 억제 세포군을 적당히 조절하고 있으며, 인간의 식욕은 이에 따라 궁극적으로 조절된다.

이런 식욕 조절 호르몬의 부조화는 비만의 원인이 되며, 비만은 고혈압, 당뇨병, 동맥 경화, 심장병, 유방암 그리고 관절염의 원인이 된다. 현재 전 세계에 과체중이나 비만인 사람은 무려 10억 명이나 된다고 한다. 그러니 비만 치료제에 대한 제약 회사의 경쟁이 치열한 것은 당연하다. 시인 김영은은 「참을 수 없는 식욕에 대한 명상」이라는 시에서 "향기로워라 죽음의 냄새는 이토록 군침 도는 우리의 식욕"이라고 했지만, 활동에 비해 지나친 섭식과 이에 따른 비만은 핵전쟁에 버금가는 인류의 재앙으로 떠오르고 있다.

비만을 예방하기 위해서는 당연히 음식을 적게 먹고 운동을 많이 해야겠지만 이것이 결코 말처럼 쉽지는 않다. 그렇다면 앞에서 말한 식욕조절 기전을 이용해서 비만을 치료할 수 있는 방법은 없을까? 얼마 전 록펠러 대학교의 연구진들은 렙틴을 실험동물에 주사하면 먹기를 중단하고 살이 빠진다는 사실을 발표했다. 그러나 렙틴은 비만인 사람에게는 별로 효과가 없는 것으로 알려졌다. 아마도 비만 조절 단백질은 렙틴 이외에도 여러 가지가 존재하기 때문일 것이다. 혹은 사람마다 다른 렙틴의 수용체의 차이 때문일 수도 있다. 하버드 대학교의 바버라 칸(Barbara B. Kahn) 교수에 따르면 렙틴이 식욕억제 작용을 일으키는 데 관여하는 AMP 유도 단백질 키나아제(AMP activated protein kinase, AMPK) 효소만을 억제해도 실험동물은 식욕을 잃고 몸무게가 준다고 한다. 최근 나와 같은 병원에서 근무하는 당뇨병 전문가 이기업 교수는 알파 리포산(alpha lipoic acid)이 AMPK의 활성화를 저하시켜 체중 감소 효과를 일으킨다고 밝힌 바 있다. 이 약은 현재 임상실험 중이다. 한편 시상 하부의 식욕 저하 단백질인 멜라노코르틴 수용체를 자극하는 약을 사용한 동물 실험에서도 동물의 체중은 감소했다. 그러나 이 경우 뜻하지 않은 부작용(발기)이 발생해 아직 사람에게는 투여되지 않고 있다.

좀 더 최근에 영국 런던 임페리얼 대학교의 레이첼 배터햄(Rachel L. Batterham) 교수 팀은 창자에서 분비되는 PYY라는 또 하나의 물질이 식욕 조절에 관여함을 밝혔다. PYY는 앞에서 말한 시상 하부의 NPY와 매우 비슷한 물질이다. 그런데 NPY가 식욕을 촉진하는 것과는 반대로 PYY는 식욕을 억제한다. 마치 카인과 아벨처럼 같은 형제인 데도 행동은 정반대인 것이다. 그들은 또한 비만인 사람은 PYY의 혈중 농도가 정상인보다 적으며 어쩌면 PYY의 부족이 인간이 뚱뚱해지는 근본 원인일 수도 있다고 주장한다. 인슐린과 렙틴이 장기적 식욕 조절을 담당하고, 콜레시스토키닌과 그렐린이 단기적 식욕 조절 기능을 가진다면 PYY는 약 12시간 정도 지속되는 중간 정도의 식욕 억제 효과가 있는 것으로 나타났다. 정확한 생리적 기능에 관해서는 좀 더 연구가 이루어져야겠지만, PYY는 비만 환자의 식욕 억제제로 사용될 가능성이 있다. 12명의 비만한 사람을 대상으로 한 배터햄 교수 팀의 연구에 따르면 이 호르몬을 투여한 사람은 뷔페에서 평소보다 30퍼센트 정도 덜 먹는다. 그러나 이 약제가 실제로 비만 치료제로 사용될 수 있는지는 좀 더 두고 볼 일이다.

마지막으로 뉴저지 대학교의 레빈(Levine) 교수는 고 칼로리 음식을 섭취한 후 비만해지는 실험쥐와 그렇지 않은 쥐를 비교했다. 이때 비만 동물에서는 그렇지 않은 동물에 비해 렙틴에 대한 시상 하부 신경 세포의 반응이 감소되어 있었다. 아마도 먹을 만큼 먹었는 데도 밥상을 떠나지 못하는 사람들 역시 시상 하부의 신경 세포 반응이 둔하기 때문일 수도 있다. 미래에는 시상 하부 신경 세포 반응에 관계하는 유전자 조절을 응용한 새로운 비만 치료법이 생길지도 모른다.

어디선가 들려오는 노랫소리

아련하게 피아노 소리가 들린다. 베토벤의 피아노 소나타 17번 템페스트 3악장이다. 이처럼 아름다운 피아노 소리를 들려주는 사람은 누구인가? 내가 고등학교 1학년 때, 매일 새벽 꿈 속에서 이런 소리가 들렸는데 깨어나 보면 실제로 피아노 소리가 들렸다. 그것은 건넌방에서 대학 진학을 앞둔 누님이 연습하는 소리였다.

그 피아노 소리는 어떻게 청각 중추까지 도달했을까? 소리 진동은 양쪽 귀에 전달되고 음파는 속귀(inner ear)에서 전기 파장으로 바뀐다. 이러한 소리 정보는 12쌍 뇌신경 중 여덟 번째 신경인 와우 신경(cochlear nerve)이 받는다. 와우 신경은 이 정보를 뇌간으로 전달한다. 이곳에서 소리 정보는 미로처럼 복잡한 길을 간다. 소리 정보의 일부는 측두엽의 청각 중추를 향해 그대로 위로 올라간다. 하지만 일부는 뇌간을 가로질러 반대쪽으로 건너간 후 청각 중추로 올라간다. 이처럼 복잡한 길을 지난 피아노 소리는 양쪽 측두엽의 윗부분, 즉 청각 중추에 도달한다.

귀에서 측두엽에 이르는 이러한 청각 회로가 손상되면 여러 가지 문제가 나타난다. 예컨대 중이염 같은 귓병이 생기면 한쪽 귀가 들리지 않는다. 속귀에서 뇌간까지 청각 정보를 전달하는 와우 신경에는 간혹 종양이 생길 수도 있으며 이렇게 되면 역시 한쪽 귀가 안 들리게 된다. 나이 드신 분이 서서히 청력이 저하되는 것은 흔히 보는 일이지만, 한쪽 귀만 안 들리게 되면 와우 신경에 종양이 생긴 것은 아닌지 의심해 봐야 한다. 앞에서 말한 대로 와우 신경에서 전달된 정보가 청각 중추인 측두엽까지 이르는 과정은 미로 같은 뇌간의 청각 회로를 거쳐야 한다. 그런데 뇌간의 청각 회로가 손상되면 흥미로운 증세가 생기는 경우가 있다. 소리가 잘 들리지 않는 것과 더불어 환자에게 이상한 소리가 들리기 시작하는 것이다.

55세 남성 고혈압 환자 C는 어느 날 갑자기 심한 어지럼증이 생긴 후 오른쪽 팔다리에서 힘이 빠지는 것을 느꼈다. 진찰해 보니 환자의 눈동자의 움직임이 비정상이었고 오른쪽 팔다리에 가벼운 마비와 함께 감각 이상이 있었다. 환자는 왼쪽 귀로 잘 듣지 못했다. 이 모든 증상은 뇌간에 발생한 뇌졸중 때문인 것으로 생각되었다. 치료를 받으면서 C의 증세는 점차 호전되었다. 하지만 며칠 후부터 C는 이상한 증상을 호소하기 시작했다. 왼쪽 귀에서 자꾸만 소리가 들린다고 했다. 처음에는 '칙칙폭폭' 기차 소리가 들린다더니 나중에는 노랫소리가 들린다고 했다. 그 노래는 다름 아닌 C가 어릴 적 자주 듣던 동요로 「봄나들이」, 「초록바다」라는 노래였다. 그로부터 3주 후 C의 청력이 호전되면서 노랫소리 환청은 사라졌다.

　C의 경우 뇌간에 생긴 뇌졸중은 소리 정보가 지나가는 복잡한 회로를 손상시켰다. 그 손상된 회로는 그의 증세가 나아지면서 이상한 소리를 만들었는데 이것이 C에게는 노랫소리로 들렸던 것이다. 이처럼 뇌간에 뇌졸중이 생긴 환자들은 간혹 합창 혹은 교향곡 연주 소리를 듣는데, 환자가 음악을 특별히 좋아해서 그런 것은 아니다. 이런 환자에서 왜 하필 동물 울음소리나 파도 소리가 아닌 이런 음악 소리가 나는지는 잘 알려져 있지 않다. 아무튼 이왕 병에 걸릴 바에는 이처럼 '아름다운 노랫소리 증상'을 가진 것도 행운일 것이다.

　청각 신경 정보는 양쪽 뇌(측두엽)로 올라가기 때문에 한쪽 측두엽이 손상되어도 소리를 못 듣는 일은 없다. 양쪽 청각 중추가 모두 손상된 경우라야 듣는 데 문제가 생긴다. 그러나 이런 경우라도 완전한 귀머거리가 되는 경우는 드물다. 이보다는 소리를 듣기는 하는데 무슨 소리인지 알아듣지 못하는 경우가 많다. 예를 들어 이런 환자의 눈을 감게 한 후 귀에 손 비비는 소리와 열쇠 짤랑이는 는 소리를 각각 들려주면 이 두 소리의 차이를 구별하지 못한다.

　이제껏 나는 소리가 청각 중추로 향하는 경로, 그리고 이런 회로의 손상에 따른 증세를 이야기했다. 듣기는 우리의 생존에 밀접한 관계가 있으므로 우리의 청각 신경계는 고도로 발달했다. 그런데 감성이 발달한 고등 생물인 우리에게 소리는 기쁨을 주기도 하고 고통을 주기도 한다. 아담 하라시비에츠의 쇼팽 곡, 제르킨의 베토벤 곡, 리히터의 리스트 곡 연주는 누구에게나 벅찬 감동을 준다. 하지만 초보자의 피아노 연주는 시끄럽기만 하다. 마리아 칼라스의 노래는 매혹적이다. 그러나 음치의 노래는 듣기에 괴롭다.

　우리의 뇌는 어떻게 듣기 좋은 소리와 거북한 소리를 구분하는 것일까? 물론 사람마다 취향이 다르기 때문에 아름다운 소리에 대한 정의는 각자 다르다. 40대 후반인 나는 베토벤의 소나타나 브람스의 현악 4중주를 좋아하지만 젊은이들은 H.O.T나 G.O.D의 노래를 더 좋아할 것이다. 그럼에도 불구하고 모든 장르의 음악에서 보편적으로 인정하는 '듣기 좋은' 음악이 있다. 우리에게는 왜 듣기 좋은, 혹은 듣기 싫은 음악이 있을까?

음악에 부쳐

나는 누님의 피아노 소리를 귀, 와우 신경, 그리고 청각 중추를 사용해 들었다. 그 소리는 당시 집에서 기르던 개(이름이 또복이였다.)도 똑같은 방식으로 들었을 것이다. 그런데 나는 그 소리를 아름다운 음악으로 들었지만 또복이는 분명 새벽 단잠을 깨우는 귀찮은 소리로 들었을 것이다. 그 차이는 개에 비해 훨씬 발달한 나의 신피질에 있다. 음악을 인식하는 인간의 신피질은 어느 부위일까? 환자 두 명을 통해 이것을 알아보자.

내가 오랫동안 진찰했던 60세 남성 환자 K는 말을 전혀 못한다. 그리고 거의 남의 말을 알아듣지도 못한다. 뇌졸중으로 왼쪽 뇌의 거의 대부분이 손상되었기 때문이다. 하필 언어 중추까지 손상되어 언어 기능을 잃어버린 것이다.(우리의 언어 중추는 왼쪽 뇌에 있다.) 왼쪽 뇌의 운동 중추도 손상되었기에 그의 오른쪽 팔다리에는 마비 증세가 있었다. 그래서 그는 아내의 부축을 받고 간신히 걸을 수밖에 없었다. 그런데도 진료를 받으러 올 때마다 밝은 웃음을 띠우곤 했다. 그런데 K에게는 놀라운 능력이 있었는데, 노래를 놀랄 만큼 잘 부른다는 것이다. 언젠가 노래를 불러 보라고 했더니 그의 애창곡인 조용필의 「허공」을 부르기 시작했다. 그의 음정과 박자는 너무나 정확했고 가사 역시 틀리지 않았다. 반신 마비 상태였고 언어 기능을 모두 잃어버린 그였지만, 노래에는 풍부한 감정이 실려 있었다. 모든 것은 그를 떠났지만 음악의 신 뮤즈만은 그를 떠나지 않았던 것이다. 그러나 노래가 끝난 후에는 역시 말 한마디 하지 못하고, 알아듣지도 못하는 사람으로 되돌아왔다.

반면 환자 L은 K와 정반대로, 뇌졸중 때문에 오른쪽 뇌가 손상되었다. 왼쪽 뇌에 있는 언어 중추는 정상이므로 K와는 달리 말을 유창하게 하고 남이 하는 말도 잘 알아들었다. 그러나 그는 노래하지 못했다. 평소 노래방에서 인기가 있었던 그는 마치 음치처럼 음정·박자가 엉망이 되었다.

환자 K와 L을 통해 우리는 언어와 관련된 기능은 뇌의 왼쪽에 존재하지만, 음악과 관련된 기능은 오른쪽에 있음을 알 수 있다. 우리의 듣는 기능은 측두엽의 위쪽에 있는 청각 중추가 담당한다. 음악을 감지하는 기능은 청각 중추 부근에 있는데, 주로 오른쪽 뇌가 우세하다. 그러나 언어 기능과 달리 음악 기능은 한쪽 뇌에 국한하여 전문화되어 있지는 않다. 음악에 관한 한 오른쪽 뇌가 우세하지만, 관련 기능은 양쪽 뇌에 분산되어 있다. 예컨대 음정은 오른쪽 뇌, 리듬은 왼쪽 뇌가 담당한다고 한다. 이러한 음악을 인식하는 뇌가 정상적으로 발달해야 아름다운 노랫소리를 즐길 수 있다.

최근 학자들은 감동적인 음악을 듣는 뇌의 모습에 관심을 가지기 시작했다. 캐나다 맥길 대학교의 앤 블러드(Anne J. Blood) 교수 팀은 10명의 지원자에게 아름다운 곡을 들려주면서 뇌 혈류를 측정해 보았다. 그리고 엉터리로 만든 곡을 들려주면서 활성화된 부분과 대조함으로써 아름다운 음악을 들을 때 혈류가 증가하는 뇌의 부분을 찾아보았다. 그 결과 아름다운 곡을 들을 때 감정의 뇌인 변연계, 그리고 변연계와 밀접하게 연관된 전두엽의 여러 부분이 활성화되는 사실을 알 수 있었다. 우리는 측두엽의 청각 중추를 사용해 소리를 듣고 변연계를 통해 아름답다고 느끼는 것이다.

그렇다면 왜 이런 음악을 감상하는 능력이 우리 뇌에서 발달하게 되었을까? 진화론적으로 보아 음악은 우리의 생존에 별로 필요없는 듯이 보인다. 음악뿐 아니라 미술이나 무용과 같은 예술이 적자생존으로 대표되는 진화 과정과 어떻게 연관되는가에 관해서는 여기서 길게 설명할 수 없다. 대신 아름다운 노랫소리로 배우자를 택하는 새의 예를 들어 보고 싶다. 숲 속에 울려 퍼지는 아름다운 새소리는 우리를 감동시킨다. 하지만 새들이 우리를 감동시키려 그토록 열심히 노래를 부르는 것은 아니다. 그들은 암컷을 차지하기 위해 피나는 경쟁을 하고 있는 중이다. 암컷 카나리아는 노래를 잘 부르는 수컷을 배우자로 맞아들인다. 만일 이탈리아의 테너 파바로티가 카나리아로 태어났다면 아내를 100명쯤 거느렸을 텐데 그로서는 안타까운 일이다. 그런데 왜 카나리아 암컷은 먹이와 아무런 관계가 없는 목소리로 수컷을 평가하는 걸까? 아마도 "새의 수컷은 왜 화려한 깃털을 지니게 되었는가?"라는 질문에 대한 생물학자 윌리엄 해밀턴(William Hamilton)의 연구 결과에서 여기에 대한 간접적인 해답을 찾을 수 있을 것 같다. 그는 여러 종류의 새를 연구해 본 결과 수컷의 깃털 색깔이 화려할수록 전염병에 덜 걸린다는 사실을 알아냈다. 어려운 상황에서도 밝은빛 깃털을 가지는 수새는 자신의 면역 기능이 뛰어남을 증명하는 셈이 되기에, 암컷 새는 이런 수컷 새를 훌륭한 남편감으로 생각한다는 것이다. 카나리아의 암컷은 배우자를 선택할 때 노래의 다양한 레퍼토리를 요구한다. 레퍼토리의 다양함은 웬만큼 나이를 먹었다는 사실을 증명하는데 사망률이 매우 높은 이들 사회에서 암컷은 언제 죽을지 모르는 젊은이보다 나이 지긋한 신사를 선호하는 것이다. 이런 식으로 아름다운 색이나 소리를 감별하는 인간의 예술적인 능력 역시 기본적으로는 성선택 및 진화와 관련된다고 생각한다. 여기에 대해 관심 있는 독자라면 하버드 대학교의 낸시 에트코프(Nancy Etcoff)가 쓴 『미』를 참고하길 바란다.

그러나 이런 설명은 원시 인간에게는 잘 통하지 않을 것 같다. 원시 시대에는 노래 부르기보다 달리기를 잘해 사슴을 잘 잡아오는 남성이 더 인기 있었을 것이 분명하다. 하지만 인간 생활은 점점 복잡해졌으며 사회도 여기에 맞추어 달라져 갔다. 원시 시대에 음악이 왜 필요했는지는 알 수 없으나 그 시대에 나무 등걸 두드리는 소리는 일종의 의사소통 수단으로 이용되었을지 모른다. 이러한 리듬은 또한 춤과 더불어 공동체 의식을 고양시키는 데 사용되었을 것이다. 리듬은 기본적으로 자연계에 내재해 있는 것이며 이로 인해 삶에 대한 느낌이 풍성해진다. 심장 박동, 숨쉬기, 걸음걸이가 모두 리듬이며, 성교할 때의 움직임도 마찬가지이다. 우리의 뇌 역시 1초에 8개의 율동적인 파장을 만들어 낸다. 음악의 기본은 바로 그 리듬이다. 모든 음악은 나무나 돌을 두드리는 리듬으로 시작되었고, 아직도 대부분의 클래식 음악은 4분의 3박자 혹은 4분의 4박자이다. 언어가 인간의 논리적 결속을 위해 발달했다면 음악은 인간에 내재한 리듬을 표현함으로써 감정적 결속을 돈독히 하기 위해 발달했을 것이다.

리듬과는 달리 하모니는 좀 더 최근에 발달했다. 하모니는 중세 기독교의 수도승의 노래에서 유래되었다고 하는데 당시에는 높낮이의 변화만 존재하는 단조로운 음정에 불과했다. 1600년대 바로크 시대를 맞으며 하모니의 비약적인 변화가 시작되었다. 요즘 우리가 듣는 음악처럼 음정, 박자가 변화무쌍하게 된 것은 아주 최근 일이다. 앞서 말한 대로 음정은 인간의 오른쪽 뇌, 리듬은 왼쪽 뇌가 담당한다고 하지만 아직 확실한 것은 아니다.

언어와 마찬가지로 음악은 규칙이 있다. 그 규칙에 잘 맞을 때 우리는 그 음악이 아름답다고 느낀다. 그 규칙은 물론 인간이 만든 것이지만 우리가 발달된 뇌를 동원해서 창조한 음악은 자연의 소리에 잘 어울리는 변주라고 생각한다. 따라서 마치 의사소통 수단인 카나리아의 노랫소리가 우리에게 감동을 주듯, 잘 만들어진 음악은 우리 인간뿐 아니라 다른 동식물에게도 좋은 영향을 준다. 실제로 미국에서 시행된 실험에 따르면 클래식 음악을 들려주면 옥수수나 호박 같은 식물은 음악이 들리는 방향으로 자란다고 한다. 반면 비행장 주변처럼 시끄러운 곳에서는 식물들이 잘 안 자란다.『식물은 왜 바흐를 좋아할까』를 쓴 차윤정 씨에 따르면 식물들도 특정 작곡가를 선호한다고 한다. 식물들이 가장 좋아하는 음악은 인도의 전통 음악이며 그 다음은 바흐의 오르간 소리이다.

결국 음악이 아름다운 것은 이것이 자연에 내재한 리듬과 하모니에 잘 조화되기 때문이다. 베토벤, 슈베르트, 모차르트 같은 사람들은 이러한 자연의 소리를 잡아 자신의 뇌로 가장 현란한 변주를 만들었기에 위대한 음악가로 평가받는 것이다. 그런데 이처럼 뛰어난 음악가의 뇌는 보통 사람과 다른가?

악성의 뇌, 음치의 뇌

합스부르크 왕국(현재의 오스트리아)은 많은 음악가들을 재정적으로 후원했기 때문에 이곳은 한마디로 클래식의 본고장이라 할 수 있다. 그래서 수도인 빈의 근교 공동묘지에는 수많은 유명한 음악가들의 무덤이 있다. 이중 베토벤과 슈베르트는 불과 몇 미터를 사이에 두고 가까이 묻혀 있다. 슈베르트는 생전 베토벤을 무척 사모했는데, 수줍어서 제대로 말을 걸어 본 적도 없다고 한다. 베토벤이 죽은 후 슈베르트는 자신이 죽으면 자신의 시신을 베토벤 옆에 묻어 달라고 부탁했다. 죽어서나마 존경하는 사람과 이야기하고 싶었던 것일까. 슈베르트는 베토벤의 사망 1년 후 31세의 나이로 죽었는데, 자신의 유언대로 두 사람의 묘지는 나란히 놓이게 되었다. 아마 이 두 음악의 천재는 저세상에서 영원히 서로 이야기를 주고받고 있을지도 모른다. 그런데 이 두 묘지 바로 앞에는 모차르트의 묘비가 있다. 하지만 이곳에 진짜 모차르트의 시신이 있는 것은 아니다. 모차르트의 시신이 어디에 있는지는 아무도 모른다. 따라서 빈 사람들은 그의 시신 대신 작은 소녀의 조각상을 세워 그를 기리고 있다.

음악의 천재를 꼽으라고 하면 우리는 우선 모차르트를 떠올린다. 그는 세 살 때 하프시코드 연주를, 다섯 살 때 작곡을 시작했고 아홉 살에 첫 교향곡을 만들었다. 그러나 실은 모차르트보다도 더 위대한 천재가 있다. 그는 바로 프랑스의 생상스이다. 생상스는 불과 생후 30개월 때부터 피아노 연주를 시작했으며, 세 살 때 작곡을 시작했다. 모차르트가 작곡하는 시간 이외에는 술집에서 보낸 것이 전부였던 데 반해 생상스는 여러 나라의 언어를 유창하게 구사했고, 자연 과학과 고고학을 섭렵했다. 그는 또한 시, 희곡, 비평 등을 썼다. 그럼에도 불구하고 모차르트에 비해 좋은 작품을 남기지 못했다. 아마도 그는 모든 뇌가 골고루 발달한 사람이었을 것이고 모차르트는 측두엽의 음악에 관련된 부분만 특출하게 발달한 사람이었던 것 같다. 이들이 요즘 우리나라에서 태어났더라면 생상스는 명문 음대에 들어가고, 모차르트는 대학 근처에도 가 보지 못했을지도 모른다.

이런 음악 천재들의 뇌는 보통 사람과 어떻게 다른지 궁금하지만 이들의 뇌가 보관된 적은 없으므로 이에 대한 연구는 거의 이루어진 바가 없다. 최근 음악적 재능과 뇌의 기능과의 연관에 관심을 가진 학자들은 절대 음감을 가진 사람을 대상으로 연구를 시작하였다. 절대 음감은 어떤 소리를 들려주었을 때 그 음정을 아무런 기준 소리 없이(예컨대 피아노 음정) 맞추는 사람을 말한다. 이러한 재능은 선천적일까 후천적일까?

여기에 대한 정답은 모르지만 아마도 재능과 노력 모두가 관여할 가능성이 크다. 학자들이 연구한 바에 따르면 음악적 수업을 받지 않은 사람은 절대 음감을 갖기 어렵다. 즉 노력이 없으면 절대 음감은 가질 수 없는 것이다. 그러나 음악 수업을 아무 때나 받는다고 절대 음감을 가진 것은 아니다. 어릴 때 받아야 한다. 9~12세 이후에 음악 수업을 받으면 절대 음감을 갖기 어렵다. 그렇다고 해서 일찍 음악 수업을 받는다고 모두 가진 것도 아니다. 즉 노력 이외에 천부적인 재능이 필요한 것이다. 일반적으로 가족의 일원이 절대 음감을 갖고 있으면 자신도 절대 음감을 가질 확률은 8~15퍼센트인데, 이것은 절대 음감에 대한 어떠한 유전적 소질이 있음을 시사한다. 일반적으로 한국인들은 타민족에 비해 절대 음감을 소유한 사람이 더 많은 것으로 알려졌다. 그러나 그 이유가 어릴 적 음악 교육을 많이 받아서인지, 유전적 차이 때문인지는 아직 확실치 않다.

절대 음감을 가진 사람은 음악을 들을 때 보통 사람과는 다른 방식으로 뇌를 사용한다는 주장이 있다. 앞에서 나는 음악 인식에 관해서는 오른쪽 뇌가 왼쪽 뇌보다 더 중요한 역할을 한다고 밝혔다. 그런데 최근 일본 국립신경정신 병원의 오니시 타카시(大西隆) 교수가 기능적 MRI를 사용해 연구한 바에 따르면 반드시 그렇지 않은 것 같다. 절대 음감을 가진 음악가는 절대 음감을 갖지 못한 음악가 혹은 일반인에 비해 음악을 들을 때 왼쪽 측두엽이(오른쪽에 비해) 더 많이 활성화되었다. 또한 측두엽 이외에 전두엽의 앞쪽(prefrontal lobe)도 일부 활성화되었다. 뿐만 아니라 캐나다 맥길 대학교의 로버트 자토레(Robert Zatorre) 교수는 절대 음감을 가진 사람은 정상인에 비해 왼쪽 측두엽의 크기가 더 크다고 했다. 이런 사실은 음악적 능력이 뛰어난 사람은 그렇지 않은 사람에 비해 음악을 들을 때 왼쪽 측두엽을 (오른쪽보다) 더 많이 사용하며 따라서 왼쪽 측두엽이 더 발달된 것으로 해석된다.(어느 것이 원인이고 어느 것이 결과인지는 불분명하다.) 그러나 절대 음감을 가진 사람의 왼쪽 측두엽이 더 큰 것이 아니라 실은 오른쪽이 더 작은 것이라는 주장도 있으므로 아직 여기에 대해서 확실한 결론을 내릴 수는 없다.

이번에는 이러한 음악의 천재와 반대되는 사람들을 생각해 보자. 앞에서 이야기한 환자 L처럼 뇌 질환을 앓은 것이 아닌 데도 노래를 전혀 못하는 사람들이 있다. 노래를 할 때 음정 박자를 못 맞추는 사람을 흔히 음치라 부르지만, 이중 많은 사람은 연습을 하면 실력이 나아진다. 반면 진짜 음치란 아무리 열심히 가르치고 배워도 음정, 박자를 도저히 맞추지 못하는 사람을 말한다. 이러한 구제 방법이 없는 음치에 대해서는 1878년 그랜트앨런(Grant-Allen)이란 사람이 처음으로 기술했는데, 대략 일반인의 3~6퍼센트를 차지한다고 한다.

음치란 무엇인가? 뇌에 문제가 있는 사람인가? 그렇다면 뇌의 어디에 이상이 있는가? 앞에 언급한 K나 L 같은 환자들을 생각한다면 음치란 오른쪽 뇌의 기능 장애가 있는 사람일 수 있다. 틀린 말은 아니다. 하지만 음치들은 음악을 전혀 못할 뿐 다른 뇌 기능은 모두 정상이다. 물론 청각 기능도 정상이다. 노래를 해야만 생계를 꾸려갈 수 있는 사람이 아닌 이상 아무런 문제가 없다.

최근 캐나다 몬트리올 대학교의 이사벨 페레즈(Isabelle Peretz) 교수 팀은 음치 11명을 대상으로 음악과 관련된 능력을 체계적으로 분석했다. 그 결과 음치란 음악의 음조를 인지하거나 구분하지 못하는 사람, 혹은 음악에 관한 기억력이 없는 사람이라는 결론을 얻었다. 그들은 또한 뇌에 뇌졸중이 생긴 환자를 분석해 보았는데 음조를 인지하지 못하는 경우는 오른쪽 뇌가, 음악에 관한 기억을 못하는 경우는 왼쪽 뇌가 흔히 더 손상되어 있었다. 그러나 이런 음치도 음악과 관련된 기능을 제외한 나머지 뇌 기능은 다른 정상인에 비해 아무런 차이를 보이지 않았다. 아마도 음치란 청각 피질의 음악 담당 회로에 선천적이고 선택적인 이상이 있어 음조를 파악하는 능력이 없는 사람일 것이다. 하지만 우리는 이런 이상이 언제 어떻게 생기는 것인지에 대해서 아직 모르고 있다. 물론 어떻게 해서 모차르트 같은 사람은 음악에 관련된 부분만 그리도 뛰어난 것인지 역시 모르고 있다. 노래방에서 가끔 음정, 박자가 틀리는 우리 같은 보통 사람은 이러한 악성과 음치의 중간쯤에 있을 것이다.

균형 잡기

폴 오스터의 환상적 소설 『미스터 버티고(Mister Vertigo)』(2000년에 『공중곡예사』라는 제목으로 재출간되었다.)에 나오는 고아 소년 월트는 어릴 때 스승에게 공중을 나는 기술을 배운다. 하지만 나이가 들어 세상에 눈을 뜨고는 어지럼증이 생겨서 더 이상 날 수 없게 된다. 그때 그의 별명은 '버티고'가 된다. 버티고란 어지럼증을 뜻한다.

우리가 흔히 말하는 '어지럼증'이라는 단어에는 두 가지 뜻이 있다. 하나는 현훈(vertigo)이고, 다른 하나는 현기증(dizziness)이다. 전자는 세상(혹은 자기 자신)이 뱅뱅 돌고 흔들리는 느낌이다. 이럴 때에는 눈을 뜨면 세상이 돌기 때문에 어지러워 견딜 수 없다. 따라서 눈을 꼭 감고 있어야 한다. 균형이 안 잡히므로 서 있을 수 없는 것은 물론이다. 반면 후자는 이처럼 빙빙 도는 느낌이 없는 어지럼증이다.

앞에서 청각 정보는 뇌의 12쌍 신경 중 여덟 번째 신경이 받아들여 뇌간으로 전달한다고 했다. 그런데 그 여덟 번째 신경은 사실은 하나가 아니라 두 가지 종류의 신경이 한 다발에 묶여 있는 형태이다. 말하자면 한 지붕 두 가족이다. 이 두 종류의 신경 가지는 각각 상이한 일을 한다. 물론 그 이름도 다르다. 앞에서 설명한 소리 신호를 전달하는 신경은 와우 신경(cochlear nerve)

이라 부르고, 다른 신경은 전정 신경(vestibular nerve)이라 하는데 후자는 우리 몸의 회전 운동 정보를 뇌로 전달한다.

이처럼 서로 다른 기능을 하는 두 신경이 한다발로 묶여 버린 이유는 무엇인가? 그것은 그들이 전달하는 정보가 둘 다 속귀(inner ear)에서 시작하기 때문이다. 속귀에는 달팽이처럼 생긴 '와우'가 있고 반지가 세 개 연결된 모양을 하고 있는 반고리관(semicircular canal)이 여기에 붙어 있다. 피아노 소리는 고막을 진동시킨 후 속귀의 와우로 전달되고 와우 신경은 이것을 전기적 신호로 바꾸어 뇌간으로 보낸다. 와우에 문제가 생기면 우리는 듣지 못하게 된다. 하지만 와우뿐 아니라 세 개의 반지 역시 우리에게 매우 중요하다. 우리가 움직일 때마다 몸의 움직임 혹은 회전 정보는 속귀의 반고리관으로 전달된다. 반고리관의 반지 안에는 림프액이 차 있는데 몸이 회전하느라 출렁거린 림프액은 털처럼 돋아 있는 섬모 세포(hair cell)를 흥분시킨다. 그 흥분은 곧바로 전기적 신호로 바뀌어 전정 신경으로 전달된다.

이처럼 청각 정보와 움직임 정보가 불과 1센티미터도 안 떨어진 좁은 속귀에서 모두 처리되어야 하는 이유는 무엇일까? 아마도 진화적으로 볼 때 청각과 몸 움직임 감각이 서로 가깝기 때문일 것이다. 『음악은 왜 우리를 사로잡는가』라는 책을 쓴 로베르 주르댕(Robert Jourdain)에 따르면 지구상에서 최초로 소리를 들은 것은 물고기였다고 한다. 물고기의 몸통 양측에는 측선 기관(lateral line organ)이라는 것이 있는데 이곳에 위치한 세포들은 주변 물고기의 움직임에서 나오는 미세한 정보를 감지해 한 무리의 물고기들이 일치된 동작으로 몸을 움직일 수 있도록 한다. 수억 년 전 측선 중 일부가 물고기의 머릿속으로 이동하여 전정 기관의 기초를 만들었다. 그런데 진화가 계속되면서 이런 물 움직임 정보가 소리 정보로 변하여 받아들여지게 되었다는 것이다. 그런데 물고기처럼 여럿이 함께 헤엄을 치며 살아가지 않는 인간에게도 전정 신경이 전해주는 몸 움직임 정보가 중요할까?

물론이다. 그것도 매우 중요하다. 걷거나 일할 때에는 물론이지만, 우리가 앉아 있는 동안에도 우리는 거의 항상 몸을 움직이고 있다. 아무리 꼼짝 않고 있어도 마찬가지다. 심장이 뛰고, 숨을 쉬고 있기 때문이다. 그리고 그럴 때마다 우리의 머리는 조금씩 흔들린다. 이런 움직임은 속귀, 그리고 전정 신경을 통해 끊임없이 뇌로 전달된다. 전정 신경이 뇌로 전달한 몸 움직임 정보는 뇌간에서 눈동자를 움직이는 신경들과 연결되어 복잡한 회로를 이룬다. 이 사실은 아주 중요하다. 예를 들어 우리가 길을 걸어간다고 생각해 보자. 걸음을 내디딜 때 마다 우리의 얼굴은 위아래로 움직인다. 뛸 때에는 더욱 그렇다. 이때 우리 얼굴에 붙어 있는 두 눈이 얼굴과 함께 위아래로 움직인다고 생각해 보자. 카메라가 위아래로 흔들리면 또렷한 상을 포착할 수 없듯이, 눈이 위아래로 움직인다면 결국 우리가 보는 바깥세상도 위아래로 흔들려 보이게 된다. 그리고 우리는 정신없이 어지러울 것이다. 바로 이 증세가 현훈이다.

이런 문제를 극복하기 위해 우리 뇌는 뇌간에 고성능 컴퓨터를 달아 놓았다. 우리가 뛸 때 위아래로 흔들리는 머리의 움직임 정보는 바로 속귀로, 전정 신경으로, 그리고 뇌간으로 전달된다. 앞에서 이미 말한 대로 뇌간에는 눈동자를 움직이는 뇌신경들이 있다. 12쌍의 뇌신경 중 3번, 4번, 6번 뇌신경이 바로 그들이다.(그림 4를 참고하라.) 전정 신경을 통해 뇌간으로 전달된 머리 흔들림 정보는 컴퓨터 회로를 통해 그대로 뇌간의 눈 움직임 신경들에게 전달된다. 그러면 그 신경들은 바로 그 정보만큼 작동한다. 예컨대 고개가 위로 올라가면 눈알은 바로 그만큼 아래쪽으로 내려간다. 즉 우리의 얼굴은 위로 움직였으나 눈은 그대로 고정된 상태인 것이다. 고개를 옆으로 돌린 경우에도 마찬가지다. 정상인의 경우 여기에는 한치의 오차도 없다. 지금 책을 읽는 상태로 고개를 좌우 혹은 위아래로 살살 움직여 보라. 별로 어지러움을 느끼지 않고 글을 계속 읽을 수 있을 것이다. 이것은 독자 여러분의 속귀, 전정 신경, 그리고 눈동자를 움직이는 3, 4, 6번 신경이 정상이며, 이들을 연결해 주는 뇌간의 컴퓨터 회로 역시 정상이라는 사실을 증명한다. 이런 기능이 비정상이라면 그 사람은 현훈 증세를 가질 것이다.

현훈(어지럼증)을 일으키는 가장 주된 병은 무엇일까? 인터넷 사전(야후)을 찾아보면 현훈은 '뇌출혈로 인한 현기증'이라고 적혀 있다. 만일 신경과 전공의가 이렇게 대답했다면 지도 교수에게 10분 이상 혼났을 것이다. 물론 뇌출혈 때문에 현훈이 생길 수는 있다. 그러나 이보다는 뇌혈관이 막혀(뇌경색) 뇌간이 손상되어 어지럼증이 생기는 경우가 더 흔하다. 그리고 이보다도 훨씬 더 흔한 원인은 속귀의 세반고리관의 노화나 혈액 순환 장애로 인해 그 기능이 떨어지는 '양성 발작성 현훈(benign paroxysmal positional vertigo)'이라는 병이다.

"말도 마라, 죽는 줄 알았다." 양성 발작성 현훈을 앓고 몹시 어지러운 증세를 몇 차례 경험했던 어머니는 이렇게 말씀하셨다. 그러면서 명색이 신경과 의사인 아들이 별로 자신을 동정하지 않는 것 같아서 서운해 하시는 눈치였다. 그럴 수밖에 없다. 발작성 현훈은 얼굴을 움직일 때마다 어지럽고, 세상이 마구 흔들려 보이고 구토증이 동반되는 병이니 환자로서는 무척 괴로울 것이다. 하지만 잠시 동안 어지러울 뿐 시간이 지나면 저절로 낫는 병이다. 후유증이 남는 법도 거의 없다. 즉 뇌졸중 같은 무서운 병과는 근본적으로 다르다. 그렇기 때문에 환자는 울지만 의사는 웃는(물론 속으로) 병이다.

결국 우리 인간은 전정 신경, 안구 운동 신경, 그리고 이것을 연결하는 뇌간의 회로가 조화롭게 연결된 뇌간 컴퓨터 덕택에 평소 어지럼증을 느끼지 않으며 균형 잡힌 삶을 살고 있다. 특별한 병이 없더라도 나이가 들면 자주

어지러운데, 그 이유 중 하나는 이런 전정 기관의 기능이 떨어지기 때문이다. 소설 『미스터 버티고』에서 월트는 한때 사업을 잘 꾸려갔지만 결국은 몰락하고, 사망한 스승의 부인을 아내로 맞아 평범하게 말년을 보낸다. 중년의 월트가 어지러워 나는 것을 포기한 것도 전정 기능의 퇴화 때문일 수도 있다. 실제로 나이든 사람은 빨리 걷거나 몸을 회전시킬 때 어지러운 경우가 종종 있다.

이제까지 뇌신경을 통해 들어온 감각을 기반으로 이루어지는 인간의 다양한 행동을 그려보았다. 이제부터 나는 우리로 하여금 팔다리를 움직이고 걸을 수 있도록 하는 뇌의 전략을 이야기하려 한다. 그러나 그 이전에 신경 세포가 어떤 방식으로 정보를 전달하는지 그 기제를 말하는 게 순서일 것 같다.

인생은 인형극?

유럽 지역을 여행하다 보면 인형에 줄을 매달아 인형극 연기를 하는 사람 즉 퍼펫티어(Puppetier)를 심심치 않게 볼 수 있다. 스파이크 존스 감독의 영화 「존 말코비치 되기」에서 존 말코비치의 뇌로 들어가는 경험을 하는 주인공(존 쿠삭 역)도 퍼펫티어다. 아마 감독은 영화를 통해 인간은 무엇에든 조종당하며 산다는 의미를 부여하고 싶었던 것 같다.

퍼펫티어가 실을 이용해 인형의 팔다리를 움직이듯 뇌 역시 수많은 신경 세포를 우리의 팔다리 그리고 장기로 보내 이들을 조종한다. 퍼펫티어는 실을 위아래로 움직여 인형의 팔다리를 움직이지만, 뇌는 신경 세포에 전기가 통하게 함으로써 신체를 조정한다. 다시 말해서 신경 세포는 곧 전선이며,

세포가 흥분했다는 것은 전기가 흐른다는 뜻이다. 평소 세포 안과 밖의 나트륨, 칼륨 등의 농도에 따라 신경 세포의 바깥쪽은 플러스, 안쪽은 마이너스의 상태를 유지하고 있다. 그런데 세포가 자극을 받아 흥분하게 되면 안팎의 전위가 서로 바뀐다. 전위가 신경 세포를 따라 잇달아 바뀌어 가면, 전기가 흘러가듯 그렇게 신경 세포의 정보는 기다란 신경의 한쪽 끝에서 다른 쪽 끝까지 전해진다.(그림 6.)

그런데 우리 몸은 정보를 신속하게 교환해야 한다. 예컨대 발이 못에 찔려 피가 철철 나는 데도 한두 시간 지나 뇌가 이 정보를 받아들인다면 곤란할 것이다. 찔린 즉시 통각이 전달되어야 발을 빨리 안전한 곳으로 이동시킬 수 있다. 또한 발을 움직이라는 명령 정보 역시 신속히 뇌에서 발 근육까지 전달되어야 한다. 따라서 자연은 신경 세포의 전기 전도 속도를 더욱 빠르게 할 수 있는 특별한 방법을 고안하였다. 그것은 신경 세포를 절연 물질로 둘러싸는 방법이다.

이러한 절연 물질을 '수초(myelin)'라고 한다. 이런 수초가 있으면 왜 전기 전도가 빨라질까? 우선 절연 물질이 두껍게 둘러싸고 있으므로 전기의 누전이 적어 효과적으로 전기가 흐르게 된다. 또한 수초의 중간 중간에는 랑비에 결절(Ranvier node)이라는 빈틈이 있는데 수초가 있는 신경 세포에서는 전기적 신호가 랑비에 결절을 따라 성큼성큼 건너갈 수 있다. 즉 수초를 둘러싼 세포가 황새라면 수초를 두르지 않은 세포는 뱁새처럼 걷는다고 할 수 있다. 이런 식으로 신경 세포의 전기 신호는 초속 수십 미터의 빠른 속도로 우리 몸의 이곳저곳을 누빈다.

미국의 생물학자 시어도어 불럭(Theodore Bullock)에 따르면 수초는 무척추동물 혹은 턱뼈가 발달하지 않은 척추동물에게서는 발견되지 않는다고 한다. 따라서 수초는 활동적으로 먹이 찾기를 하는 척추동물에서 진화된 영리

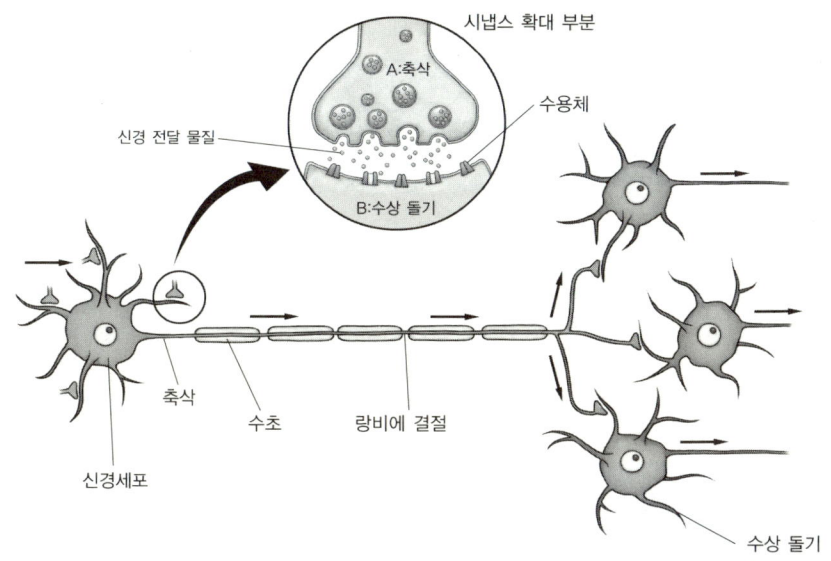

그림 6. 신경 세포의 정보 전달

한 전략일 수도 있다. 그러나 희생을 수반하지 않는 발전은 없는 법이라 이런 수초에도 여러 가지 질병이 발생할 수 있다. 그중 대표적인 질환은 아마도 미국 루스벨트 대통령이 걸린 것으로 추측되는 '길랭 바레 증후군' 그리고 첼리스트 자클린 뒤 프레가 걸려 유명해진 '다발성 경화증'인데, 이 병들에 대해서는 4장에서 소개하겠다.

나는 이제껏 신경 세포에 전기가 흐르는 것이 곧 신경계의 정보 전달이라고 했다. 그런데 하나의 신경 세포는 다른 신경 세포와 정보를 서로 교환해야 한다. 이들은 어떤 식으로 정보 전달을 하는가? 우리 몸의 수많은 신경 세포들이 서로 연결되어 있다면 해답은 간단하다. 플러그를 사용해 전선을 잇듯, 한 신경 세포의 전기적 변화는 다음 신경 세포의 전깃불을 켤 수 있을 것이다. 그런데 사실은 이렇지 않다. 신경 세포들은 서로 연결되어 있지 않다. 전자 현미경이 없었던 옛날에는 이들이 연결되어 있다는 설과 떨어져 있다는 설이 팽팽하게 대립한 적이 있었다. 서로 떨어져 있다고 주장한 학자의 선봉에는 스페인의 해부학자 라몬 이 카할(Ramón y Cajal)이 있었는데 1960년대 개발된 전자 현미경은 그의 주장이 옳다는 것을 입증해 주었다.

  신경 세포들의 정보 전달 체계는 이렇다. 마치 나팔꽃이 넝쿨을 뻗어 다른 나무 가지를 잡듯 A 신경 세포는 '축삭(axon)'이라는 긴 가지를 내어 B 신경 세포의 작은 가지인 수상 돌기(dendrite)에 접근한다. 하지만 이때 A 세포의 축삭이 B 세포의 수상 돌기를 완전히 붙잡는 것은 아니다. 시스티나 성당 천장화의 「천지 창조」 그림에서 아담과 하나님의 손이 닿은 것이 아니듯 그들의 손 역시 조금은 떨어져 있다. 그들의 손이 닿을 듯 말 듯한 이 공간이 바로 '시냅스'이다.(그림 6 참고.) 그렇다면 A 신경과 B 신경은 서로 연결된 것도 아닌데 어떻게 정보를 교환할까?

  이것을 가능케 하는 것은 화학 물질의 작용이다. 앞에서 말했듯 신경 세포 안에서 정보는 전기 흐름으로 전해진다. 어떤 세포에 전깃불이 들어오면 그 신경 세포는 축삭의 말단에 주머니처럼 싸여진 화학 물질을 축삭의 끝으로 이동시켜 밖으로 분출하도록 만든다. 신경 세포가 만드는 이러한 화학 물질을 신경 전달 물질(neurotransmitter)이라 한다. 신경 호르몬과는 약간 다른 개념이지만 어느 정도는 혼용되고 있다. A 신경 축삭의 끝에서 분비된 신경 전달 물질은 마치 조오련이 대한 해협을 건너듯 시냅스 간격을 헤엄쳐 B 신경의 기슭에 다다른다. 사실 시냅스의 간격은 대한 해협보다는 훨씬 좁은 2000만 분의 1미터 정도이며, 따라서 그 전달 속도는 매우 빠르다. 이런 점에서 예전 사람들이 신경 세포들이 서로 연결되어 있다고 생각한 것도 무리는 아니다.

A 세포 말단에서 건너온 신경 전달 물질이 B 신경의 수상 돌기에 닿는 선착장을 우리는 '수용체(receptor)'라 부른다. 우리 뇌에는 무려 50가지가 넘는 신경 전달 물질이 있으며, 이중 중요한 것에는 아드레날린, 도파민, 세로토닌, 아세틸콜린, GABA 등이 있다. 해협을 건너온 신경 전달 물질의 선착장인 수용체는 지조가 강해 아무 신경 전달 물질이나 받아들이지 않는다. 즉 수용체는 특이성을 지니고 있다. 만일 그렇지 않다면 뇌의 정보 전달에 많은 혼란이 초래될 것이다. 예컨대 A 세포에서 분비한 도파민 신경 전달 물질이 B 세포에 영향을 미치려면 B 세포의 선착장에 도파민 수용체가 존재해야만 한다. 그 수용체에 도파민이 결합할 때만 B 신경에도 전깃불이 들어올 수 있다.(그림 6. 시냅스 확대 그림 참고.)

우리 뇌의 신경 세포의 수는 약 1000억 개이며, 이 신경 세포의 결합 수는 대략 100조 개로 추정된다. 이런 회로가 모두 제대로 연결되고 무사히 작동한다면, 그리고 50개가 넘는 신경 전달 물질이 제대로 사용된다면 뇌는 얼마나 어마어마한 일을 할 수 있을까? 실제로 우리 뇌는 굉장한 일을 하고 있다. 그래서 이런 뇌를 가지고 있는 인간은 매혹적인 존재인 것이다.

움직이기

문어는 다리가 8개이고 오징어는 10개이다. 인간에게는 오른쪽, 왼쪽에 각각 한 쌍이 있다. 나는 회진할 때면, 인간의 팔다리의 개수가 이 정도에 그친 것을 다행으로 생각하고는 한다. 팔다리 마비는 뇌졸중 환자의 가장 흔한 증세이다. 그런데 담당 환자가 많다 보니 가끔 환자의 마비된 팔다리가 왼쪽인지 오른쪽인지 헷갈릴 때가 있다. 만일 오징어와 문어 사회에도 신경과 의사가 있다면 환자의 마비된 다리가 몇 번째인지 무척 헷갈릴 것이다.

아무튼 인간의 경우 뇌가 손상되면 흔히 왼쪽 혹은 오른쪽 팔다리에 마비가 생긴다. 그런데 왼쪽 팔다리가 마비되었다고 왼쪽 뇌에 문제가 생긴 것은 아니다. 문제는 오른쪽 뇌에 있다. 물론 오른쪽 팔다리가 마비되었다면 왼쪽 뇌가 손상된 것이다. 왜 하필 반대쪽인가? 그 이유는 운동 중추로부터 내려온 운동 신경 세포는 반대쪽 근육을 향해 달려가기 때문이다. 이처럼 운동 신경이 서로 반대쪽으로 건너가게 된 이유는 아직 밝혀지지 않았다.

앞에서 말한 대로 운동 신경은 전두엽의 가장 뒤쪽에 자리한 운동 중추에 모여 있다. 팔다리를 움직이는 운동 신경은 이곳에서 출발하여 팔다리의 근육을 향해 가지를 뻗친다. 그 가지는 등뼈 속의 척수에까지 이르지만 그동안 뇌간이라는 부분을 통과해야 한다. 뇌간의 맨 아래쪽에 교통 신호등이라도 있는 것일까? 지나가던 운동 신경은 이곳에서 반대쪽으로 방향을 바꾸어 건너간다. 그리고 계속 내려가 등뼈 속에 있는 척수에 이른다. 이때 운동 신경 세포들은 마치 릴레이 주자들이 바통을 주고받듯 자신의 정보를 다음 신경 세포에게 넘긴다. 정보를 넘기는 방법은 화학 물질인 신경 전달 물질을 전해 주는 방법으로 이루어진다. 바통을 이어받은 척수의 운동 세포('전각 세포'라고 부른다.)는 팔, 혹은 다리의 근육으로 가지를 뻗어 그 근육을 움직이도록 명령한다. 다시 말해서 운동 신경은, 대뇌에서 척수까지 이르는 중추 신경과 척수에서 근육에 이르는 말초 신경, 두 가지가 있다. 물론 말초 신경은 중추 신경으로부터 정보를 받는다.

좌우가 바뀐 것은 운동 기능뿐이 아니다. 감각 기능도 좌우가 바뀌어 있다. 피부에서든 근육에서든 우리가 외부로부터 느끼는 감각은 각 부분에 분포된 신경 말단에 전해진다. 이 정보는 곧 전기 신호로 변해 신경 세포를 따라 척수로 이동한다. 운동 신경의 경우와 마찬가지로 말초 감각 신경 세포는 척수에서 또 다른 주자인 중추 감각 신경 세포에게 감각 정보를 건네준다. 이 정보를 전해 받은 감각 신경 세포는 마치 운동 신경 세포가 그랬듯이 반대쪽으로 건너가 대뇌를 향해 달려간다. 이 신경 세포가 '시상'이란 곳에 도달하면, 이곳에서 한 번 더 주자를 바꾼다. 그리고 마지막 주자는 드디어 종착점인 두정엽의 앞쪽에 있는 감각 중추에 감각 정보를 전한다. 결국 운동과 마찬가지로 감각도 감각을 느낀 팔다리의 반대쪽 뇌에 전해진다.

이처럼 운동 중추는 뇌의 좌우에 대칭으로 놓여 있으며 각각 반대쪽 팔다리(그리고 얼굴도)의 움직임을 담당한다. 감각 중추 역시 마찬가지로 반대쪽 신체의 감각을 담당한다. 그런데 감각이든 운동이든 그 정보의 중요성에 따라 이것을 담당하는 뇌신경 세포의 수가 다르다. 예컨대 커다란 몸통 근육이 하는 일이라고는 몸을 지탱해 주는 단순한 일인데 반해, 작은 손가락 근육은 수많은 종류의 정밀한 움직임을 담당해야 한다. 따라서 손가락 움직임을 조절하는 신경 세포의 수는 몸통 근육을 조절하는 세포보다 훨씬 더 많다. 따라서 우리 뇌의 운동 중추에도 손가락을 담당하는 부위가 몸통을 조절하는 부위보다 더 넓다.

이런 사실을 처음 밝힌 사람은 캐나다의 신경외과 의사 펜필드(Penfield)였다. 1930년대에 그는 살아 있는 환자의 두개골을 절개한 후 뇌의 이곳저곳에 전기 자극을 주었다. 그리고 이런 자극에 따라 손가락, 입술, 발등, 몸의 어느 부위가 움직이는지를 조사했다. 독자들은 영화 「한니발」의 마지막 장면을 떠올릴 수도 있겠지만 펜필드는 단지 간질 환자의 성공적인 수술을 위해 이런 실험을 했다. 예컨대 뇌의 어떤 부분을 자극할 때 환자의 엄지가 움직인다면, 그 부위는 바로 엄지의 운동 중추라 할 수 있다. 펜필드는 이런 식으로 뇌의 운동 중추와 감각 중추 안에 인간의 모습(손은 아주 크고 몸통은 작은)을 그려 넣었다.(그림 7.) 다소 기괴한 이런 모습이야말로 우리의 진짜 모습이 아닐까?

이에 대한 대답은 독자들의 몫으로 남겨두고, 우선 확실한 사실을 정리해 보자. 우리의 운동이나 감각을 담당하는 신경 세포는 좌우 뇌에 대칭적으로 놓여 있으며 각각 반대쪽 신체의 운동 및 감각을 담당한다. 뇌는 감각 중추로 정보를 받아들이고 운동 중추를 사용해 몸을 움직인다. 그런데 반드시 이 말이 맞는 것은 아니다. 비상시에는 우리의 신경계가 '예외적으로' 일을 한다. 우리의 신경 기관에 대해 감탄하게 되는 이유 중 하나는 이것이 몹시 용의주도하게 설계되었다는 점이다. 이미 말한 대로 뇌의 정보 전달 속도는 매우 빠르다. 하지만 정보 전달이 더욱 빨라야 할 때가 있는데 뇌는 이런 경우까지도 완벽하게 대비하고 있는 것이다.

고양이를 쓰다듬고 있는 한 어린이를 예로 들어보자. 고양이털의 부드러운 감촉은 손끝의 감각 신경을 자극한다. 그 자극은 전기 신호로 변해 신경을 타고 척수로 올라간다. 그 정보는 척수를 지나 뇌간을 거쳐 두정엽의 앞쪽에 있는 감각 중추에 다다른다. 이제 그 아이는 벨벳처럼 부드러운 고양이털의 감촉을 느낀다. 앞에서 말한 대로 이런 기분 좋은 감각은 안전두엽을 활성화시켜 아이에게 쾌감을 준다. 따라서 아이의 전두엽은 운동 중추에게 고양이를 계속 쓰다듬으라고 명령한다. 운동 중추의 명령은 역시 전기 자극으로 바뀌어 척수에 이르고 척수의 운동 신경은 그 정보를 손가락 근육에 전달한다. 아이는 계속 털을 쓰다듬는다.

그런데 그 고양이가 놀랐는지 갑자기 아이의 손을 할퀴어 버렸다. 깜짝 놀란 아이는 순식간에 손을 움츠린다. 통증 감각이 대뇌의 감각 중추에 도달해서일까? 그렇지 않다. 물론 감각 신경의 정보 전달 속도는 빠르다. 초속 수십 미터이다. 농구 선수가 아니라면 대부분 사람의 키는 2미터 이내이므로, 우리는 손발에 느껴지는 감각을 거의 순간적으로 인식할 수 있다. 하지만 지나치게 뜨겁거나 아픈 자극은 몸에 해로울 것이 분명하므로 이것을 피하는 것은 빠르면 빠를수록 좋다. 따라서 감각 신경이 전달하는 정보 중 몹시 자극적인 신호는 척수에 도달한 후 대뇌의 승인을 받지 않고 곧바로 척수의 운동 신경에 정보를 전달해 손을 움츠리도록 한다. 즉 상부에 보고할 것도 없이 척수 수준에서 아픈 것을 피하려는 반사적인 운동이 이루어진다. 이것은 통각 정보가 대뇌까지 올라갔다 내려올 시간을 절약하여 신속히 해로운 환경을 피하려 한 현명한 신경 세포의 작전이다.

걷기

나는 지금 오른팔을 앞으로 내밀었다. 그리고 오른쪽 다리는 뒤로 보냈다. 반면 왼쪽 다리는 앞으로 내밀고, 팔은 뒤로 휘둘렀다. 허리와 목은 꼿꼿하게 펴고 있다. 실은 지금 걷는 중이다. 우리가 매일 거의 무의식적으로 하는

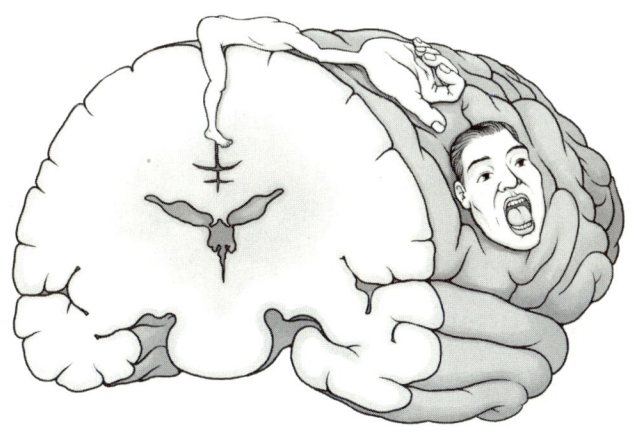

그림 7. 펜필드 지도

'걷기'는 사실 매우 복잡한 작업이다.

걷는다는 것은 근육의 움직임을 요구하는 운동 행위다. 하지만 이 운동도 감각이 없다면 할 수 없다. 즉 우리가 어떤 동작을 하기 위해서는 반드시 감각 정보가 필요하다. 제대로 걷기 위해서는 우선 발이 땅에 닿음을 느껴야 한다. 만일 어떤 사람이 말초 신경 질환을 가지고 있어 무엇이든 발바닥에 닿는 느낌이 전혀 없다면 어떻게 될까? 그는 마치 공중을 걷는 것처럼 느껴질 텐데 홍길동이 아닌 보통 사람이라면 이런 상황에서 걷기란 거의 불가능하다. 뿐만 아니다. 우리는 쉴 새 없이 앞을 보며, 걷는 속도를 조절하거나 위험한 것을 피한다. 다시 말하면 걷는다는 것은 물론 운동 행위이지만 촉각, 시각 등 여러 감각을 바탕으로 이루어지는 종합 행위이기도 하다.

앞에서 전두엽의 맨 뒤에 위치한 운동 중추와 두정엽의 맨 앞에 위치한 감각 중추는 바로 이웃하고 있다고 했다. 그런데 우리 몸 각 부위를 담당하는 운동 및 감각 신경 세포도 바로 옆에 나란히 앉아 있다. 예컨대 엄지를 움직이는 운동 신경의 바로 옆에는 엄지로부터 전해지는 감각 신경이 위치하며, 발의 감각을 느끼는 부분은 발 운동을 명령하는 곳 바로 옆에 있다. 이런 점에서 우리 뇌는 매우 합목적적이다. 신체에서 전해지는 감각 정보가 그대로 바로 옆의 운동 신경으로 전해지며, 이로 인해 가장 효과적인 운동을 수행할 수 있기 때문이다.

결국 우리는 걷기 위해 발을 움직이는 근육에 명령을 내리지만, 그 운동 정보는 발에서 전해지는 감각 정보에 따라 조절된다. 즉 운동 신경과 감각 신경은 걷는 행위를 담당하는 주역들이다. 하지만 이 둘만 가지고는 요즘 공학자들이 만든 로봇보다 더 잘 걸을 수 없다. 유연한 걸음걸이를 위해서 우리는 또 다른 조역들을 필요로 한다. 그 조역들의 이름은 기저핵(basal ganglia), 그리고 소뇌(cerebellum)이다.

조역의 역할을 이해하기 위해 지금 당신이 운전을 하고 있다고 가정해 보자. 당신은 어떤 지점을 향해 똑바로 가려고 한다. 하지만 대부분의 경우 우리가 운전대를 완전히 고정하지는 않는다. 우리는 운전대를 약간 왼쪽으로 향했다가 다시 오른쪽으로 돌리곤 한다. 이렇게 함으로써 우리는 방향을 제대로 잡을 수 있다. 하지만 이것은 어느 정도 운전을 해 본 사람의 경우에나 가능하다. 초보 운전자는 운전대를 잡고 잘못해서 핸들을 왼쪽으로 꺾을 수 있다. 차는 물론 왼쪽으로 기운다. 그러자 초보 운전자는 얼른 핸들을 오른쪽으로 돌린다. 이번에는 차가 오른쪽으로 쏠린다. 운전자는 다시 핸들을 왼쪽으로 꺾는다. 이런 식으로 그의 차는 지그재그로 움직인다.

인간의 운동 행위도 이와 마찬가지다. 50센티미터 눈앞에 볼펜이 한 자루 놓여 있다. 볼펜을 잡고 싶으면 최단 거리로 정확히 손을 뻗는 것이 좋다. 하지만 실수로 손이 약간 왼쪽으로 향했다면 대뇌는 얼른 이것을 교정하여 손의 방향을 오른쪽으로 돌린다. 손은 이런 식으로 볼펜을 향해 나아간다. 방향뿐 아니라 적당한 속도도 중요하다. 너무 빨리 손을 뻗쳤다가는 볼펜을 지나쳐 버리기 때문이다. 마치 노련한 운전자가 운전을 하듯 이처럼 근육의 방향, 속도, 힘 등을 조절하여 운동을 부드럽고 매끄럽게 하기 위해 우리 뇌는 운동의 보조자들을 두었다. 기저핵과 소뇌가 바로 그것이다.

기저핵은 마치 럭비공처럼 생긴 회백질 덩어리로서 몇 개의 서로 다른 구조물들이 합쳐져 있다.(기저핵은 미상핵, 피각, 담창구의 세 부분으로 나뉜다.) 기저핵은 우리의 동작이 부드럽고 정확하게 그리고 신속하게 이루어지도록 한다. 자신은 운동 행위의 주역이 아닌 보조자라고 생각했는지 기저핵은 수줍은 모습으로 신피질 가운데 깊이 파묻혀 있다.(그림 8.) 따라서 우리는 뇌 바깥에서 기저핵을 볼 수가 없다. 일부 학자들은 기저핵이 원래 우리의 운동 중추였는데 진화가 진행되면서 신피질에 그 자리를 양보해 준 것이라 믿고 있다. 기저핵과는 달리 소뇌는 바깥에서 볼 수 있다. 뇌간의 뒤쪽으로 혹처럼 동그랗게 양쪽으로 달려 있는 녀석은 마치 소년의 불알처럼 보인다. 우리가 어떤 운동을 하려면 여러 부위의 근육이 협조해야 하는데 소뇌는 이러한 근육들이 적절하게 협동하도록 도와준다. 그리고 우리 몸의 균형 잡기를 가능케 한다.

어떤 운동을 하기에 앞서 운동 중추는 우선 참모인 기저핵과 소뇌에 먼저 그 정보를 보낸다. 그러면 이들은 자신들이 조정한 상황을 다시 운동 중추로 되돌려 보내 운동 중추의 최종 행위 즉 근육의 동작을 매끄럽게 만든다. 즉 운동 행위에 있어 기저핵과 소뇌는 매우 충실한 조역들이다. 따라서 기저핵이나 소뇌가 손상되면 운동 기능에 이상이 생기는 것은 당연하다. 일반적으로 기저핵이 손상되면 어떤 동작을 시작하기 힘들고, 동작이 느려지며 손발을 떨게 된다. 이런 현상은 파킨슨병(기저핵 기능이 저하되는 대표적인 병, 4장 259쪽을 참고하라.)의 중요한 증상이다. 하지만 기저핵은 여러 가지 다양한 신경 세포들을 포함하고 있다. 따라서 어느 세포가 주로 손상되는가에 따라 그 증세도 달라진다. 예컨대 파킨슨병의 증상과는 반대로 지나치게 손발을 많이 움직이는 경우도 있다.(이런 질병들에 대해서는 4장에서 다룰 것이다.)

한편 소뇌가 고장 나면 우리 몸은 마치 초보 운전자가 운전하는 자동차처럼 움직인다. 손을 뻗쳐 물건을 잡으려 할 때 손이 똑바로 물건을 향하지 못하고 지그재그로 흔들린다. 서 있거나 걸을 때에도 균형을 잡지 못하고 비틀비틀 하다가 넘어져 버린다. 기저핵이나 소뇌의 기능이 비정상이라면 이 글을 쓰는 나의 손은 떨리거나, 아둔하거나 혹은 제멋대로 움직일 것이다. 그래서 도저히 글을 쓸 수 없을 것이다. 만일 운동 중추가 기능을 안 한다면 어떻게 될까? 내 손은 아예 마비되어 있을 것이다. 결국 우리의 동작은 운동 신경, 감각 신경, 그리고 이들을 보조해 주는 보조자들이 완벽하게 조화를 이

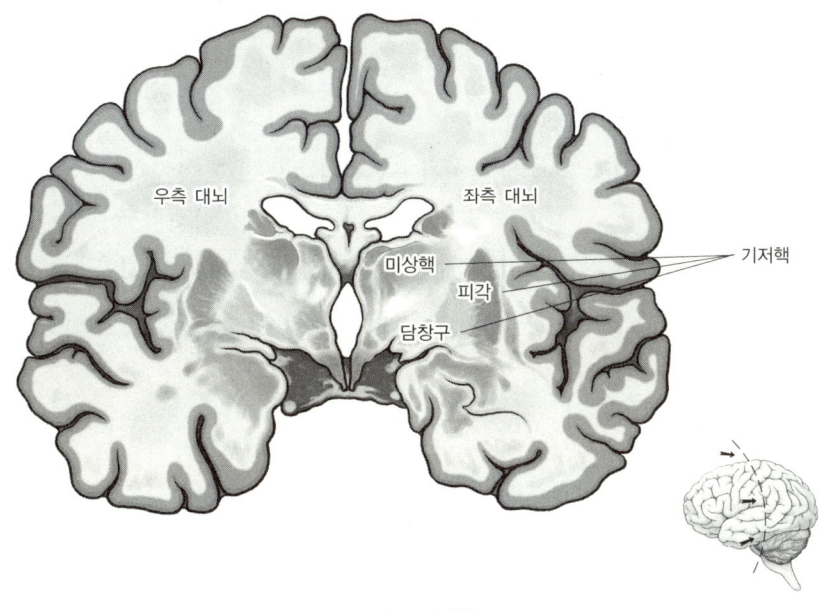

그림 8. 기저핵

룰 때 비로소 가능하다.

일반적으로 우리가 어떤 동작에 익숙해질수록 그 동작은 거의 무의식적으로 행해진다. 예컨대 우리는 걷는 동안에 다른 생각을 할 수 있으며, 자동차를 운전하면서 음악을 들을 수 있다. 이와 같은 '준 무의식적' 운동 행위 역시 기저핵과 소뇌의 도움을 받아 가능한 것이다. 즉 이들은 반복적인 학습에 의해 익숙해진 동작을 가능케 한다. 누구나 한 살을 넘긴 이후 수없이 많은 걸음 연습을 해 왔기에 우리는 이처럼 어려운 걸음걸이를 거의 무의식적으로 수행할 만큼 '걷기 선수'가 된 것이다. 하지만 예컨대 골프처럼 새로 배우는 동작은 전혀 그렇지 않다. 단 한번 휘두르는 것뿐인데, 그 단순해 보이는 동작에 왜 그리 주의할 것이 많은지 나 같은 골프 초보는 도저히 골프 선수들을 이해할 수가 없다. 골프 선생들은 언제나 끊임없는 연습을 통해 "몸으로 배워야 한다."라고 말한다. 물론 정확한 표현은 아니나 새겨들어야 한다. 대뇌 피질의 운동 신경만 사용할 게 아니라 기저핵, 소뇌의 회로를 적절히 사용해 거의 무의식적인 동작이 될 때까지 훈련하라는 뜻이다. 앞에서 말한 대로 우리는 모두 걷기 프로들이다. 하지만 걷는 동작이 아직 완전히 프로그램화되어 있지 않은 어린이, 혹은 운동 신경 회로의 기능이 저하된 노인들은 자주 넘어진다. 물론 운동 중추, 감각 중추, 기저핵, 소뇌 등 운동과 관계되는 뇌 조직 어느 곳에 질병이 생겨도 우리의 걸음걸이는 이상해진다. 따라서 신경과 의사에게는 환자의 걸음걸이를 주의 깊게 관찰하는 버릇이 있다. 경험이 있는 신경과 의사라면 진찰실 안으로 걸어 들어오는 모습만 봐도 파킨슨병 같은 질환을 즉시 진단할 수 있다.

 이제까지 신체의 행동을 결정하는 뇌의 모습에 관해 살펴보았다. 2, 3장에서 우리는 인간을 인간답게 하는 모습들 즉 감정, 기억, 지능, 성격 등에 관해 알아볼 것이다. 그리고 이것을 조절하는 뇌의 비밀에 관해 논할 것이다. 감정이 이성보다 앞서면 안 된다고들 하지만 그래도 나는 우리의 '감정' 부터 이야기하고 싶다.

2장_희로애락의 비밀

인간의 기쁨과 공포는 단지 인간의 생존을 유리하게 하기 위해 유전자가 만들어 놓은 뇌의 작용이라고 생각한다. 우리는 배고플 때 음식을 보면 기쁨을 느끼고 힘상궂은 사람이 쫓아오면 공포를 느낀다. 이처럼 인간은 본질적으로 기쁘거나 고통스럽게 태어난 것은 아니다.

인간은 행복한가, 불행한가?

 컴퓨터 챔피언과의 체스 게임에서 이겨 의기양양해진 새뮤얼 핀처는 애인과 섹스를 한다. 하필 이때, 게임에서의 승리에 대한 상으로 장 마르탱은 원격 조정 장치를 사용해서 핀처의 뇌에 기쁨의 자극을 가한다. 핀처의 뇌는 과도한 자극을 받아 지나치게 흥분하고 결국 그는 죽고 만다. 이것은 베르나르 베르베르의 소설 『뇌』에 나오는 이야기이다. 이때 장 마르탱이 핀처의 뇌에 자극을 가한 부위는 바로 감정의 뇌인 변연계이다.(1장 그림 2를 참고하라.)
 변연계를 임의로 자극해 기쁨을 생산해 내는 이런 행위가 미래의 우리의 모습일지도 모르지만 현재로서는 물론 불가능한 일이다. 하지만 베르베르가 인용하고 있는 쥐 실험 결과는 사실이다. 1954년 올스와 밀너(Olds and Milner)는 쥐 뇌의 변연계의 한 구조물인 중격핵(septal nuclei) 부근에 전기 회로를 부착해서 그 스위치를 마음대로 켤 수 있도록 장치했다. 그러자 그 쥐는 스위치를 계속 누르는 것이었다. 무려 1시간에 7,000번이나! 중격핵은 바로 쥐의 쾌락 중추였던 것이다. 쥐들은 쾌락에 빠져 식음도 전폐하고 전기 스위치를 계속 눌러댔고, 결국 탈진해서 하나 둘씩 죽어갔다. 반면 중격핵을 양쪽 모두 잘라냈더니 쥐들은 공포와 불안을 느꼈고 공격성도 증가되었다.
 올스와 밀러의 실험처럼 혹은 베르베르의 소설처럼 만일 누군가 당신의 뇌에 이런 장치를 한다면 어떻게 하겠는가? 아마도 쾌락을 인생의 최고의 목적으로 생각하는 에피쿠로스학파 사람들, 혹은 인간은 행복과 불행의 합을 계산하여 행복한 쪽으로 움직인다고 주장했던 19세기 공리주의자 벤담이라면 쾌락 중추를 자극하라고 설교할지도 모르겠다. 어차피 인생의 목적은 쾌락이니까. 하지만 많은 독자들은 이들의 의견에 동의하지 않을 것이다. 인위적인 쾌락과 공포는 자연스러운 것이 아니기 때문이다.

쾌락이나 공포란 무엇일까? 나는 이들이 유전자가 우리의 행동을 조절하도록 만든 프로그램이라고 생각한다. 생존 혹은 번식에 유리한 행동에 따른 상이 쾌락이며, 불리한 행동에 대한 벌 혹은 경고가 공포인 것이다. 결국 합목적적인 인간의 감정 조절은 장 마르탱이 아닌 유전자가, 임의적 전기 자극이 아닌 변연계의 흥분으로 이루어져야 한다. 자연의 합목적적인 법칙에서 벗어난 행위는 위험하며, 올스와 밀러의 실험쥐나 베르베르 소설의 새뮤얼 핀처처럼 치명적일 수 있다. 그럼에도 불구하고 단언할 수 있는 것은 이런 장치가 가능하게 된다면 쾌락 중추를 자극하는 사람들이 분명 등장한다는 것이다. 점점 늘어만 가는 마약, 담배, 술 중독자들을 보면 이것을 짐작할 수 있다. 쥐처럼 전기 스위치로 자극하는 것은 아니더라도 그들은 화학 물질로 변연계를 자극하는 것이다. 과연 인간은 올스의 실험쥐보다 현명할까?

여기에 대한 대답은 독자의 몫으로 남겨두고 이제 인간의 행복과 불행을 관장하는 구조물을 살펴보기로 하자. 인간에게서는 중격핵보다는 그 근처에 있는 편도체(amygdala)라는 구조물이 감정 형성에 중요한 것으로 알려졌다. 1970년에 마크(Mark)와 어빈(Ervin)은 두 명의 간질 환자의 편도체를 전기로 자극해 보았다. 안쪽을 자극하자 환자들은 주체할 수 없는 폭력적 행동을 보였고 바깥쪽을 자극하면 기분이 좋아졌다. 즉 편도체라는 작은 구조물이 인간의 감정 변화에 중요한 역할을 한다는 이야기다. 흔히 기쁨과 슬픔, 사랑과 미움은 동전의 양면이라 하지만 이보다는 '편도체의 양면' 이라 부르는 것이 더 정확할 것 같다. 툭하면 울고 웃는 인간의 변덕스러움은 기쁨과 슬픔의 중추가 이처럼 너무 가까운 데에 연유하는 것일까? 하기는 그리스 신화를 보아도 사랑의 여신 아프로디테 옆에는 늘 불화의 여신 에리스가 있다. 사랑하는 사람들은 그만큼 다투기도 잘하는데, 그래서 싸움이 없는 부부는 오히려 위험한 관계라는 말도 있다. 생텍쥐페리도 『성채』에서 "사랑의 본질은 증오이다. 그대가 함께 식사를 한 이성에게 마음을 준다면, 반드시 얼마 지나지 않아 상대방에게 미워하는 마음을 품을 것이다."라고 말했다.

편도체는 또한 시각, 청각, 촉각 등 우리의 감각을 담당하는 대뇌 피질과 복잡하게 연관되어 우리가 받아들이는 감각에 감정을 집어넣는다. 예컨대 아름다운 여성을 보는 것은 후두엽의 시각 중추이지만 그녀를 아름답다고 느끼는 것은 편도체이다. 양쪽 편도체가 손상된 환자는 시력이 정상임에도 불구하고 다른 사람의 표정을 읽지 못한다. 즉 활짝 웃는 미인의 얼굴을 보여 주어도 즐거워하지 않으며, 인상을 찌푸린 험상궂은 사람의 얼굴을 보여 주어도 겁을 내지 않는다. 편도체를 잘라낸 원숭이는 뱀을 보고도 도망가지 않는다. 어쩌면 미래에는 대인 공포증이 있는 사람에게 편도체를 제거하는 수술 치료법이 생길지도 모르겠다.

그런데 한 가지 흥미로운 것은 인간의 경우 편도체의 행복 관련 부위가 공격성 관련 부위에 비해 훨씬 크다는 사실이다. 편도체 내부 구조물의 크기는 동물마다 다른데 영악한 우리의 조상들은 진화를 거듭함에 따라 뇌를 유리한 쪽으로 바꿔 온 것일까? 인간의 경우 전체 편도체 중 안쪽 구조(centromedian group)는 25퍼센트, 바깥쪽 구조(cortico-basolateral group)는 75퍼센트를 차지한다. 바깥쪽 구조의 비율은 모든 영장류 중 긴팔원숭이(gibbon)를 제외하면 가장 크다. 서두에 말한 대로 바깥쪽 구조물이 우리를 즐겁게 해주는 행복 담당 부위라면 우리는 인간으로 태어나기를 잘한 것이다.

염세주의자 쇼펜하우어는 "인간이란 아주 먼 우주의 저편에서 외계인들이 뭔가 잘못을 저지를 때마다 하나씩 태어나는 동물"이라고 했지만, 편도체의 구조만을 놓고 생각해 본다면 어쩌면 인간은 가장 행복하고 유쾌한 동물일지도 모른다. 또한 이런 편도체의 구조는 인간이 협동하는 동물로 진화하면서 커진 것이라는 주장도 있다. 하루 중 우리가 남과 마주치면서 얼마나 자주 웃는지를 생각해 보면 이 견해에 수긍이 갈 것이다. 아무튼 변연계의 구조를 놓고 보면 인간은 행복과 협동을 추구하는 방향으로 진화한 동물인 듯하다.

그러나 나는 여기서 인간이 행복한 동물이라고 강력히 주장하지는 못하겠다. 간질 환자의 증세를 관찰할 때에는 때때로 그 반대의 생각, 즉 인간은 불행한 동물이 아닌가 하는 생각이 들기 때문이다. 간질은 뇌신경 세포가 과도하게 흥분하는 현상이다. 나는 지금 오른손을 움직이고 있는데 이것은 대뇌의 왼쪽 운동 신경 중추에 있는 세포가 흥분하기 때문이다. 그런데 그 세포가 만일 과도하게 흥분한다면, 손은 제멋대로 마구 움직일 것이다. 이것이 바로 간질 증세이다. 그런데 마치 한 사람이 웃으면 옆 사람에게도 그 웃음이 전염되듯 뇌 세포의 과도한 흥분은 주변 세포로 물밀 듯 퍼져 나간다. 만일 뇌 세포가 모두 흥분한다면 어떻게 될까? 나는 전신을 마구 떨 것이고 의식을 잃어버릴 것이다.

그런데 간질(신경 세포의 과도한 흥분)은 측두엽의 안쪽에 있으며 변연계의 일부인 해마에서 자주 일어난다. 그 이유는 해마가 뇌의 다른 부위에 비해 손상에 예민하기 때문이다. 일산화탄소 중독, 교통사고, 뇌염, 난산에 따른 저산소증처럼 뇌를 손상시키는 병은 다른 부위에 비해 해마 부분을 더 쉽게 손상시킨다. 해마라는 구조물은 마치 작은 일에도 상처 받는 소녀처럼 민감하다. 그 손상의 정도가 미미한 경우라면 아무런 문제가 없지만, 그렇지 않다면 이 부위의 신경 세포는 간헐적으로 비정상적인 과도한 전기 파장을 내게 된다. 그리고 그 뇌의 주인은 간질 증세를 갖게 된다. 이처럼 측두엽 안쪽에서 유래하는 간질을 '측두엽 간질' 이라고 부른다.

이러한 측두엽 간질의 증세는 일반적인 간질 증세와는 조금 다르다. 앞에서 말한 대로 측두엽의 안쪽은 변연계 회로의 일부를 이루고 있다. 변연계는 감정과 기억의 뇌이므로 이 부분의 뇌신경 세포가 과도하게 흥분한다면 환자는 그 순간 감정, 기억과 연관된 증세를 갖게 된다. 예컨대 간질 발작 도중 갑자기 형용할 수 없는 공포심, 불안감에 시달리기도 하고 반대로 아주 즐거운 기분에 빠지기도 한다. 드물지만 발작시 오르가슴을 느끼는 사람도 있는데 이때 환자는 성행위 동작을 취하기도 한다.

그런데 환자를 볼 때마다 늘 이상하다고 생각하는 사실이 있다. 측두엽 간질 환자가 발작 때 보이는 감정 이상 증세는 반 이상이 공포감 혹은 기타 고통스러운 느낌이다. 반면 행복감이나 오르가슴을 경험하는 경우는 5퍼센트 이하에 불과하다. 이왕 간질을 앓을 바에는 차라리 '기쁨 발작'을 하는 편이 환자로서는 더 나을 텐데 말이다. 측두엽 간질 증상이 변연계의 갑작스러운 활성화에 따른 평소 감정의 순간적 노출이라고 하자. 그렇다면 환자가 발작 당시 기쁨보다는 공포를 더 많이 느낀다는 사실은 인간이 본질적으로 행복보다는 불행을 더 많이 느끼는 가엾은 동물은 아닌가 하는 생각을 들게 한다. 하기는 우리 인생을 돌이켜 보면 기쁨보다는 슬픔을, 즐거움보다는 고통을 더 많이 느끼는 것 같다. 우리는 고통을 느끼지만 고통이 없는 것 자체를 기쁨으로 느끼지 않으며, 무서움을 느끼지만 무서움을 극복한 직후를 제외하고는 평소 안전하다는 것을 느끼지 못한다. 그래서 염세주의자 쇼펜하우어는 "행복은 오직 망상의 산물에 불과하며 고통만이 실재한다."라고 말했다.

앞에서 나는 인간 변연계의 편도체에서 행복을 관장하는 부위는 무려 75퍼센트를 차지한다고 했다. 그렇다면 왜 변연계의 과도 활성화라고 할 수 있는 측두엽 환자는 '기쁨'이 아닌 '공포'를 느낄까? 여기에 대해서 몇 가지를 추측해 볼 수 있다. 우선 측두엽 간질 환자의 뇌에 발생한 과도한 신경 세포의 흥분이 기쁨보다는 공포와 관련된 부위를 유난히 활성화시킬 가능성이 있다. 실제로 측두엽 간질 환자의 간질 파장은 편도체보다는 주로 해마 혹은 해마의 주변부에 많이 발생한다. 아직 정확한 것은 모르지만 이 부분은 불행한 느낌과 연관이 많은 듯하다. 예컨대 애리조나 대학교의 리처드 레인(Richard D. Lane) 교수 팀의 연구에 따르면 행복한 느낌, 중성적 느낌, 그리고 불행한 느낌을 나타내는 그림을 정상인에게 주며 PET를 시행한 결과 불행한 느낌의 그림은 주로 해마 주변을 활성화시켰다고 했다.

또한 고등 생물로 진화한 인간에 있어 감정을 관장하는 부위는 편도체나 해마를 너머 변연계의 다른 부위에도 광범위하게 존재한다. 게다가 변연계를 훨씬 벗어난 전두엽의 앞쪽, 심지어는 두정엽의 감각 중추 같은 구조들도 인간의 감정 형성에 중요한 역할을 한다는 사실이 최근 밝혀지고 있다. 이런 점에서 편도체의 구조 혹은 측두엽 환자의 증세 정도의 정보만을 가지고 끝없이 복잡한 인간의 감정을 논하기는 역부족일 듯싶다.

나는 인간의 기쁨과 공포는 단지 인간의 생존을 유리하게 하기 위해 유전자가 만들어 놓은 뇌의 작용이라고 생각한다. 우리는 배고플 때 음식을 보면 기쁨을 느끼고 험상궂은 사람이 쫓아오면 공포를 느낀다. 이처럼 인간은 본질적으로 기쁘거나 고통스럽게 태어난 것은 아니다. 다만 1000억 개의 뇌신경 세포가 서로 얽히고설킨 대뇌를 가지고 있는 복잡한 동물이기 때문에 뇌신경 세포 역시 무한한 기쁨과 슬픔의 변주곡을 창조할 수 있다. 인간은 오랜 진화가 이끌어 낸 하나의 생명체이지만 그래도 우리는 끊임없이 변화하고 있다. 인간은 뇌를 사용하여 자신을 만들어 가고 있는 유연한 동물이다. 우리가 행복하게 혹은 고통스럽게 사는 것은 그 무엇도 아닌 자기 자신에게 남겨진 몫이다.

나는 이 장에서 인간의 감정에 관해 논하려 한다. 주된 주제는 사랑이 될 것이다. 하지만 이것을 말하기에 앞서 후각과 시각 기능과 연관된 감정 형성에 관해 우선 언급하고 싶다.

인간과 페로몬

1장에서 나는 인간은 다른 동물에 비해 후각이 덜 발달되었다고 했다. 그런데 동물들 사이에서 후각은 음식을 찾거나 위험을 피하는 것 이외에 또 한 가지 중요한 역할을 하고 있다. 동물들은 페로몬이라는 냄새나는 물질을 분비하는데 이것은 동물 상호간의 행동 양식을 결정하는 데 중요한 역할을 한다. 우리 인간은 후각 기능이 퇴화되면서 페로몬의 기능마저 완전히 잃어버린 것일까? 아니면 아직도 우리에게 이런 기능이 남아 있는 것일까? 우선 동물 사이의 행동에 중요한 역할을 하는 페로몬에 대해 생각해 보자.

'페로몬' 이란 말은 1959년 칼슨(Karlson)과 루셔(Lusher)가 사용한 단어로서 동물의 특정한 기관에서 분비되어 다른 동물의 사회적 행동이나 생리적 반응(예컨대 짝짓기, 서열 정하기, 자신의 영역을 알리는 행위 등)에 영향을 미치는 물질을 말한다. 개미가 집에서 먹이가 있는 곳까지 정확히 이동하는 것은 처음 먹을 것을 발견한 개미가 페로몬을 뿌려 두었기 때문이다. 물고기들 역시 페로몬 냄새 때문에 서로 무리를 지어 다닌다. 동물에서 배란기의 암컷은 페로몬을 통해 수컷을 끌어들이고 수컷의 냄새는 암컷의 배란을 촉진시킨다. 현재까지 알려진 가장 강력한 페로몬은 누에나방에서 발견되었다. 암컷이 분비하는 봄비콜(bombykol)이라는 페로몬은 수 킬로미터 떨어진 곳에 있는 수컷도 인지할 수 있는데, 1조 단위의 공기 분자들 속에 단 한 개의 페로몬 분자가 들어 있어도 수컷은 암컷을 찾을 수 있다. 이런 점에서 누에나방이 짝을 찾지 못할 걱정은 안 해도 될 것이다.

동물 세계에서 페로몬은 치열한 성적 경쟁의 와중에 사용되는 훌륭한 무기가 되기도 한다. 예컨대 설치류에서는 암컷의 임신 초기에 다른 수컷의 냄새를 일정 기간 맡게 되면 더 이상 임신이 지속되지 못하고 유산되어 버린다.

아마도 수컷의 페로몬이 암컷의 신경 호르몬 시스템에 작용하여 프로락틴의 분비를 억제하고, 이것이 궁극적으로 자궁의 프로게스테론 양을 저하시키는 것으로 생각된다. 어떤 학자들은 이런 현상은 한 지역에 사는 동물의 밀도가 지나치게 높을 때 개체 수를 조절하기 위한 정책이라고 주장한다. 하지만 내 생각에는 수컷들 사이의 경쟁 전략에 다름 아닐 것이다.

그렇다면 이러한 페로몬 시스템이 인간에게도 작동하고 있는 것일까? 한 실험에 따르면 엄마는 여러 갓난아이의 옷 중에 자신의 아이가 입던 옷을 냄새로 감별할 수 있다고 한다. 갓난아기 역시 자신의 엄마가 입던 옷 냄새를 다른 엄마의 것보다 더 좋아한다. 즉 인간 사회에서도 몸에서 나는 냄새는 어느 정도 상대방의 행동에 영향을 미치고 있다. 그러나 과연 동물들에서 나타나는 페로몬 현상처럼 어떤 사람이 내는 냄새가 다른 사람의 뇌에 작용하여 그 사람의 생리적 기능이나 행동에 영향을 미칠까?

생물학자 매클린톡(McClintock)의 연구에 따르면 원숭이 암컷의 질 속에 있는 페로몬 물질인 코퓰린이라는 액체는 인간 여성에게도 있으며 이 물질의 양은 여성의 배란기에 가장 많아진다고 한다. 학자들에게 오래전부터 알려진 사실 하나는 친구와 오래 방을 함께 사용하는 여성은 월경 주기가 같아진다는 것인데 아마도 이것은 페로몬의 영향일 것이다. 즉 인간 역시 알게 모르게 자신의 냄새로 남의 행동을 조절하고 있는지도 모른다. 그렇다면 함께 방을 사용하는 여성의 월경 주기가 같아지는 진화론적 이유는 무엇일까? 『일부일처제의 신화』라는 책의 저자인 워싱턴 대학교의 데이비드 버래시(David Barash) 교수는 사자의 예를 들어 이것을 설명한다. 수컷 한 마리에 여러 마리의 암컷으로 이루어진 사자 집단에서 우세한 암컷이 발정기에 이르면 4~5일간 하루에 무려 100번 이상 교미를 한다. 이것은 그녀가 섹스에 탐닉해서가 아니라는 게 그의 설명이다. 우세한 암컷은 평소 페로몬을 사용하여 다른 암컷의 발정 주기를 자신의 것으로 맞추어 놓은 후 자신이 발정기에 이르렀을 때 (물론 다른 암컷들도 발정기이다.) 수컷을 독점함으로써 다른 경쟁자들이 교미하지 못하도록 한다는 것이다. 본처와 첩의 갈등이 사자 사회에서도 존재한다는 이야긴데 아무튼 인간의 월경주기 일치는 일부일처제의 진화적 흔적으로 생각할 수도 있을 것 같다.

그렇다면 동물에서 중요한 페로몬의 역할 즉 배우자 고르기가 인간에게도 적용되고 있을까? 이제 그 가능성을 살펴보자.

우리는 닮은 사람을 좋아한다

스티븐 베이글만 감독의 영화 「필링 미네소타」는 이렇게 시작한다. 빚을 못 갚아 어쩔 수 없이 맘에 안드는 신랑과 강제 결혼을 하게 된 신부(카메론 디아즈 역), 그리고 신랑의 동생(키아누 리브스 역)은 결혼식장에서 만나자 마자 한눈에 반한다. 그 이유는 서로 비슷한 인간이라 느꼈기 때문이다. 남들의 눈을 피해 사랑을 나눈 후 동생이 함께 도망치자고 하니 신부가 이렇게 외친다 '안 돼, 우린 너무 비슷하잖아!'

영화를 보면서 캘리포니아 대학교 교수인 제러드 다이아몬드(Jared Diamond)의 유명한 저서 『제3의 침팬지』에 나오는 실험 결과를 떠올렸다. 연구자들은 여러 가계의 메추라기 알에서 태어난 수컷들을 여러 암컷들 틈에 넣고 수컷이 어떤 상대와 주로 교미하는가를 관찰해 보았다. 그 결과 수컷 메추라기의 구애 대상은 아무런 친족 관계가 없는 암컷도 아니고 자신과 혈육 관계인 누이도 아닌 사촌에게 집중되는 경향이 있었다. 그들은 어릴 적부터 서로 섞여 자랐기 때문에 자신의 상대가 사촌인지 누이인지 알 리가 없다.

즉 메추라기는 자기도 모르는 채 자신과 닮은 메추라기를 좋아하는데, 다만 너무나 닮은 경우에는 피하는 것이다.

메추라기처럼 인간 역시 자신과 닮은 사람을 좋아하는 것 같은데 그 이유는 왜일까? 물론 생각하는 것이 비슷해 대화가 잘 되기 때문일 것이다. 처음 만난 남녀가 대화를 나눌 때 남자는 스포츠를, 여자는 문학을 좋아한다면 이야기는 쉽게 끊어질 것이다. 하지만 메추라기는 우리처럼 고상한 대화를 하지 않으니 이것과는 다른 설명이 필요하다. 비슷한 개체를 배우자로 선택하는 이유는 자신의 것과 동일한 유전자를 복제하기를 원하는 유전자의 이기성을 생각해 보면 이해할 수 있을 것 같다. 자신과 닮은 상대는 그 유전자 배열 역시 비슷할 것이다. 따라서 어차피 자신의 것 반, 상대방의 것 반을 사용해 2세를 만들어야 한다면 자신의 것과 많은 부분을 공유하는 상대방을 짝으로 맞는 편이 유리할 것이다.

그런데 제러드 다이아몬드는 또 다른 실험을 이야기한다. 그는 어미 쥐의 유방과 질에 레몬향을 항상 뿌리면서 어린 수컷 생쥐를 키워 보았다. 그 수컷이 다 자란 뒤에 레몬향을 뿌린 암컷과 그렇지 않은 암컷 속에 각각 두어보니 그 쥐는 레몬향을 뿌린 암컷 쥐와 더 빨리 교미하였다. 반면 레몬향을 뿌리지 않은 어미 쥐한테서 자란 수컷 쥐는 성장한 후에 오히려 레몬향을 뿌린 암컷을 멀리 하는 것을 관찰하였다. 이러한 결과를 볼 때, 동물들이 자신과 비슷한 배우자를 고르는 것은 아마도 후각에 의존하는 것 같다. 이런 결과를 인간에 유추해 보면 사내들은 성장한 후 엄마 냄새를 닮은 여자에 끌릴지도 모른다. 인간 사회에서 며느리와 시어머니가 정말 닮은꼴인지 연구해 보면 재미있을 것 같다.

그렇다면 왜 메추라기는 자신과 아주 닮은 상대방은 오히려 멀리하는 것일까? 여기에는 분명한 생물학적 이유가 있다. 이 세상에는 수많은 유전병이 있지만 질병을 일으키는 유전자를 한쪽만 가지고 있는 경우는 대체로 건강하다. 다만 이것을 한 쌍으로 온전히 갖게 되면 그 개체는 죽거나 병이 든다. 이런 비극을 피하려면 근친상간을 금해야 한다. 하지만 위에 이야기한 메추라기 수컷들이 유전병 지식까지 가지고 있을 리는 없다. 다만 서로 너무나 닮은 상대와는 번식을 피하려고 하는 메커니즘이 이들의 뇌 어딘가에 숨어 있어 이들의 선택을 도왔을 것이다. 이런 점에서 남매끼리의 결혼을 다반사로 했던 고대 이집트 왕국의 왕족들은 메추라기보다도 현명치 못했던 것 같다.

최근 일본 도쿄 대학교의 야마자키(Yamazaki) 교수가 쥐를 가지고 실험한 바에 따르면 수컷 쥐는 주조직 접합 항원(major histocompatibility complex)의 하나인 H-2 유전자가 상이한 두 종류(H-2k, H-2D)의 암컷 쥐의 소변 냄새를 구분할 수 있으며, 교미 상대로는 자신의 것과 다른 유전자를 가진 암컷을 선택하는 경향을 보였다. 이 유전자는 개체의 면역 기능과 관계되는데, 이런 식으로 면역 반응의 충돌을 막고 다양한 종류의 자손을 퍼뜨리려는 의도일 것이다. 인간에서도 이와 비슷한 실험이 이루어진 적이 있다. 결혼한 1,454명(727쌍)과 독신자 133명을 선택하여 결혼한 그룹은 부부끼리, 독신자 그룹에서는 임의로 짝지은 남녀끼리 각각 비교하였다. 그 결과 결혼한 쌍에서는 독신인 그룹에 비해 남녀의 주조직접합 항원(HLA 1) 차이가 더 뚜렷했으며, 몇 종류의 페로몬 냄새에 대한 기호의 차이가 더 컸다. 이 사실은 우리 인간도 혼인 상대로서 지나치게 비슷한 종류의 사람은 자기도 모르는 새 피하고 있으며, 이러한 선택 역시 페로몬의 작용으로 인한 후각적 반응에 따른 결과일지도 모른다는 생각이 들게 만든다. 물론 결혼 당사자는 이런 사실을 전혀 몰랐겠지만 인간도 결국은 동물이기에 어느새 이런 식으로 상대방을 고르고 있었던 것이다. 이러한 전략은 결혼 당일까지 서로의 얼굴조차 보지 못했던 우리의 조상들은 물론 사용하지 못했겠지만 대신 그들은 동성동본을 결혼 대상에서 제외시키는 지혜를 가지고 있었다.

  인간의 후각은 다른 동물보다 둔하지만 우리가 인식하지 못하는 사이에 자신과 가까운 사람을 고르되 너무나 가까운 사람을 피하게 하는 것 같다. 이런 점에서 결혼은 상대방의 냄새를 충분히 맡은 후 결정해야 할지도 모른다. 하긴 요즘은 발달된 향수 때문에 이 방법이 별로 효과적이지는 않겠지만.

  이제까지 우리는 페로몬이 인간의 행위에 영향을 미칠 가능성을 살펴보았다. 그러나 이런 여러 가지 증거에도 불구하고 인간의 행동에 미치는 페로몬의 역할은 다른 동물에 비하면 매우 적은 것이 사실이다. 최근 학자들은 동물의 페로몬 기관 비슷한 VNO(vomeronasal organ)라는 구조물이 인간의 비강 내에도 존재함을 확인하였다. 그러나 이 구조물이 정말 페로몬의 정보를 받아들이는지는 아직 확실히 알려지지 않았다. 페로몬 이야기는 이 정도로 해두고 이제 시각 기능과 연관된 인간의 감정에 관해 살펴보기로 하자.

여성의 아름다움

  내가 근무하는 서울 아산 병원 1층에는 몸매가 풍만한 세 명의 여인이 있다. 고정수 씨의 조각 작품이다. 여인의 아름다움을 표현한 예술 작품에서 강조되듯, 얼굴이나 교양을 제외한다면 여성의 아름다움의 기준은 단연 가슴과 엉덩이가 아닐까 한다.

  여성에게 가슴과 엉덩이가 중요하게 된 것은 생존하기 힘든 시대에 남자들이 아이를 잘 낳고 잘 기르는 여성을 배우자로 택하고 싶어 했기 때문일 것이다. 따라서 여성은 자신의 가슴과 엉덩이를 크게 함으로써 자신이 적임자임을 증명하려 애썼던 것이다. 결국 이런 과정이 되풀이되면서 여성은 다른 어떤 동물보다 큰 가슴과 엉덩이를 갖게 되었다. 다른 동물에서 이런 일이 일어나지 않은 이유는 인간만이 일부다처제를 버리고 일부일처제를 택한 결과일 수도 있다. 아내를 여러 명 둘 수 있다면 상관없겠으나 단 한 명밖에 가질 수 없다면 이런 성적 선택 압력이 더욱 커졌을 것이기 때문이다.

그런데 육아를 잘한다는 징표로서 가슴과 엉덩이를 발달시켰다면, 허리는 왜 가늘게 만든 것일까? 허리가 굵다는 점은 오히려 그녀의 영양 상태가 좋으며 따라서 육아나 생존에 유리하다는 사실을 증명하는 것이 아닐까? 여기에 대한 미시건 대학교의 바비 로(Bobbi Low) 교수의 생각은 이렇다. 여성의 가슴이 크다고 젖이 많이 나오는 것은 아니며 엉덩이가 크다고 골반이 큰 것도 아니다. 큰 가슴, 큰 엉덩이는 단지 비만한 여성의 '쓸모없는 비계 덩어리'에 불과할 수도 있다. 다만 여성들은 마치 이것이 육아를 잘하는 징표인 것처럼 남성들을 속여 왔다는 것이다. 여기에 넘어가지 않으려는 남성들은 여성의 가슴과 엉덩이가 단순히 지방질 덩어리가 아니라는 증거를 지방이 전혀 붙지 않은 그녀의 허리에서 찾기 시작했고, 이에 반응하여 여성은 자신의 허리만은 날씬하도록 만들었다는 것이다. 즉 현재 우리가 바라보는 여성의 몸의 굴곡은 속고 속이며 살아온 남성과 여성의 기나긴 역사를 통해 이루어진 것일지도 모른다.

하지만 나는 여성이 허리를 가늘게 하려는 것은 단순히 가슴이나 엉덩이의 발달을 강조하기 위한 방법의 일환으로 생각한다. 텍사스 대학교의 드벤드라 싱(Devendra Singh) 교수는 《플레이보이》의 모델이 아무리 변해도 엉덩이 둘레에 대한 허리의 상대적 비율이 0.7 정도로 늘 일정하다고 한다. 즉 허리 둘레는 엉덩이를 강조할 수 있는 상대적 수치라면 충분하다는 것이다. 실제로 르누아르나 루벤스의 그림 모델은 뚱뚱한 여인이지만 그녀들의 엉덩이가 워낙 크기 때문에 허리 대 엉덩이 비율은 0.7에 가깝다. 따라서 허리 대 엉덩이 비율을 낮추려면 코르셋으로 허리를 조일 수도 있겠지만, 반대로 중세 유럽 여인들처럼 허리받이를 써서 엉덩이를 크게 보이도록 하는 방법도 있다. 이런 점에서 만일 허리 줄이기가 너무 어려운 여성이라면 차라리 엉덩이를 늘리는 방법을 고려해 봄 직도 하다.

아무튼 남녀 사이의 오랜 경쟁적 진화의 소산물은 결국 우리의 뇌가 인식하는 미의 기준으로 치환되었고 또한 예술이란 이름으로 승화되었다. 눈앞에 있는 여성의 모습은 시신경을 통해 후두엽으로 전달되지만 이것은 그저 무미건조한 전기적 신호에 불과하다. 후두엽 역시 예술적 재능은 없으므로 여성의 모습을 중성적으로 인식할 뿐이다. 하지만 허리 대 엉덩이 비율이 0.7에 가까우면 우리의 발달된 대뇌는 이것을 예술적으로 인식한다. 최근 하버드 대학교의 한스 브리터(Hans Brieter) 교수 팀은 뇌 혈류 연구를 통해 아름다운 여성의 얼굴을 바라볼 때 측좌핵(nucleus accumbens)을 비롯한 여러 변연계 부위가 활성화되는 사실을 보여 준 바 있다. 런던 대학교의 세미르 제키(Semir Zeki)교수 팀은 아름다운 그림과 추한 그림을 각각 보여 주며 뇌를 검사한 결과 아름다운 그림은 뇌의 안전두엽을 활성화시킨다고 주장했다. 앞에 소개한 대로 안전두엽은 전두엽의 일부이지만 변연계와 밀접한 관련을 갖는 곳이다.

그런데 요즘 미인 대회에는 르누아르 그림의 모델처럼 통통한 여인이 아닌 젓가락처럼 마른 여자들만 나오는 이유는 무엇일까? 다산이 중요했던 예전과 달리 인구 밀도가 갑작스럽게 높아진 지금은 그 반대 현상이 나타나는 것이 아닐까 싶다. 실험에 따르면 평소 짝짓기를 잘하던 쥐를 쥐가 많은 곳에 가두어 두면 교미를 중지한다. 쥐들도 산아 제한을 하는 것이다. 쥐들의 사회에 미스 쥐 선발 대회가 있다면 한적한 곳에 사는 쥐는 글래머를, 복잡한 우리 안에 사는 쥐는 빼빼 마른 쥐를 선발할 것이다. 사람들이 지나치게 바글

거리는 곳에 살고 있는 우리는 어찌 보면 밀도 높은 우리 안에 갇힌 쥐 신세나 다름없다.

매력적인 남자의 얼굴

"요즘 여성은 씩씩한 근육질의 남자보다는 귀여운 남자를 더 좋아해요." 얼마 전에 병원의 간호사에게 어떤 유형의 남자를 좋아하느냐고 물었더니 이렇게 답을 했다. 요즘 같은 복잡한 사회를 사는 여성은 지배적이고 강인한 남성보다는 친구처럼 자상하게 자신을 도와주는 남성을 더 선호하는 것 같다. 특히 여성의 사회 활동이 늘어나면서 이런 남성들의 인기는 더욱 올라갈 것 같다. 남성의 귀여운 모습이 후두엽에 맺힐 때 여성의 변연계는 감동하는 것이다.

그렇다면 인간 여성에게 용맹한 수컷에게 끌리는 성향이 아주 사라져 버린 것일까? 아닐 것이다. 나는 그 흔적을 영화에서 본다. 아무리 요즘 여자에게 눌려 지내는 남자가 많은 세상이라지만 영화에서는 언제나 얘기가 다르다. 아널드 슈워제네거나 장 클로드 반담 같은 액션파 배우는 물론이지만 이들보다 시시하게 생긴 남자 주인공이라도 그들은 거의 언제나 악당들을 물리치고 위험에 처한 여자를 구출한다. 영화의 주인공들은 대부분 용감하고 지배적인 남자다. 이런 영화를 보면 실생활에는 귀여운 남자와 데이트하는 여성이라도 씩씩하고 용맹한 기사가 자신에게 찾아와 입맞춤해 주기를 기다리는 '백설공주'의 심리를 마음 한 귀퉁이에 가지고 있는 것 같다. 영화는 그들의 이런 숨어있는 욕망을 대리 만족시켜 주는 창구이다.

이런 점에서 스코틀랜드의 세인트앤드루 대학교의 펜톤보아크(Penton-

Voak) 교수 팀이 시행한 연구 결과는 주목할 만하다. 그들은 컴퓨터를 교묘하게 합성해서 여성다운 여성, 중간 여성, 남성다운 여성의 얼굴을 만들고, 역시 여성다운 남성, 중간 남성, 남성다운 남성의 얼굴을 합성했다. 그리고 성인 92명에게 이중 가장 매력 있는 얼굴을 선택하도록 했다. 남성이 여성의 얼굴을 선택하는 기준은 명백했다. 그들은 여성다운 모습을 한 여성을 선택했다. 일부만이 '중간 여성'의 모습을 매력이 있다고 선택했다. 사람들의 선택이 이러하다면 적어도 당분간은 여성 복서나 역도 선수 혹은 육체미 선수는 이 사회에서 소수로 남을 것 같다. 여성이 선택한 남성의 얼굴은 다양했다. 여성다운 남성에서 남성다운 남성까지 골고루 분산되어 있었다. 남성다운 얼굴을 선택하지 않은 여성들의 이유는 어쩐지 폭력적일 것 같고 남을 속이거나 바람을 피울 것 같은 느낌이 들어서라고 했다. 요즘 여성들은 귀여운 남성을 좋아한다는 간호사의 말을 저절로 떠올리게 하는 결과이다. 실제로 남성다운 생김새와 남성 호르몬의 증가는 사기, 폭력 등 부정적인 행동과 관련이 있다는 보고가 있다. 그러나 한편 남성다운 얼굴의 남성은 면역학적 기능이 그렇지 않은 남성에 비해 더 뛰어난 것으로 알려졌다. 즉 사회적으로는 여성다운 남성의 얼굴이, 진화론적으로는 남성다운 남성의 얼굴이 더 매력적인 것이다.

 그렇다면 어떤 여성이 여성다운 남성을, 또 어떤 여성이 남성다운 남성의 얼굴을 선택하는가? 이것을 알아내기 위해 세인트앤드루 대학교의 팀은 또 다른 연구를 시행했다. 이번에는 똑같은 상황에서 시간차를 두고 여러 차례 선호하는 얼굴을 선택하도록 했다. 그리고 배란 주기를 이용해 그 여성의 생리 주기를 분석했다. 그 결과 여성들은 배란기 때에는 유별나게 씩씩하고 지배적인 남성적 얼굴을 선호하며, 배란기가 아닐 때에는 여성다운 남성의 얼굴을 선택한다는 사실을 알게 되었다. 즉 여성들은 자신도 모르게 남성의 우세성과 친밀성 사이를 오가는 복잡한 전략을 사용하고 있었다. 배란기에 남성의 우세성을 택하는 것은 이 결정이 진화론적으로 더 근본적인 선택임을 알 수 있다.

"여자의 마음은 갈대와 같다.", "변덕이 죽 끓 듯한다."라고 혀를 찰 것이 아니라 이 사실을 한번 과학적으로 분석해 보자. 하지만 조심스러우니 다시 한번 동물의 세계로 돌아가 보자. 우리처럼 일부일처제를 이루는 동물은 지구상에 매우 드물다. 불과 3퍼센트밖에 안된다. 이중 대표적인 동물은 새이다. 하지만 새는 사실 그리 금실이 좋은 부부가 아니다. 1970년대까지만 해도 한쌍의 새는 영원히 헤어지지 않는 다정한 부부인 줄 알았다. 실은 지금도 '원앙처럼, 잉꼬처럼 다정한 부부'라는 말이 결혼식장에서 흔히 사용되며, "비둘기처럼 다정한 사람들이라면"이라는 노래 가사도 있다. 하지만 실제로 이 새들은 심하게 바람을 피운다는 사실이 밝혀졌다. 유전자 감식 결과 부부가 함께 키우는 새 둥지의 새끼들 중 상당수는 그 새끼를 기르는 아비 새의 자식이 아니다. 예컨대 북아메리카의 유리멧새 새끼의 40퍼센트는 의붓자식인 것으로 알려졌다.

영국 셰필드 대학교의 팀 버크헤드(Tim Birkhead)에 따르면 암컷 새가 바람을 피우는 상대는 반드시 남편보다 몸집이 크거나 매력적인(예컨대 꼬리깃이 화려한) 새라고 한다. 즉 바람을 피움으로써 얻는 암컷의 이득은 뛰어난 유전자를 갖춘 새끼를 낳을 수 있다는 데 있다. 그런데 암컷의 정부인 수컷들 가운데에는 이미 자신의 가정(암컷과 새끼)을 가진 경우가 많다. 즉 암컷은 짝이 없는 수새보다는 가정을 이룰 만한 능력이 있는 수컷에 관심을 둔다는 말이다. 결국 일부일처제를 이룬 새 세계에서도 암컷은 가장 유리한(지배적이며 뛰어난 자의 아이를 낳고 가정적인 수컷과 함께 키우는) 전략을 사용하고 있는 것이다.

인간의 경우 이런 연구는 도저히 불가능하다. 숨겨둔 애인의 능력이나 성격에 대해 질문한다면 어느 가정주부가 제대로 대답하겠는가. 인간은 판단의 뇌가 발달한 데다가 도덕적 판단을 할 줄 아는 동물이므로 새와는 분명 다를 것으로 생각된다. 하지만 세인트앤드루 대학교 팀의 연구 결과를 보면 숨어있는 인간의 본성은 동물과 다르지 않을 수도 있다는 생각이 든다. 즉 여성이 평소에는 다정한 남자를, 배란기에는 우세한 남자를 선호하는 사실은 마치 앞에서 말한 암컷 새의 전략과 상응하는 것이 아닐까 한다.

이제껏 나는 후각 및 시각과 연관된 인간의 감정 형성에 관해 이야기했다. 그리고 그 당위성을 진화론을 가지고 설명했다. 이제부터 인간에게 나타나는 다양한 사랑의 형태, 그리고 이것을 가능하게 하는 뇌의 모습을 그리고자 한다.

사랑은 어떻게 고통을 치유하나

"금방 나을 거야. 참 착하기도 하지." 어렸을 적에 배가 아프면 어머니는 이렇게 말하면서 배를 살살 문질러 주셨다. 그러면 어느덧 아픈 배는 씻은 듯이 낫고 곧 새근새근 편안하게 잠이 들었다. 이처럼 어머니의 손이 우리에게 '약손'인 이유는 무엇일까?

우리 몸에서 감각을 전달하는 것은 감각 신경이다. 감각 신경의 말단은 감각을 포착하기 위해 특수하게 변형되어 몸의 구석구석에 퍼져 있다. 포착된 감각은 말초 신경에서 전기적 신호로 변해 뇌의 감각 중추를 향해 올라간다. 말초 신경에는 여러 가지 굵기의 신경이 있는데 이중 가장 가는 것을 C 섬유라고 한다. 바로 이 신경이 통증을 전달한다. 반면 두꺼운 섬유인 알파 섬유는 '미엘린'이라 불리는 수초 껍데기를 마치 옷처럼 몇 겹으로 두르고 있다. 이 신경 섬유는 촉각과 위치 감각을 전달한다. 즉 우리가 눈을 감고도 손가락을 위아래로 움직이는 것을 알 수 있는 두꺼운 섬유의 기능이 정상이기 때문이다.

C 신경을 통해 전달된 통증 감각이 대뇌의 감각 중추에 전해지면 통증을 느끼게 된다. 그런데 통증의 정도는 변연계에 의해 어느 정도 조절된다. 어머니가 배를 쓰다듬어 줄 때, 다정한 모습과 목소리는 시각 중추와 청각 중추에서 인식하지만, 결국은 감정 중추인 변연계를 자극한다. 이때 변연계는 엔도르핀 같은 진통 완화 효과가 있는 호르몬들을 분비하여 통증을 감소시킨다. 즉 사랑은 이런 식으로 고통을 치유한다.

그런데 어머니가 배를 만져 주면 아픈 게 덜해지는 이유가 또 한 가지 있다. 위에 말한 대로 통증 감각은 가는 신경 섬유가, 촉각은 두꺼운 섬유가 담당한다. 그리고 그 신경 섬유들은 모두 뇌를 향해 정보를 보낸다. 그런데 이 섬유들은 뇌에 도달하기 전에 우선 등뼈 속에 있는 척수라는 곳에 모인다. 이 비좁은 척수에서 벌어지는 일이 하나 있다. 통각 감각이 척수에 전달되는 순간 촉각 감각은 길을 막고 통각이 전달되는 것을 방해하는 것이다. 따라서 우리가 아픔을 느끼는 순간 촉각 감각을 활성화시키면 통각 정보가 줄어들며, 따라서 아픈 것이 덜해진다. 이것이 아픈 곳을 문지르면 통증이 덜해지는 이유이다. 이처럼 촉각 감각이 통각 감각이 지나가는 길목을 지키며 통각의 정도를 조절한다는 이론을 '문지기 설(gate theory)'이라고 부르는데 1960년대 영국의 생리학자 멜작(Melzac)이 주창한 바 있다.

결국 '고통을 치유하는 사랑'이라는 연극의 주연 배우는 변연계와 두꺼운 말초 신경 섬유이다. 하지만 사랑이 고통을 낮게 하는 또 한 가지 중요한 생리 작용이 있다. 그것은 바로 섹스이다.

섹스를 학문적으로 연구하기 위해 학자들은 쥐나 고양이의 질·자궁 경부를 기계적으로 반복 자극하는 방법을 사용해 왔다. 물론 다정한 미소와 대화로 시작하는 인간의 사랑 행위와는 엄연한 차이가 있지만, 이런 자극을 가하면 암컷 쥐는 쾌감을 느끼며 수컷 쥐를 받아들이려는 자세를 취한다. 그러나 쥐 실험에서 이러한 쾌감을 느끼는 일은 자극이 여덟 번 되풀이 될 때까지이다. 이보다 더 오래 지속되는 자극은 오히려 쥐로 하여금 더 이상 수용적인 자세를 취하지 않도록 한다.

그런데 이러한 질·자궁 경부 자극은 쥐나 고양이 같은 동물에서 통증 감각을 완화시키는 작용이 있음이 알려졌다. 고모라(Gomora)라는 실험쥐의 질에 평소 교미할 때 가해지는 자극과 비슷한 정도의 자극을 가한 후 통증 완화 효과를 측정해 보았다. 그 효과는 모르핀을 15mg/kg 정도 준 것과 비슷하였다. 이러한 진통 효과가 생기는 기전을 정확히 알지는 못하지만 미국 뉴저지 대학교의 코미사루크(Komisaruk) 박사 팀은 질·자궁 경부 자극 후에 척수액에서 신경 단백질 VIP(vasoactive intestinal peptide)가 증가되며, 이것이 진통 작용을 일으킨다고 주장하고 있다. 결국 '섹스는 고통을 치유한다.' 라는 이야기다.

그런데 왜 사랑, 아니 섹스는 고통을 치유하나? 쥐나 고양이에서 질·자궁 경부 자극이 진통 작용을 일으키는 실제적 이유는 아마도 교미 도중 발생할 수 있는 통증을 없애기 위함일 것이다. 이미 말한 대로 쥐는 사정하기 전 약 여덟 차례의 삽입 행위를 한다. 이때 암컷 쥐의 프로게스테론 분비가 촉진되어 난자의 착상을 쉽게 하는 자궁 내 환경이 조성된다. 만일 삽입이 3회 이내에 그치면 임신은 불가능하다. 따라서 자연은 8회의 삽입에도 암컷이 통증을 느끼지 않도록 질의 자극에 따른 진통 기능을 주었을 것이다. 코미사루크 박사는 이러한 질·자궁 경부 자극에 따른 진통 작용이 인간에게도 존재한다고 주장한다. 인간 역시 쥐와 마찬가지로 성교 도중 통증을 완화시켜 즐거운 느낌을 증폭시키기 위해 이러한 기전이 발달했을 것이다. 혹은 이런 기전이 출산 도중 산모의 고통을 완화시키는 역할을 할 가능성도 없지 않다. 실제로 출산 도중 산모는 외부 통증 자극에 대하여 덜 아프게 느끼는 것으로 알려졌다.

아마도 독자들은 고상하고 아름다운 구절(사랑은 고통을 치유한다.)을 섹스와 연관시키는 것은 지나친 해석이 아니냐고 비난할지도 모르겠다. 물론 인간은 신피질이 발달한 동물이므로 다른 동물과는 달리 정신적인 사랑을 할 수 있는 존재이다. 그럼에도 불구하고 기본적으로 질·자궁 경부 자극은 모든 고상한 남녀 간의 사랑의 '원조'가 아닌가 한다. 어쩌면 이 세상의 모든 종교에서 주장하는 "사랑으로 고통을 치유하자."라는 말 역시 여기서부터 출발하는 것일지도 모른다.

섹스는 뇌로 하는 것

손님들로 가득한 식당은 사람들의 대화로 왁자지껄하다. 경쾌한 음악이 흐르고 종업원들은 분주히 음식을 나른다. 그 가운데 젊은 남녀 한 쌍이 앉아 있다. 여자의 모습이 무척 깜찍하다. 그런데 식사를 하던 도중 여자는 갑자기 눈을 게슴츠레 감고, 율동적으로 몸을 움직이기 시작한다. 그러더니 고양이 울음소리 같은 신음 소리를 연이어 낸다. 남자는 어이없다는 듯 그녀를 쳐다보고, 식당의 손님들은 눈이 휘둥그레져 이들을 바라본다.

로맨틱 코미디 영화인 「해리가 샐리를 만났을 때」에서 샐리(멕 라이언 역)가 오르가슴에 이른 여인을 흉내 내는 장면이다. 오르가슴은 인간에만 있는 현상이지만 그 원시적 형태, 즉 성교의 쾌락은 모든 동물이 가지고 있다. 섹스는 왜 즐거운 것일까? 여기에 대해 다이아몬드는 책 한 권으로 풀어냈지만, 간단히 말하자면 이렇다. 유전자가 증식되기 위해서는 암수가 서로 결합해야 한다. 따라서 유전자는 암수가 교미를 하면 쾌감이 생기도록 동물의 뇌를 만든 것이다. 즉 섹스의 쾌락은 우리의 유전자 복제 노력에 대한 유전자의 보상이며, 그 보상은 뇌를 통해 쾌감의 형태로 내려진다. 결국 성행위란 성기로 하는 단순한 행위가 아니라 복잡한 뇌의 작용인 것이다. 이런 점에서 제러드 다이아몬드의 "우리 몸의 가장 큰 성기는 뇌"라는 말은 맞는 것 같다.

그런데 어쩔 수 없는 신경과 의사인 나는 멕 라이언이 연기하는 오르가슴 흉내를 보면서 마치 간질 환자가 발작하는 모습과 비슷하다는 생각을 했다. 간질 환자는 흔히 몸을 뻣뻣하게, 혹은 율동적으로 움직이며 끙끙 소리를 내기 때문이다. 사실 성행위와 간질 발작에는 비슷한 점이 있다. 둘 다 신경 세포의 과도한 활성화이기 때문이다.

오르가슴을 느낄 때 대뇌가 활성화되는 모습을 연구하려면 성행위 도중 PET 같은 장비를 사용해 뇌의 대사 변화를 조사해야한다. 그러나 이처럼 용감한 학자는 아직 없었다. 하지만 성적 쾌락이 주로 변연계를 중심으로 하는 신경 세포의 전기적 활성화임은 분명하다. 1966년 미국의 생리학자 폴 맥린은 원숭이에서 중격핵, 시상, 외측 시상 하부, 대상속 등 여러 변연계 구조물들을 자극한 결과 성적인 흥분이 유발되는 사실을 발견했다. 아마 인간에서도 성행위 도중 뇌의 이런 부위가 활성화될 가능성이 크다. 드물기는 하지만 뇌의 이런 부위에 간질파가 발생하는 측두엽 간질 환자는, 발작시 성적인 흥분 상태를 경험하는 수도 있다. 이런 경우가 변연계 회로의 폭발적인 활성화라면, 실제로 오르가슴을 경험하는 뇌의 상태 역시 간질 환자의 그것과 비슷할 것이다.

결국 오르가슴이란 마치 라벨의 음악 「볼레로」처럼, 성기에 가해지는 음률적 말초 신경 자극에 따라 점차 증폭되는 변연계의 과도한 활성화이다. 그런데 변연계는 여러 대뇌 피질과도 밀접하게 연결되어 있으므로, 변연계의 활성화는 동시에 대뇌 피질의 여러 곳을 흥분시킨다. 멕 라이언의 경우 팔다리, 몸, 얼굴 등을 움직이고 소리를 낸 것은 운동 중추의 흥분을 의미한다. 한 정신과 의사의 말에 따르면 "오르가슴 도중 발바닥이 짜릿해진다.", 혹은 "물결이 일렁이듯 파동이 친다."라고 하는 여성이 있다는데, 이것은 변연계가 촉각 중추와 시각 중추를 각각 활성화시켜 발생한 촉각적, 시각적 환상일 것이다. 이러한 변연계의 흥분 상태는 다른 감각을 변질시키기도 한다. 일찍이 마스터와 존슨(Master and Johnson)은 성적 흥분 상태에서 우리 몸은 전부 성감대가 될 수 있다고 했다. 특히 그들은 목의 뒷부분, 발바닥, 손바닥 같은 곳을 자극해 오르가슴에 이르는 사람들을 기술했다. 물론 이것은 성적 흥분 상태에서 이야기이며 그렇지 않을 때에는 간지럽기만 할 것이다. 감각의 착각, 예컨대 부드러운 것에 닿은 느낌을 아프게 느끼거나 찬 물을 뜨겁게 느끼는 현상을 이상감각증(dysesthesia)이라고 부르는데 성적 흥분 상태에 있는 사람들은 말하자면 이상감각증 증세를 가지고 있는 셈이다.

나는 이제까지 남녀 간의 애정 행위를 말초적 신경 자극에 따른 뇌, 특히 변연계의 활성화로 해석했다. 우리는 흔히 이런 방법으로 서로의 애정을 확인한다. 그러나 애정의 확인이 반드시 이런 식으로만 이루어지는 것은 아니다. 대뇌 피질을 자극하여 변연계 활성화를 유도하는 방법도 있다. 예컨대 여자가 빨간 원피스를 입고 머리에는 예쁜 핀을 꽂았다면 이런 자극은 남자의 시각 중추로 들어가며, 결국 이와 연결된 편도체를 자극하여 변연계를 활성화시킨다. 몸에 뿌린 향수는 후각 중추를, 맛있는 음식은 미각 중추를, 그리고 아늑한 식당의 로맨틱한 음악은 청각 중추를 통해 변연계를 자극한다. 연인들이 근사한 곳에서 맛있는 음식을 함께 먹으려 하는 이유가 여기에 있다.

하지만 전두엽이 발달한 동물로 진화한 인간 남녀의 사랑에 있어 가장 중요한 것은 전두엽 회로를 경유한 변연계 자극일 것이다. 상대방이 가지고 있는 생각, 그리고 감정을 확인하며 자신과 동질성을 느낀다면, 게다가 상대방의 어려움을 서로 희생적으로 돕고자 하는 의지가 생긴다면 이것은 가장 높은 차원의 변연계 자극 방법이다. 자신들에게 닥친 어려운 상황을 함께 극복하면서 남녀가 서로 가까워지는 것은 「인디아나 존스」 같은 영화뿐 아니라 현실에서도 많이 관찰된다. 전공의들 중에도 당직하는 도중 어려운 환자를 돌보며 고생하다가 서로 가까워져서 결혼에 이르는 경우가 종종 있다. 비유하자면 성행위가 성기의 말초 신경 세포로부터 변연계를 향해 오르는 '상승식' 애정 확인 작업이라면 전두엽을 사용한 만남은 신피질부터 시작하여 변연계로 내려오는 '하강식' 방법이라 할 수 있겠다. 고등 생물답게, 우리는 누구나 데이트를 하강식 방법으로 시작한다. 마음에 드는 이성에게 "식사나 함께 합시다."하지 처음부터 "섹스나 함께 합시다." 하지는 않는다.

그러나 신피질 동물인 인간의 사랑 행위에서도 상승식 방법이 중요치 않은 것은 결코 아니다. 섹스가 없는, 지나치게 신피질만을 사용한 사랑은 불완전하다. 영국 작가 D. H. 로렌스의 소설 『채털리 부인의 사랑』에서 콘스턴스 채털리 남작 부인은 산지기 올리버 멜러스와의 성적 결합을 통해 거짓된 자의식에서 해방되어 완전한 애정을 추구한다. 영화 「파리에서의 마지막 탱고」에서 자살한 아내의 기억을 가지고 있던 남자 주인공 폴(말론 브란도 역)은 아파트를 구하러 가는 도중 우연히 만난 육군 대령의 딸과 돌발적으로 정사를 나눈다. "난 이름이 없고 이름 부를 필요도 없어, 당신 이름도 알고 싶지 않아."라고 내뱉은 폴의 말에서 '이름'은 신피질을 의미한다. 변연계의 상승식 애정 관계를 펼치던 두 사람이 신피질을 사용해 서로의 정체를 알게 되면서 비극이 시작된다. 이 두 작품은 지나치게 '신피질화'한 인간의 가식적인 문명을 신랄하게 비판한다.

결국 말초신경, 변연계 그리고 신피질을 모두 포함하는 조화로운 뇌의 작용만이 남녀간의 사랑을 완전하게 만드는 것 같다.

사랑은 아무나 하나

그리스 신화에 나오는 사랑의 여신 아프로디테는 덧없는 육체적 사랑의 신이다. 그녀의 아들 에로스(Eros) 역시 엄마를 닮아서 육체적 사랑밖에 아는 것이 없다. 게다가 그는 아무한테나 큐피드의 화살을 쏘아 세상을 소란케 하는 장난꾼이다. 이 에로스는 프시케(Psyche)라는 인간 여성을 사랑했고 그녀와 결혼했다.(psych는 정신이란 뜻이며, psychiatry(정신과), psychology(심리학)

등의 용어에 사용된다.) 프쉬케는 파란 만장한 삶을 거쳐 결국 여신으로 등극하게 된다. 우리 생각과는 반대로 그리스 인들은 육체적 사랑은 신이, 정신적 사랑은 인간이 하는 것으로 본 것이다. 이 두 가지 인간의 행위, 즉 육체적 사랑과 정신적 사랑은 본질적으로 다른 것일까?

요즘 기능적 MRI나 PET(이런 검사들에 관해서는 324쪽을 참고하라.)를 사용하면 뇌가 활성화되는 부분을 찾을 수 있다. 이런 장비 속에 누워 한쪽 손가락을 계속 움직여 보면 그 손가락을 움직이도록 한 운동 중추의 신경 세포가 활성화되는 것이 영상에 나타난다. 이런 식으로 우리는 뇌의 어느 부분이 손을 움직인 것인지 알아낼 수 있다. 하지만 사랑이나 미움 같은 인간의 복잡한 감정을 이런 방식으로 연구하는 것은 매우 어렵다. 만일 어떤 사람이 사랑하는 감정을 계속 유지한 채 MRI 기계 속에 누워 있을 수 있다면 사랑을 불러 일으키는 뇌 부위를 찾을 수 있을 것이다. 하지만 대부분의 사람들은 동굴처럼 컴컴한 MRI 기계 속에서 딴 생각을 하게 될 것이다.

그럼에도 최근 이런 종류의 연구를 수행한 용감한 학자들이 나타났다. 우선 미국의 인류학자 헬렌 피셔(Helen Fisher)는 알베르트 아인슈타인 대학교의 신경과학자들과 협력해서 최근에 사랑에 빠졌다고 생각하는 사람들을 모집했다. 그리고 그들에게 애인의 사진을 보여 주면서 기능적 MRI를 찍었다. 또한 애인과는 전혀 관계없는 사람의 모습을 보여 주면서 촬영한 결과와 대조함으로써 애인을 바라볼 때 특별히 활성화되는 뇌의 부분을 알아보았다.

뇌의 여러 부분이 활성화되었지만 이중 가장 중요한 곳은 미상핵(caudate nucleus)과 복측 피개(ventral tegmental area)였다. 이 두 부분의 활성화는 피검자가 평소 사랑하는 사람을 생각하는 기간이 길면 길수록 그 정도가 심했다. 기다란 꼬리를 갖고 있기에 이런 이름이 붙은 미상핵은 기저핵(1장 99쪽을 보라.)의 앞쪽을 지칭하며 도파민 신경 전달 물질이 풍부한 부분이다. 이

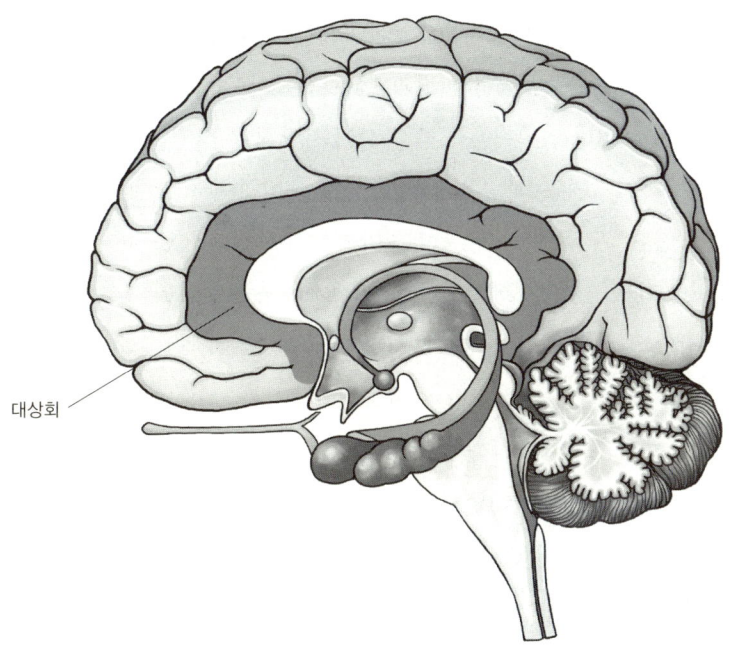

그림 9. 대상회 (어둡게 표시된 부분)

곳에 도파민을 공급하는 부위가 바로 복측 피개인데 이것은 뇌간에 위치해 있다. 즉 피셔와 동료들의 연구 결과에 따르면 사랑하는 사람을 바라볼 때 주로 활성화되는 것은 도파민 함유 신경 세포들인 것 같다. 복측 피개의 바로 옆에 있는 흑질(substantia nigra) 역시 도파민을 분비하는데, 흑질의 도파민 분비 작용이 저하되면 운동 신경의 활동에 지장이 생겨 파킨슨병에 걸린다.(4장 참고) 그러나 복측 피개미상핵의 도파민은 관심, 주의 집중, 상승된 무드 그리고 어떤 보상을 받고자 하는 욕구 등에 관여한다고 알려졌다. 실제로 사랑에 빠진 사람의 행동은 대체로 이렇다. 잠자는 것도 잊고 밤 새워 편지를 쓰는 연인을 생각해 보라.

한편 영국 런던 대학교의 바텔스(Bartels)와 제키(Zeki) 교수 팀도 비슷한 실험을 했는데 그들은 로맨틱한 사랑과 에로틱한 사랑을 구분하려 노력했다. 그들 역시 포스터나 인터넷을 통해 자신이 사랑에 푹 빠졌다고 믿는 자원자 17명을 모집했다. 연구원들은 피실험자에게 애인의 사진을 보여 주며 느끼는 감정의 정도를 수치화하여 적어 내라고 요구하였다. 그리고 로맨틱한 느낌(정신적인 사랑의 느낌)과 에로틱한 느낌(성적인 느낌)을 각각 구분해서 적으라고 지시했다. 이런 상태에서 기능적 MRI를 사용하여 뇌의 활성화되는 부위를 알아보았다. 혈류량이 증가한 뇌의 부위는 역시 미상핵이었으며 그 외 도피질(insular cortex), 대상회(cingulate gyrus)의 앞쪽, 그리고 소뇌(cerebellum)에도 혈류가 증가하였다. 그리고 편도체의 뒤쪽은 오히려 혈류량이 감소하였다.

어려운 의학 용어로 생각되겠지만 실은 앞서 등장했던 용어들이다. 도피질이란 전두엽의 아랫부분에 파묻힌 부분으로 변연계와 많이 연결되어 있다. 미각을 담당하는 부위이기도 하다.(1장을 참고하라.) 대상회란 변연계 회로의 위쪽 가장자리로서 전두엽의 아랫부분에 속한다.(그림 9.) 이 실험에서 자원자들이 매긴 점수에 따르면 애인을 바라볼 때 에로틱한 느낌보다 로맨틱한 느낌이 훨씬 강했다고 했다. 한편 런던 대학교의 또 다른 그룹인 타니아 싱어(Tania Singer) 교수 팀은 사랑하는 사람의 고통을 함께 나누는 현상을 연구하기 위해 좀 잔인한 실험을 한 적이 있다. 자신이 사랑하는 사람이 전기 통증으로 고통받는 과정을 보여 주면서 이것을 바라보는 애인의 뇌를 기능적 MRI로 조사했던 것이다. 이들의 뇌에서도 활성화된 부분은 도피질과 앞쪽 대상회였다. 그렇다면 뇌의 이러한 부위가 순수한 정신적인 사랑을 만들어 내는 곳인가? 아마 그럴지도 모른다.

그런데 이것을 증명하기 위해서는 앞서 소개한 실험에서 활성화되었던 뇌의 부위가 에로틱한 감정으로 활성화된 곳과는 다르다는 사실이 확인되어야 할 것이다. 그런데 바텔스와 제키의 실험에 앞서 이미 에로틱한 느낌에 관한 연구를 수행한 학자들이 있었다. 프랑스 리옹 CERMEP 연구소의 세르제 스톨레루(Serge Stoleru) 교수 팀이 그들이다. 그들은 건장한 청년 7명에게 포르노 영화를 보여 주며 PET를 사용해 뇌의 어느 부위가 활성화되는지 알아보았다. 이때 활성화된 부분은 측두엽의 아래쪽, 도피질, 전두엽의 아래쪽, 앞쪽 대상회였다. 좀 더 최근 미국 스탠퍼드 대학교의 브루스 아르노우(Bruce Arnow) 교수 팀은 피검자가 포르노를 보고 흥분했는지 여부를 객관적으로 증명하기 위하여 한층 더 용감한 실험을 했다. 피검자의 성기에 전기적 장치를 달아 그 강직 정도를 함께 측정하며 기능적 MRI를 시행했던 것이다. 이때 피검자가 느낀 에로틱한 감정 그리고 페니스가 단단해지는 정도와 비례하는 뇌의 활성화는 역시 미상핵, 도피질, 측두엽, 그리고 대상회의 앞쪽에서 일어났다. 이들의 실험에서 측두엽의 아래쪽이 활성화된 이유는 이곳이 후두엽의 시각 피질과 연관된 부위이기 때문인 듯하다. 피검자들이 영화를 보았기 때문에 활성화된 것으로 생각된다. 결국 이외 도피질, 미상핵, 전두엽 아래쪽, 앞쪽 대상회가 활성화된 것은 바텔스 연구팀의 결과와 놀랍게도 비슷하다. 즉 에로틱한 느낌과 로맨틱한 느낌을 일으키는 뇌의 부위는 별로 뚜렷한 차이가 없는 것으로 나타난 것이다.

이런 연구 결과를 통해 우리는 무엇을 알 수 있을까? 동물 실험에 따르면 동물의 감정적 흥분에는 변연계의 중심부에 있는 중격핵이나 편도체의 활성화가 중요하다. 인간의 기본적인 감정 형성 역시 이런 구조물들과 연관이 있다. 그러나 인간은 에로틱한(이성에게 느끼는 동물적인) 감정을 느낄 때조차 동물에 비해 변연계 주변부가 훨씬 넓게 활성화되었다. 특히 변연계와 밀접하게 연관된 전두엽의 하부, 도피질, 기저핵 등이 폭넓게 활성화된다.

그렇다면 이성에 대한 우리의 순간적인, 육체적인 욕망 역시 동물의 사랑보다 더 고상한 행위일까? 우리는 흔히 욕망에 사로잡힌 자를 '짐승 같은 인간'이라고 욕하지만, 인간이라면 누구라도 짐승보다는 나은 것인가? 그러나 순수하며 영원한 사랑을 꿈꾸는 사람들은 위의 결과를 의아하게 생각할 것이다. 로맨틱하게 애인을 바라볼 때와 포르노를 구경할 때 활성화되는 뇌의 부위가 거의 동일하다면, 인간에게 있어 정신적 사랑과 육체적 사랑의 구분이란 무의미한가? 우리가 흔히 매료되는 영원히 지속되는 단 한번의 진실한 사랑은 단지 허구에 불과한 것일까? 정말 사랑은 아무나 하는 것인가?

로맨틱한 사랑과 성적 욕망 사이의 이런 모호함은 스페인 감독 루이스 부뉴엘의 영화 「욕망의 모호한 대상」을 떠올리게 하지만, 우리를 헷갈리게 하는 것은 이뿐만이 아니다. 최근 하버드 대학교의 한스 브라리터(Hans Breiter) 교수 팀은 코카인 중독자에게 코카인을 투여하면서 기능적 MRI를 사용해 뇌의 어느 부위가 활성화되는가 조사해 보았다. 활성화되는 부위는 도피질, 전두엽, 기저핵이었고, 반면 편도체의 활동은 줄어들었다. 즉 활성화되는 부위는 여전히 로맨틱한 사랑을 연구한 바텔스 연구팀의 결과와 흡사했다. 그렇다면 인간의 사랑 행위는 마약과도 같은 것인가?

어쩌면 환희에 차는 순간 인간의 뇌의 작용은 모두 비슷한 것인지도 모르지만, 이와 같은 몇몇 실험 결과만을 가지고 인간의 마음을 규정하기는 이르다. 애인을 바라볼 때, 포르노를 볼 때, 마약을 할 때, 우리는 모두 기대와 흥분 그리고 더 지속하고 싶은 욕구를 느낀다. 이제껏 기능적 MRI를 통해 알아낸 뇌의 활성화는 다만 이러한 공통된 인간의 심성을 만들어 내는 뇌의 작용만을 보여 준 것 같다. 이 세 가지 행위의 근저에 놓인 엄연한 차이를 구별해 내기에는 아직 우리의 기술이 미비한 것으로 생각된다. 뇌의 작은 부분의 활성화가 제대로 측정되지 않았을 수도 있고 학자들이 고안한 실험 모델이 불완전한 것이었을 수도 있다. 따라서 디오니소스적 사랑과 아폴론적 사랑의 차이에 관해서는 인문학자뿐 아니라 뇌 과학자들도 당분간 결론을 유보하는 편이 좋을 것 같다.

자식 사랑, 애인 사랑

오래전 대학 시절, 내가 다니던 영어 회화 서클에서 이런 주제를 가지고 토론한 적이 있었다. 이 세상에서 가장 강한 사랑은 무엇인가? 나는 그것은 두 말할 것도 없이 자식에 대한 어머니의 사랑이라고 말했다. 언제나 희생적으로 나를 키우셨던 어머니, 끝도 없는 사랑이 담긴 눈빛으로 어린 나를 바라보시던 어머니의 모습을 똑똑히 기억하고 있었기 때문이다. 그런데 내 앞에 앉은 후배 여학생은 똑 부러지는 목소리로 세상에서 제일 강렬한 사랑은 바로 이성에 대한 사랑이라고 했다. 뻐드렁니가 매력적인, 아마도 당시 진한 사랑에 빠져 있었을 그 여학생의 표정은 섬뜩했다.

그로부터 벌써 20년이 지난 지금까지도 나는 그 정답을 모르고 있다. 그런데 진화론적으로 보면 사실 이 두 가지 사랑의 형태, 즉 자식 사랑과 이성 간의 사랑은 비슷한 데서 출발한다고 볼 수 있다. 두 가지 사랑 모두 종족 번성을 위해 반드시 필요한 것이다. 종족 번성을 위해 유전자는 우리의 뇌에 그 사랑을 가능케 하는 장치를 만들었다. 모정이든 이성 간의 사랑이든 사랑의 공장은 뇌의 변연계이다. 1장에서 말했듯, 변연계는 포유동물에 와서 발달하였으니 '포유류의 뇌'라고 부를 만하다.

자식을 따스하게 품어 주고 자신의 젖을 먹여 준다는 점에서 부모의 자식 사랑은 포유류부터 시작되었다고 할 수 있겠다. 그러나 그렇다고 해서 포유류가 파충류나 어류보다 더 잘났다는 것은 아니다. 다만 자손 번성 전략이 서로 다를 뿐이다. 거북이나 물고기는 자식을 돌보지는 않지만 대신 많은 수의 알을 낳기 때문에 이중 적어도 하나 둘은 생존하여 어른이 될 수 있다. 반면 포유류는 몇 안되는 새끼를 낳아 이들을 계속 보호하여 어른을 만드는 전략을 사용하고 있는 것이다. 말하자면 변연계는 이런 전략을 수행하는 사령부이다. 변연계의 바깥쪽으로 발달한 신피질은 영장류에 와서 매우 발달했지만 적어도 포유류에서는 기본적인 자식 사랑은 변연계만으로도 충분한 듯하다. 미국 국립보건원의 폴 맥린 박사의 실험에 따르면 햄스터의 신피질을 모두 제거해도 어미는 새끼를 잘 돌본다. 그런데 인간도 그럴까? 인간의 자식 사랑 역시 맹목적인 데가 없는 것은 아니다. 하지만 인간은 일반 포유류에 비해 훨씬 뇌가 복잡한 동물이기에 모정 역시 변연계의 구조를 뛰어 넘는 좀 더 광범위한 뇌의 활성화를 필요로 할지도 모른다.

    모정을 만들어 내는 뇌의 모습은 어떨까? 그 모습은 이성 간 사랑의 모습과는 다를까? 앞에서 소개했던 영국 런던 대학교의 바텔스와 제키 팀은 로맨틱한 사랑에 대한 연구를 끝낸 지 얼마 안 되어 이런 실험을 했다. 그들은 평균 2살짜리 아이를 가지고 있는 20명의 어머니들을 모집했다. 그리고 자식의 사진을 보여 주면서 기능적 MRI를 촬영해 보았다. 이때 활성화되는 뇌의 부위를 다른 아이 혹은 어른을 바라볼 때 활성화되는 부위와 비교함으로써 자식을 바라볼 때 특징적으로 활성화되는 뇌의 부위를 조사했다. 그 결과 자기 자식을 볼 때 활성화되는 부위는 도피질, 앞쪽 대상회, 안전두엽, 그리고 미상핵이었다. 비슷한 시간에 미국 위스콘신 대학교의 잭 니취케(Jack Nitschke) 교수 팀도 동일한 실험을 했는데 역시 자식을 바라보는 엄마의 안전두엽이 활성화되었다.

    이제까지 책을 주의 깊게 읽은 독자들은 이런 의학 용어에 이미 익숙할 것이다. 실험마다 약간씩 차이가 있기는 하지만 앞에서 로맨틱한 사랑의 감정을 만들어 내는 부위와 거의 같은 장소인 것이다. 그렇다면 자식 사랑과 이성 간의 사랑을 만들어 내는 뇌의 부위에는 전혀 차이가 없다는 말인가? 조그만 차이는 있었다. 이성을 바라볼 때에는 이들 부위 이외에 호르몬 조절 중추인 시상 하부가 약간 활성화되는 경향이 있다. 이것은 자식을 사랑할 때에는 나타날 리가 없는 에로틱한 감정 형성을 의미할 수도 있다. 게다가 자식을 바라볼 때에는 뇌간의 도수관 주변 회백질(periaqueductal gray, PAG)이라는 부분이 활성화되는 경우가 종종 발견되었는데, 연인을 바라볼 때 이곳이 활성화된 적은 없었다. 따라서 자식을 바라보는 도중 활성화되는 PAG는 어쩌면 모정을 일으키는 부위일 수도 있다. 적어도 동물 실험에는 이런 증거가 있다.

　최근 미국 뉴저지 주립 대학교의 주디스 스턴(Judith Stern) 교수는 이런 실험을 했다. 일반적으로 새끼를 갓 낳은 어미 쥐는 끊임없이 자식에게 젖을 먹이거나 둥지가 있는 곳으로 입으로 물어 나르는 '자식 사랑 행동'을 한다. 그들은 이런 어미 쥐의 뇌에서 PAG 부위를 선택적으로 파괴시켜 보았다. 그러자 엄마 쥐는 앞에서 말한 자식 사랑 행동을 하지 않았고, 새끼 쥐는 영양 실조에 빠져 버렸다. 이런 점에서 적어도 쥐에서는 PGA가 '모정의 생산 공장'일 수도 있다. 그런데 포유류에서 PAG는 바소프레신과 옥시토신이란 호르몬의 수용체가 밀집된 곳이기도 하다. 195쪽에 좀 더 자세히 이야기하겠지만 이 두 신경 펩타이드는 개체의 유대 관계를 맺는 데 중요한 물질인 것으로 알려져 있다. 게다가 PAG는 여러 부위의 변연계 및 안전두엽 등과 밀접하게 연관되어 있다. 앞서 말한 대로 안전두엽은 시각, 청각, 후각 등 감각이 즐겁게 느껴질 때 활성화되는 부위이기도 하다. 자식과의 끈끈한 유대, 그리고 자식을 바라보면 저절로 지어지는 미소는 PAG의 활성화에 의한 신경 전달 물질 생성, 그리고 이와 연관된 변연계와 안전두엽의 활성화 때문일 수도 있다.

그럼에도 불구하고 자식 사랑과 이성 간의 사랑은 다른 점보다는 닮은 점이 훨씬 더 많아 보인다. 이 두 종류의 강렬한 사랑은 종족 보존이라는 동일한 목적을 위해 진화했기 때문이다. 그래서 우리는 자식을 위해 희생하고 사랑하는 이것을 위해 목숨을 바친다. 그러나 부모나 이성 관계에 무조건적인 사랑과 희생만이 존재하는 것은 아니다. 이제부터 나는 임신 중독이라는 병을 통해 종족 보존이라는 진화론적 생각을 근저에 두고 엄마와 자식 간의 관계를 냉정하게 살펴보고자 한다.

태아의 착취?

평소 건강하고 아름답던 32세 여성 K가 걷잡을 수 없는 비극의 구렁텅이에 빠지고 만 것은 임신 8개월째였다. 그녀는 갑작스럽게 눈앞이 캄캄해지고 머리가 아프다고 하더니 몇 시간 후 간질 발작을 했다. 얼마간 혼수상태에 빠져 있다가 의식은 돌아왔으나 그녀의 왼쪽 팔다리는 마비되었다. 병원에 후송된 그녀의 혈압은 무려 200/140mmHg였다.(정상 혈압은 120/80mmHg이다.) MRI를 찍어 보니 그녀의 오른쪽 대뇌에 출혈과 함께 뇌경색(혈관이 막힌 상태)이 발견되었다. 그녀의 소변에서는 단백질이 다량 검출되었는데 이것은 그녀의 신장 기능이 나빠졌다는 증거이다. K의 병명을 진단하는 것은 별로 어렵지 않다. '임신 중독증'이다. 갑작스럽게 높아진 혈압으로 뇌혈관이 터지고 신장이 손상된 것이다. 신속한 치료로 생명은 건졌지만 아름답고 생기 발랄하던 K는 평생 왼쪽 팔다리가 불편한 상태로 살게 되었다. 이처럼 젊은 여성을 파멸시키는 임신 중독이란 무엇인가?

임신 중독 환자는 혈압이 몹시 높아지며 이때 전신의 혈관은 수축된다. 혈관이 수축되면 피가 흐르지 못하므로 여러 장기에 산소가 공급되지 못하고, 따라서 장기가 손상된다. 대표적으로 신장이나 간이 나빠지지만 K의 경우처럼 뇌가 손상되는 것이 제일 큰 문제가 된다. 임신 중독은 그리 흔한 것은 아니지만 임신부 사망의 주요 원인이다.

그렇다면 임신 중독 환자의 혈압은 왜 오르는 것일까? 사실 여기에 대해 마땅한 설명은 없다. 게다가 이런 환자에서 혈압이 오르는 정도와 장기의 손상 정도가 비례하는 것은 아니라는 사실이 밝혀졌다. 따라서 의사들은 그 반대로 혈압이 오르기 때문에 혈관이 수축하는 것이 아니라 혈관이 수축하기 때문에 혈압이 오르는 것은 아닐까라고 생각했다. 그렇다면 이런 경우 혈관은 왜 수축하는 것일까? 그것은 태반에서 분비되는 트로포블라스트(trophoblast)라는 호르몬 때문이라는 의견이 대두되었다. 트로포블라스트는 임신 중에 항상 분비되지만, 이것이 많이 분비되면 혈관이 과도하게 수축되어 혈압이 오르고 전신 장기들이 손상된다는 것이다. 왜 이 호르몬이 어머니의 혈관을 심하게 수축시키는지에 대해서는 잘 모르고 있다. 그런데 하버드 대학교의 데이비드 헤이그(David Haig) 박사는 단호하게 말한다. "태아는 어머니를 착취하고 있으며 임신 중독은 그 착취의 심한 형태이다."

아무런 힘이 없는 태아를 가혹하게 표현한 헤이그 박사를 우선 용서하자. 그도 몇 십 년 전에는 착취자였음을 고백한 것이니까. 우선 앞에서 말한 어머니의 아기에 대한 사랑을 다시 한번 생각해 보자. 누구나 인정하듯 자식 사랑은 아마도 세상에서 가장 기본적인 사랑이다. 그리고 그 사랑은 아기가 자신의 유전자의 반을 가지고 있다는 사실에서 유래한다. 그러나 어머니가 언제나, 무조건 아기를 위해 희생하는 것은 아니다. 왜냐하면 어머니는 언제라도 또 다른 아기(자신의 복제본)를 낳을 수 있는 능력이 있기 때문이다. 따라서 어머니는 경우에 따라 아기를 포기할 수도 있다. 언제 그럴까? 우선 태아의 생존 가능성이 희박하다고 생각될 때일 것이다. 유전자 입장에서 볼 때 이런 아기를 낳느라 고생하는 것보다는 차라리 포기하고 새로운 생명을 임신하는 편이 더 낫다. 다른 한 경우는 어머니의 건강이 위태로울 때이다. 이럴 때에는 미안하지만 태아가 사라져야 어머니가 자신의 건강을 회복할 것이고, 나중에 성공적인 유전자 증식에 재도전할 수 있을 것이다.

어머니의 이러한 아기 포기 행위는 실제로 유산이라는 형태로 나타난다. 산모가 심한 정신적 스트레스를 받을 때, 심각한 병이 생겼을 때, 혹은 아기에게 유전 질환 같은 문제가 있을 때 태아는 흔히 유산된다. 비록 무의식적이지만 이머니는 아기를 이런 식으로 버리는 것이다. 이러한 사실에 위협을 느껴서일까? 어머니의 자궁 속에서 태아는 자신의 생존을 위해 최선을 다한다. 사실 자궁 속에 홀로 있는 아기 입장에서 믿을 사람은 오직 자신밖에 없다. 그런데 이 아기의 최선의 노력에는 어머니의 이익과 상충되는 문제가 있다. 어머니는 자신이 노력해서 살아가지만, 아기는 스스로의 노력만으로 살아가기가 불가능하다. 즉 아기는 어머니로부터 자신이 필요한 모든 영양분을 섭취해야 한다. 그런데 그 영양분은 어머니한테도 필요한 것이다. 여기서 미묘한 문제가 발생한다. 말하자면 빵은 단 한 개뿐인데 입은 두 개인 것이다. 어머니와 아기 둘 중 누가 더 필사적일까? 물론 아기다. 아기가 죽으면 아기는 자신의 유전자를 전부 잃는다. 그러나 어머니는 자신의 유전자 복제의 2분의 1만 잃을 뿐이다. 게다가 아기가 유산되면 다시 낳으면 그만이다. 이러한 상호 처지의 불균형은 태아로 하여금 어머니보다도 더욱 적극적, 공격적인 작전을 사용하도록 한다. 그리고 이러한 필사적인 노력 덕택에 대부분의 태아는 무사히 자궁 내의 생활을 마치고 세상에 나와 햇빛을 볼 수 있게 된다.

아기의 적극적인 작전이란 무엇인가? 태아가 자궁벽에 착상하면 태반이 만들어지고 어머니로부터 영양분을 받기 위한 준비를 시작한다. 태반 세포는 트로포블라스트 호르몬을 내기 시작하는데 이 호르몬은 자궁벽에 있는 어머니의 동맥 혈관을 수축할 수 없도록 만들어 버린다.(참고로 인간의 동맥이란 말랑말랑해서 언제나 필요에 따라 수축과 확장이 가능하다. 수축·확장은 인체의 필요에 따라 유연하게 이루어진다. 예컨대 우리가 달리기를 할 때에는 팔다리 근육에 에너지가 많이 필요하므로 팔다리 근육의 혈관이 확장되어 산소와 포도당을 많이 보낸다. 그런데 우리 몸의 에너지는 한정되어 있으므로 내장 혈관은 팔다리 근육을 위해 잠시 자신의 권리를 양보해서 수축한다. 반대로 밥을 먹은 후에는 위장으로 가는 혈관이 확장되고 팔다리나 뇌로 가는 혈관은 수축된다. 그래서 우리는 밥을 먹은 후에 졸린 것이다.) 그래서 자궁벽의 혈관은 늘 확장된 상태로 있게 된다. 여기에는 명백한 이유가 있다. 태아 자신의 일방적인 영양분 섭취를 위해서다. 이런 상태에서는 어머니의 다른 장기들이 혈액을 필요로 해도 자궁의 혈관만은 수축되지 않는다. 즉 어머니는 언제든 아기를 위해 희생할 수밖에 없게 된 것이다. 이러한 과정은 혼자서 먹을 것을 구할 수 없는, 그리고 어머니로부터 언제든 버림받을 가능성이 있는 태아로서는 당연한 행위이겠지만 어찌 보면 '착취'일 수도 있다.

　태아의 노력은 여기에 그치지 않는다. 태아의 태반은 hCG(human Chorionic Gonadotropin)와 hPL(human Placental Lactogen)이라는 호르몬을 분비한다. 이 호르몬들은 어머니의 프로락틴 수용체를 변화시켜 인슐린에 대한 저항성을 높인다. 인슐린이란 무엇인가? 인슐린은 췌장에서 만들어지는 호르몬으로서 혈액 내에 돌아다니는 포도당을 세포 안으로 보내 그 세포가 사용할 수 있도록 한다. 당뇨병은 환자의 췌장 기능이 좋지 않아 인슐린 생성이 부족해지거나 혹은 인슐린이 세포에 제대로 작용하지 못할 때 발생한다. 이렇게 되면 우리 몸의 세포는 포도당을 사용할 수가 없어 영양 실조에 빠지며, 대신 혈액 안의 포도당은 증가하게 된다.

결국 태아는 태반의 hCG와 hPL을 이용해 어머니가 인슐린을 제대로 사용하지 못하도록 한다. 따라서 어머니의 세포가 포도당을 제대로 사용하지 못하기 때문에 혈액 속에 포도당이 많이 존재한다. 이런 점에서 임신한 여성은 누구나 약간은 당뇨병 환자라고 할 수 있다. 이렇게 된 이유 역시 자명하다. 어머니의 혈액 안의 포도당을 높여서 태아 자신의 영양이 부족함이 없도록 하려는 시도인 것이다. 게다가 hCG는 임신 초기에 입덧을 유발하여 어머니로 하여금 아기에게 해로운 것을 먹지 못하도록 조절하기도 한다. 이 역시 태아 입장에서는 유리한 일이지만 어머니에게는 괴로운 일이다.

독자들도 짐작하겠지만 태아의 유전자가 모두 어머니의 것이라면 어머니와 자식 간의 진정한 사랑과 협조가 이루어질 것이다. 그러나 태아 유전자의 반은 아버지의 것이다. 아마도 이 사실이 태아와 어머니의 갈등의 근원인지도 모르겠다. 어쩌면 어머니의 것이 아닌 나머지 반의 유전자야 말로 어머니에게 버림받는 것을 진짜 두려워하고 있을지도 모른다. 따라서 어머니의 희생을 강요하는 모든 교묘한 조작은 아버지로부터 받은 유전자의 작업일 수 있다. 실제로 트로포블라스트 호르몬을 분비하는 태반이 만들어지는 데에는 아버지로부터 온 유전자가 중요하다고 알려져 있다. 그렇다면 어머니의 자궁 속에서 이런 사건이 일어나도록 한 진짜 주범은 태아의 아버지일 수도 있다. 남편은 자신도 모르는 사이에 자궁 속의 아기를 통해 교묘하게 아내를 착취하고 있는 것이다.

다시 임신 중독 이야기로 돌아가자. 그렇다면 임신 중독은 왜 생기는 것일까? 헤이그 박사는 무슨 일이든 태아의 건강 상태가 위험에 빠질 때 임신 중독이 생긴다고 설명한다. 생명의 위협을 느낀 태아는 자신의 생존을 위해 트로포블라스트 호르몬을 더욱 많이 분비해 자궁의 혈관을 확장시키고, 따라서 어머니의 다른 부위의 혈관을 극도로 수축시킨다는 것이다. 이처럼 수축된 혈관은 어머니의 몸에서 고혈압을 일으키고 뇌 혈류의 장애, 신장 기능의 장애 등을 초래한다는 것이다. 물론 임신 중독에 관한 헤이그 박사의 '태아 착취' 이론을 모든 의사들이 정설로 받아들이는 것은 아니다. 임신 중독의 원인에 관해서는 우리가 아직 잘 모르고 있다는 표현이 더 정확한 답일 것이다. 다만 자궁 속에서 생존을 위해 노력하고 있는 태아의 모습을 이해하는 데에는 도움이 되는 이론인 것 같다.

이제껏 나는 귀여운 아기에게 착취, 유혹, 협박이라는 못된 표현을 너무 많이 사용했다. 아기를 좋아하는 독자에게 야단맞을 것 같다. 하지만 나 역시 아기를 좋아하고 아기의 천진한 웃음을 넋 놓고 바라보는 사람이다. 다만 다정한 모자 간의 관계 속에 숨어 있는 유전자의 법칙을 한번 냉정한 눈으로 바라보자는 취지에서 했던 말이다. 게다가 혹 아기가 어머니를 착취하는 존재라 해도 이것이 크게 잘못된 것은 아니다. 어머니는 분명 할머니를 그만큼 착취했을 것이다. 사실 우리 모두는 착취자이자 피착취자이다. 세상은 공평하다.

줄다리기

어머니와 태아의 줄다리기 끝에 무사히 아기가 태어났다. 자궁을 빠져나온 후 울다 지쳐 잠이 든 아기는 아주 태평해 보인다. 품에 안긴 아기는 정말 편안할 것이다. 하지만 아기의 유전자는 걱정이 많다. 어머니에게서 영양분과 산소를 마음껏 얻어낼 수 있었던 태반이 사라졌기 때문이다. 태반이 어머니를 꽁꽁 묶었던 포승줄이었다면 이제 어머니는 자유를 찾았다. 아기를 안고 있는 어머니는 언제든 아기를 버리고 도망갈 수 있다. 이제부터 어머니가 도망가지 못하도록 아기가 펼쳐야 할 작전은 무엇일까?

그것은 동정심 유발이다. 태어난 아기는 예쁘기보다는 너무나 가련해 보인다. 이런 가련함은 어머니의 동정심과 모성 본능을 동시에 일깨운다. 여기에 출산 당시 어머니의 뇌에 증가한 옥시토신은 모성 본능을 강화시킨다. 따라서 출산 끝에 기진맥진한 어머니는 아기 곁을 떠나지 못하고 돌보게 된다. 그런데 시간이 지남에 따라 어머니가 다른 곳으로 관심을 돌릴 가능성이 높아진다. 옥시토신 효과도 떨어지고, 체력을 회복한 어머니는 일하러 나갈 수도 있다. 게다가 동생을 임신할 가능성도 있다. 이 모든 것들은 아이 입장에서는 생존을 위협할 수 있는 큰 사건들이다. 그래서 아이는 어머니가 자신에게만 집중하도록 애를 써야 한다. 이것을 위해서는 우선 자신의 모습을 매혹적으로 만들어야 한다. 그래서 아이들은 점점 더 예쁘장하게 변해간다. 이마는 둥그렇고 눈은 커지고, 살결은 포동포동해진다. 그리고 무엇보다도 아기는 천진한 웃음으로 어머니를 유혹한다. 앞에서 어머니가 이러한 예쁜 아기를 바라 볼 때 활성화되는 뇌의 부위는 안전두엽, 대상회 그리고 앞쪽 기저핵이라고 했다. 이런 부위의 활성화는 어머니로 하여금 기쁜 마음으로 아기를 바라보도록 한다.

그런데 아기는 울음으로 관심을 끌기도 하는데 우는 아기와 이런 아기를 돌보는 어머니의 모습은 세상 어디를 가든 볼 수 있는 가장 기본적인 인간 사회의 풍경이다. 아기의 웃음도 그렇지만 이러한 울음 역시 '사랑의 뇌'인 변연계가 발달하지 못한 뱀이나 도마뱀 같은 파충류에서는 관찰 할 수 없다. 만일 '부모의 보살핌'이 존재하지 않는 이들의 세계에서 새끼가 시끄럽게 운다면 새끼는 커다란 위험에 노출될 것이다. 혹은 '모정'을 전혀 갖고 있지 못한 부모가 돌아와 새끼를 잡아먹을 수도 있다. 즉 사랑의 행위와 마찬가지로 아기의 울음과 이에 반응하는 부모의 행동은 포유류에 이르러 변연계의 발달에 따라 가능해진 행위이다.

여러 학자들의 연구에 따르면 이런 아기의 울음은 변연계 구조물의 하나인 '대상회', 그리고 대상회와 이웃한 일부 전두엽의 작용과 관계가 깊다고 한다. 예컨대 플루그(Ploog)같은 학자의 연구에 따르면 원숭이의 대상회를 전기로 자극하면 우는 소리를 낸다. 어쩌면 인간의 울음, 혹은 감정적인 신음 소리(놀랐거나 쾌감에 의한)도 대상회의 자극 때문일 가능성이 있다. 즉 인간이 만들어 내는 이성적인 말소리는 신피질의 언어 중추와 운동 중추가 협조하여 이루어 내지만 감정적인 소리는 변연계가 만들어 내는 것 같다. 실제로 변연계가 갑자기 자극되는 현상인 측두엽 간질 발작의 경우에도 환자들은 흔히 신음소리를 낸다. 그렇다면 이런 아기의 울음소리를 들은 어머니의 뇌는 어떻게 반응할까?

여기에 관심을 가진 미국 사우스캐롤라이나 대학교의 제프리 로버바움(Jeffery P. Lorberbaum) 교수 팀은 4살 이하의 아기를 기르고 있는 일곱 명의 여성에게 기능적 MRI를 촬영하면서 1달 된 여아의 울음을 들려주었다.(아쉽게도 자기 자식의 울음 소리를 들려주지는 못했는데 이런 실험을 하기는 쉽지 않았을 것이다.) 그리고 비슷한 크기의 소음을 들려준 경우와 비교하여 아기의 울음에 특별히 반응하는 뇌의 부위를 찾도록 해 보았다. 그 부위는 역시 앞쪽 대상회 및 안전두엽이었다. 이 부위는 아기의 웃음을 보며 활성화되었던 부분이기도 하다.

예상대로, 실험동물에서 대상회를 제거하면 어머니의 아기 돌보기 행위에 지장이 생긴다. 또한 대상회를 제거한 새끼는 울지 않는다. 게다가 대상회에는 '유대 관계'의 호르몬인 옥시토신의 수용체가 매우 높다. 이런 점으로 미루어 보아 가장 기본적인 행위인 아기의 울음, 그리고 이에 대한 어머니의 반응은 대상회 및 그 주변 조직의 발달을 통해 이루어지는 것 같다. 즉 어린 시절 태아가 탯줄로 어머니와 연결되어 있다면 출생 후에는 대상회가 탯줄의 역할을 대신하는 것이다.

웃음과 울음을 통해 연결된 이 단단한 모정의 끈은 물론 어머니가 없으면 한시도 살 수 없는 아기의 연약함 때문에 발달된 것이다. 출생 후 아기에게 누구보다 필요한 존재는 어머니다. 이것은 어머니가 아기 곁에 없을 때 생기는 문제들을 생각하면 금방 알 수 있고, 대표적인 예로 유아 돌연사 증후군 (sudden infant death syndrome)을 들 수 있다. 건강하던 아이가 밤새 갑자기 죽어버리는 병이다. 이 병의 정확한 원인은 아직도 밝혀지지 않았지만 아기의 미성숙한 심장과 호흡 시스템과 관련한 것으로 추측된다. 우리가 정확히 알고 있는 한 가지 사실은 유아 돌연사 증후군은 우유를 먹이는 가정에서 모유를 먹이는 가정보다 5배 더 많이, 어머니와 아기가 따로 자는 경우가 그렇지 않은 경우보다 10배가 더 발생한다는 사실이다. 한 연구에 따르면 잠자는 어머니와 아기의 수면 주기는 서로 밀접한 연관이 있다고 한다. 자는 동안 어머니는 호흡 중추가 미성숙한 아이를 가끔 자극해서 숨을 제대로 쉬도록 해 주는데, 따로 자는 아기는 이것이 불가능하여 사망한다는 것이다. 이런 주장의 진위 여부를 떠나 실제로 우리 어머니들은 수백만 년 동안 아기가 태어난 후 이처럼 아기를 도우며 함께 잤다. 요즘 태어나는 아기들은 어머니가 자신을 멀리 떨어뜨려 놓고 혼자 재울 줄은 몰랐고, 미처 이에 대비할 수 없었던 것이다. 회사 사장에게는 괴로운 일이겠으나 이래저래 출산한 여직원의 육아 휴가 기간을 늘려야 할 이유는 많다.

자라나는 아기에게 어머니가 보배인 이유는 이외에도 많지만 어떤 특정한 시기에 어머니와 헤어지는 것은 아이의 뇌에 나쁜 영향을 끼칠 수 있다. 나는 이제부터 이에 대한 중요성을 강조하려 한다. 그 영향은 영구적이기 때문이다.

나랑 함께 있어 줘요, 엄마

'스트레스'는 일반적으로 나쁜 의미로 사용되지만 본래는 우리 자신의 이익을 위한 합리적인 생리 현상이다. 스트레스를 받으면 아드레날린 신경 전달 물질과 코티솔이라는 스트레스 호르몬이 분비된다. 이 물질들은 글리코겐을 분해해 혈액 내에 혈당을 증가시킨다. 그리고 혈관을 수축하여 혈압도 올린다. 진화론적으로 이것은 '위기가 생겼으니 싸워라, 혹은 도망가라.'라는 의미이다. 뿐만 아니라 스트레스는 뇌에도 작용해 걱정·근심을 일으킨다. 이 역시 합목적적인 진화론적 법칙이다. 걱정·근심이 생겨야 우리가 싸우거나 도망가지, 위기가 닥쳤는 데도 태평해서는 곤란할 것이다.

하지만 만성적인, 혹은 과다한 스트레스는 몸에 나쁘다. 그리고 우리의 뇌에도 해롭다. 우리가 스트레스를 받았을 때 영향을 받는 중요한 뇌 부위는 시상 하부의 CRF(corticotropin releasing factor) 함유 신경 세포이다. CRF가 자극되면 뇌하수체에 명령을 내려 스트레스 관련 호르몬들을 생성한다. 그런데 CRF를 간직하는 신경 세포는 시상 하부에만 있는 것이 아니라 한 군데 더 있다. 그곳은 바로 변연계의 감정 중추인 편도체이다. 편도체의 CRF 함유 신경 세포는 뇌간과 연결되어 있는데 스트레스를 받으면 뇌간에서 스트레스성 신경 전달 물질인 아드레날린을 분비하도록 한다.

성인들이라면 돈 벌기, 승진하기, 그리고 직장에서의 인간관계가 주된 스트레스겠지만 아기의 경우는 다르다. 태어난 지 얼마 안 된 아기에게 가장 큰 스트레스는 어머니와 헤어지는 것이다. 이런 스트레스는 아기의 울음의 형태로 표현되며, 앞에서 살펴보았듯 이것은 즉각적인 어머니의 반응을 일으켜 아기의 스트레스를 해소하게끔 만든다. 하지만 아기의 스트레스가 해소되지 못한다면, 즉 어머니의 반응이 적절하지 못하다면, 아기의 뇌에 영구적인 문제를 일으킬 수 있다. 이러한 아기의 스트레스를 연구하기 위해 의학자들은 그동안 여러 종류의 동물 실험을 시행해 왔다. 그중 쥐가 가장 많이 사용되는데, 쥐는 값이 싸고, 잘 자라며, 생리적으로도 인간과 비슷한 데가 많기 때문이다. 게다가 쥐는 특정 교배를 시키거나 유전자 조작을 가하기도 쉽다.

쥐들에게 이런 가혹한 실험을 한 연구자는 레빈(Levine)과 그의 동료들이었다. 그들은 한 무리의 새끼 쥐들을 어미 쥐와 3~15분의 짧은 시간 동안 떼어 놓고, 다른 새끼 쥐들은 3~6시간 오래 떼어 놓아 보았다. 그리고 새끼들이 다 자란 후 스트레스에 어떻게 반응하는지를 조사했다. 그 결과 장시간 어미와 이별한 쥐는 짧은 기간 떼어 놓은 쥐에 비해 스트레스에 대한 생리적, 행동적 반응이 훨씬 증가했음이 밝혀졌다. 이것은 CRF 신경 세포 반응의 차이 때문이었다. 즉 장기간의 이별은 스트레스로 인한 뇌의 CRF 유전자 발현을 증가시킨다. 또한 예상대로 척수액의 아드레날린을 늘리고 세로토닌 양을 줄인다. 그런데 아드레날린이나 세로토닌은 인간의 우울증과 밀접한 관계가 있는 신경 전달 물질이다. 아마도 인간에서 어린 나이에 어머니와 헤어진 사람이 우울증에 더 잘 걸리는 이유가 이것으로 설명될지도 모르겠다.

그렇다면 떨어진 기간에 따른 어미와 새끼의 관계에는 각각 어떤 차이가 있었을까? 그 차이는 어미가 새끼에게 관심을 갖는 행동(자주 핥아 주는 행동)에 있었다. 즉 새끼와 짧은 기간 동안 분리된 경우에는 어미가 그 짧은 이별을 보상하려는 양 자주 핥아 주었다. 하지만 오랜 기간 떨어진 경우에는 이런 행동을 보이지 않았다. 물론 자주 핥아 줄 시간도 없었지만.

아마 이들 쥐에서 스트레스에 대한 적응도의 차이는 이러한 어미의 태도의 차이와 연관되는 것 같다. 왜냐하면 이런 이별 실험 이외에도 적게 핥아 주는 어미와 자주 핥아 주는 어미 쥐의 새끼를 비교한 연구에 따르면, 적게 핥아 주는 어미를 둔 쥐는 많이 핥아 주는 어미를 둔 쥐에 비해 성장한 후 스트레스를 더 많이 받고, 호기심이 결여되며, 새로운 음식을 주었을 때 먹기 주저하는 시간이 더 길다는 실험 결과가 있기 때문이다. 결국 어릴 적 어머니의 사랑이 그 아기의 미래의 성격을 결정한다는 이야기가 된다.

또 다른 예를 들어보자. 예컨대 SHR(spontaneous hypertensive rat)이라는 종류의 쥐는 고혈압이 생기는 쥐이다. 하지만 이들이 태어날 때부터 혈압이 높은 것은 아니며, 성장하는 동안 고혈압이 생긴다. 그런데 SHR가 성장하는 도중 고혈압이 생기는 정도는 그들의 어미의 행동에 영향을 받는다. 즉 SHR 새끼를 정상 어미 쥐가 양육하면 스트레스가 많은 SHR 어미 밑에서 자라는 쥐에 비해 고혈압이 발생하는 시기가 더 늦추어진다. 다른 예로 BALBc 생쥐가 있다. 이 품종은 쥐 중에서도 매우 겁이 많고 스트레스에 민감한 것으로 유명하다. 그러나 이 생쥐를 C57 어미가 키우면 BALBc 어미에게 양육된 동료보다 겁이 덜하고 스트레스에도 잘 견디는 쥐로 성장한다. 그 차이는 C57 생쥐 어미는 BALBc 어미에 비해 평균 두 배 정도 자식을 더 자주 핥아 주기 때문이다.

미안한 줄도 모르고 자식과 어머니를 맞바꾸어 가며 실험한 이런 모든 결과가 우리에게 주는 메시지는 무엇인가? 우리의 성격이나 행동 양식을 결정하는 데에 유전은 매우 중요하다. 하지만 환경 역시 중요하다. 어린 아이의 경우 그 환경의 많은 부분은 바로 어머니가 차지한다. 자주 핥아 주는 쥐와 그렇지 않은 쥐의 경우에서 볼 수 있듯, 어릴 적 어머니의 사랑을 많이 받지 못하면 우리 역시 스트레스가 많고, 호기심이 적고, 새로운 일에 대한 적응이 떨어지는 사람으로 자라게 될 경향이 높다. 이런 영향은 자식 1세대에만 미치는 것이 아니다. 자주 핥아 주는 어미에게 양육된 쥐는 자신이 어미가 된 후에도 새끼를 자주 핥아 주는 경향이 있다. 이런 점에서 자식을 잘 키우는 아내를 얻으려면 그 어머니를 보면 된다는 말은 맞는 것 같다. 실제로 인간 사회에도 자식들과 오래 시간을 함께 보내는 어머니 아래서 자란 자식은 성장한 후 자신도 자식들과 함께 있으려는 경향을 보인다고 한다.

그렇다고 21세기, 여권 신장의 시대에 여성이 하루 종일 가정주부로 남아야 한다는 이야기는 아니다. 그러나 어머니와의 긴 이별, 짧은 이별 실험을 두고 생각해 볼 때, 적어도 아이가 어린 시기에는 아이와 함께하는 시간이 많은 것이 좋을 듯하다. 만일 어머니가 하루 종일 일을 해야 한다면 남편이나 할머니가 그 역할을 대신해 주어야 한다. 그러나 남편 쥐나 할머니 쥐로 양육한 실험이 이루어진 적은 없으므로 이들의 노력이 엄마의 아기 돌보기만큼 효과가 있는지는 알 수 없는 노릇이다.

이제까지 나는 뗄래야 뗄 수 없는 어머니와 아기의 관계를 몇 가지 각도에서 이야기해 보았다. 이번에는 혈연관계가 아닌 사람들끼리의 이타적인 사랑 행위에 대해 살펴보자.

이타적인 뇌

부모의 자식 사랑 행위의 근저에는 유전자의 이기성이 있다. 자식이 자신과 동일한 유전자를 가지고 있기 때문에 사랑하는 것이다. 물론 대뇌가 발달한 인간은 자신의 혈육이 아닌 어린이를 양자로 받아들여 사랑하기도 하지만 변연계를 매개로 하는 부모의 사랑은 사랑의 대상이 자신의 유전자를 공유하고 있다는 사실에 기인한다. 자식뿐 아니라 손자, 그리고 형제자매 역시 서로 동일한 유전자를 가지고 있기 때문에 가족 간에는 사랑과 든든한 유대가 있다. 흔히 "내 몸같이 사랑한다."라는 말을 하는데 과학적으로 정확히 말하자면 "내 유전자니까 사랑한다."라고 해야 할 것이다. 즉 유전자의 공유는 인간 사랑의 근원이다. 그렇다면 유전자를 공유하지 않는 사람끼리의 사랑, 협동 그리고 이타적인 행동은 어떻게 설명할 것인가.

그런데 여기서 짚고 넘어가야 할 것은 우리가 말하는 타인도 실은 어느 정도 우리와 유전자를 공유하고 있다는 사실이다. 그리고 공유하고 있는 유전자가 많을수록 타인에 대한 이타적인 행동도 깊어진다. 이런 모습은 동물의 세계에서도 관찰할 수 있다. 예컨대 무리를 지어 사는 동물들은 적이 나타나면 경고음을 내는데 이때 경고음을 내는 녀석은 적에게 들키게 되므로 동료보다 더 위험해진다. 즉 그는 동료들을 위해 희생하고 있다고 볼 수 있다. 동물학자들은 과연 어떤 녀석이 이런 희생을 감수하는가에 관심을 두었는데 그들의 결론은 그 희생자는 반드시 무리와 유전자가 가까운 녀석이라는 것이다. 『동물들의 사회생활』이란 책을 쓴 진화 생물학자 리 듀거킨(Lee Dugatkin)에 따르면, 떼지어 사는 땅다람쥐는 매가 날아오면 경고음을 내는데 이때 경고음을 내는 녀석은 늘 암컷이라고 한다. 땅다람쥐 사회에서 암컷은 태어난 후 줄곧 그 무리 속에 남지만 수컷은 어느 정도 자라면 집을 떠나 다른 무리에 합류한다. 이들 사회에서 암컷은 친족들과 함께 있고 수컷은 낯선 무리와 함께 있는 셈이다. 따라서 경고음을 내는 자는 언제나 무리와 유전자가 비슷한 암컷인 것이다.

인간도 역시 마찬가지라 반드시 친족이 아니더라도 유전자가 동일한 가능성이 높은 사람들, 즉 같은 고장 사람이나 같은 민족끼리 뭉치고 서로를 위해 희생하는 경향이 있다. 하지만 대뇌가 발달한 인간은 유전자적 동질성이 사회생활을 통해 학습된 사회적 동질성으로 치환되기도 한다. 가장 좋은 예가 종교이다. 기독교인은 자신의 신을 "하나님 아버지"라고 부른다. 아버지 앞에서 모두 한가족이라고 한다. 그래서 교인들은 친족 관계가 아닌 데도 서로를 "형제", "자매"라고 부른다. 하지만 다른 종교를 믿는 사람들에게는 배타적인 태도를 취하는 사람이 종종 있어서 이로부터 갈등의 씨앗이 자라기도 한다. 테레사 수녀는 종교의 경계를 넘어 모든 불쌍한 사람을 자신의 형제자매로 간주했기에 진정한 희생적 생활이 가능했다.

그러나 이러한 유전자적 근접성, 혹은 사회적 동질성만으로 이 세상의 호혜적 관계를 모두 설명하지는 못한다. 여기에 더해서 우리는 타인을 위하는 행위가 결국 우리 자신에게도 유리한 경우, 혹은 언젠가는 보상 받을 가능성이 있는 상황인 경우에 다른 사람과 보다 쉽게 우정을 나눌 수 있고, 그를 위해 희생할 수도 있다. 이러한 관점에서 일생을 가난한 자를 위해 살아간 테레사 수녀의 희생적인 생활도 궁극적으로는 자신의 희생적인 태도가 사후에 보상 받을 것을 계신한 이기적인 행동이라는 주장도 나오고 있다.

보상 작용에 근거한 협동과 희생은 집단을 이루며 사는 동물 세계에서도 관찰된다. 1984년 월킨슨(Wilkinson)이 《네이처》에 보고한 바에 따르면, 흡혈 박쥐는 그 이름에서 풍기는 무시무시한 이미지와 어울리지 않는 돈독한 사회성을 지닌 동물이다. 그들은 신진대사가 매우 활발해서 며칠만 먹이(피)를 먹지 않으면 죽고 만다. 먹이를 구하러 나간다 해도 반드시 성공하는 것은 아니며 일부는 어쩔 수 없이 배를 곯은 채 동굴로 돌아와야 한다. 이때 굶은 동료에게 먹은 피를 토해 나누어 주는 이타적 행동이 관찰되는데, 월킨슨에 따르면 피를 나누어 받는 녀석은 예전에 공여자 박쥐에게 피를 준 적이 있는 녀석이라고 한다. 이러한 흡혈 박쥐가 여러 종의 박쥐 중 신피질이 가장 발달한 것은 쉽게 이해된다. 누가 내게 호의를 베풀었는지 똑똑히 기억해 두어야 하기 때문이다. 마찬가지로 사자의 협동 사냥 혹은 임팔라가 서로의 목에 붙은 진드기를 혀로 핥아 청소해 주는 현상 역시 유전자적 근접성보다는 계산적 협동에 따라 이루어진다고 한다. 즉 가족이 아닌 타인과의 협동은 유전적 동일성과 더불어 상호 이해관계가 맞물린 협동 행위이기도 한 것이다.

인간에 있어 타인끼리의 협동 메커니즘을 조사하는 모델로 '죄수의 딜레마(prisoner's dilemma)'라는 것이 있다. 1953년 폰 노이만(von Neumann)과 모르겐슈타인(Morgenstein)이 경제 상황을 이해하기 위해 만든 이론이다. 1981년 미시건 대학교의 액설로드(Axelrod)는 「협동의 진화」라는 논문에서 이 이론을 생물의 협동을 이해하는 모델로 사용했다. 요지를 설명하면 이렇다. A, B 두 명의 범죄 용의자를 격리된 감옥에 각각 가두고 심문한다고 하자. 이때 A가 배신(즉 B가 모든 범죄를 저질렀다고 말함)하고 B가 협력(A는 범죄를 저지르지 않았다고 말함)하면 A는 풀려나고 B는 10년 복역한다. 물론 이 반대의 경우는 거꾸로 된다. 만일 둘 다 배신한다면 둘은 공범이므로 각각 3년씩 복역한다. A, B가 협력하면, 범인이 누군지 알 수는 없지만 심증은 있으므로 둘 다 1년씩만 복역하게 된다. 앞으로 설명을 간단히 하기 위해 협력을 +, 배신을 −라고 표시하자. A의 입장에서 A+ 일 때 B+인 경우라면 1년 감옥살이를 하지만 B−인 경우라면 10년을 복역해야 한다. 이 둘의 평균을 구하면 11 나누기 2이므로 5.5년 복역이다. 반면 A− 하면 B+인 경우는 풀려나며, 혹시 B−인 경우라도 3년 복역하면 된다. 즉 평균 복역 기간은 3 나누기 2, 즉 1.5년이다. 결국 B가 어떻게 나올지 모르는 상황에서 A의 입상에서는 무조건 배신하는 것이 가장 유리하다. 그런데 이것은 B의 입장에서도 마찬가지이므로 B 역시 배신을 선택하게 될 것이다. 결국 둘은 각각 3년을 복역할 가능성이 가장 높다. 따라서 이 이론에 따르면 인간은 기본적으로 서로를 배신하며 살아갈 수밖에는 없는 것이다. 아마 성악설을 주장했던 홉스나 순자가 아직까지 살아 있었더라면 자신의 생각이 증명되었다고 손뼉을 치며 기뻐했을 것이다. 죄수의 모델은 이 세상 어디에나 진정한 협동·이타심보다는 이기심과 배신이 성행할 수밖에 없다는 비극적인 결론을 보여 주고 있는 것이다.

그러나 이 모델에는 심각한 문제가 있다. 이 모델은 상대방의 행위를 예측할 수 없는 상태에서 단 한번의 행위를 측정한 것에 불과하므로 우리의 실제 사회생활을 그대로 반영하는 것이 아니다. 실제로 인간 사회에서 우리는 얼마 전 나에게 돈을 꿔준 녀석과 돈을 떼어먹은 녀석을 잘 기억하고 있으며, 후에 이들을 만나면 이에 상응한 방법으로 대응한다. 즉 우리는 상대방의 협조와 배신에 대한 기억을 가지고 행동하고 있으며, 그 행동은 시간이 지남에 따라 여러 차례 반복된다. 이처럼 시간적 개념을 함께 도입한 여러 복잡한 모델이 제시되었는데 이러한 모델에서는 대체로 배신보다는 협동이 유리하다는 것이 증명되었다. 결국 흡혈 박쥐와 마찬가지로 인간에게는 상대방의 행위를 기억할 수 있는 발달된 신피질이 있기에 협동심과 이타심이 생기는 것이다. 일반적으로 시골은 인심이 후하고 도시는 각박한 이유는 한적한 시골에서는 도움을 주었거나 배신한 사람을 다시 만날 가능성이 더 많기 때문이다. 반면 도회지에는 많은 사람들이 살고 있으므로 자신의 비도덕적인 행동이 기억되어 자신에게 불리하게 돌아올 가능성이 그만큼 적다. 도시 사람들이 공중도덕을 안 지키는 것, 따라서 경찰이 곳곳을 지키지 않으면 안 되는 것은 당연한 일이다. 액설로드는 심지어 우리의 뇌에는 사람의 얼굴을 알아볼 수 있도록 특수하게 발달된 부위가 있는데 이것은 협동의 진화를 위해 필수적인 것이었다고 주장했다.

그렇다면 이러한 호혜적 협동 행위를 관장하는 곳은 뇌의 어느 부분인가? 최근 미국 에모리 대학의 릴링(Rilling) 교수 팀은 36명의 여성에게 죄수 게임을 하게 하고 기능적 MRI를 촬영해 보았다. 그 결과 활성화되는 부분은 안전두엽, 미상핵, 앞쪽 대상회, 그리고 측좌핵 등이었다. 독자들은 이제 이런 의학 용어들에 익숙할 것이지만 나는 여기서 보상 행위에 관계하는 안전두엽과 미상핵에 관한 몇 가지 실험 결과를 소개하고자 한다.

영국 케임브리지 대학교의 로저스(Rogers) 교수 팀은 건강한 정상 남자들에게 컴퓨터 게임을 시켜 보았다. 이 게임에서 큰 보상을 받을 확률은 낮은데 작은 보상을 받을 확률은 크다. 이러한 선택의 게임을 하는 도중 PET를 사용해 뇌를 조사해 보니 활성화되는 부위는 바로 안전두엽이었다. 비슷한 실험은 스위스 프리부르크 대학교의 렌더스(Leenders) 교수 팀에서도 이루어졌다. 그들 역시 건강한 남자들을 대상으로 게임을 시켰는데 첫 번째 실험에서는 게임에 이기면 상금을 주었고, 두 번째 실험에서는 'OK' 신호만 보내 주었다. 결과를 보면 상금을 주었을 때가 'OK' 신호만 보낸 경우보다 안전두엽의 혈류가 훨씬 더 많이 증가하였다. 이런 사실은 안전두엽은 보상과 관련된 행위와 관계가 있다는 사실을 알려준다. 안전두엽은 계산적인 보상뿐 아니라 감정적 보상 작용에도 관계하는 것 같다. 영국 롤스(Rolls) 교수의 실험에서 냄새나 맛으로 원숭이들을 자극하면 뇌의 맛 중추와 냄새 중추가 활성화되었지만 원숭이들을 굶긴 상태에서 자극했을 때에는 안전두엽도 함께 활성화되었다.

안전두엽뿐 아니라 도파민 신경 전달 물질이 풍부한 미상핵도 인간의 만족, 욕구 및 보상 행위와 관련이 있다. 영국 런던 대학교의 그래스비(Grasby) 교수 팀은 정상인 8명에게 컴퓨터 비디오 게임을 시켜보았다. 적의 탱크 공격을 피해 자신의 탱크를 몰고 가서 적의 깃발을 뺏어 오는 게임인데 한 단계를 성공할 때마다 7파운드의 상금을 주었다. 이때 이들에게 PET 검사를 해 보니 양측 미상핵에서 도파민이 다량 분비되었다. 그리고 그 정도는 얼마나 이 게임을 잘 수행하는가와 비례했다.

안전두엽은 비록 신피질인 전두엽에 속하지만 감정의 회로인 변연계와 밀접하게 연결되어 있다. 미상핵 역시 변연계와 연결이 깊다. 그리고 이 둘은 또한 서로 밀접하게 연결되어 있다. 요즘 식으로 표현하자면 '코드가 잘 맞는' 친구들인 것이다. 결국 앞서 말한 무조건적인 모성이 주로 변연계의 활동이라면, 호혜적인 협동은 신피질과 변연계의 연결 부위, 즉 안전두엽이 주된 역할을 하는 것 같다. 따라서 전두엽이 발달한 침팬지나 인간에서 복잡한 협동 과정이 잘 나타나는 것은 당연하다.

2002년에는 수해가 유난히 심했다. 중랑천 주변 주민들은 형편이 좋지 않은 데도 피해를 입은 김해 지방 수재민들을 위해 수재 의연금을 보냈다. 그 이유는 그 전해에 중랑천이 넘쳐 그들이 심한 수해를 입었을 때 다른 사람들로부터 많은 도움을 받았기 때문이다. 이것을 보면 인간의 이타적 행동은 결국 미래의 보상을 겨냥한 고등의 계산 행위일지도 모른다는 생각이 든다. 그러나 더욱 중요한 것은 중랑천 주민들뿐 아니라 수해가 날 가능성이 전혀 없는 고지대에 사는 시민들도 기꺼이 수재 의연금을 내고 있다는 사실이다. 사람들이 아까운 돈을 선뜻 내는 이유는 무엇일까? 뭐니 뭐니 해도 그런 행위가 스스로를 기쁘게 하기 때문이다. 협동할 때 활성화되는 안전두엽, 혹은 미상핵이 변연계와 밀접하게 연결되어 그들에게 즐거운 감정을 선사하는 것이다. 그렇다. 홉스나 순자의 생각과는 달리 치열한 이기적 유전자의 세상에서도 협동심과 이타심은 자라날 수 있다. 그래서 아직도 인간에게는 한자락의 희망이 남아 있는 것이다.

지금까지 나는 남녀 간의 사랑, 자식 사랑, 타인에 대한 사랑 등 다양한 사랑의 형태를 이야기했다. 마지막으로 나는 남녀의 뇌의 차이에 대해 언급하며 이 장을 끝내고자 한다.

남과 여의 갈림길

"여성은 태어나는 것이 아니라 길러지는 것이다." 『제2의 성』의 저자 시몬 느 드 보부아르가 한 말이다. 하지만 50년이 흘러 1999년 『제1의 성』을 쓴 헬렌 피셔(Helen Fisher)는 진화론적, 뇌 과학적으로 판명된 남녀의 차이를 인정하고 있다. 이런 차이를 전제한 상태에서 각자 유리한 길을 찾자는 것이 그녀의 주장이다.

그렇다면 남녀의 뇌 구조는 차이가 있을까? 이 질문에 관한 논란은 1981년 미국 유타 대학교의 드 라코스테 우탐싱(de Lacoste-Utamsing)의 발표를 통해 촉발되었다. 그는 좌우 뇌의 신경 세포를 연결하는 뇌량의 모습이 남녀간에 차이가 있다고 주장했다. 뇌의 크기는 남자가 여자보다 크지만 뇌량 특히 뇌량의 뒤쪽 부분은 여자가 더 크고 통통하다는 것이다. 이런 주장을 모든 사람들이 수긍하는 것은 아니지만, 그렇지 않다고 보는 학자들 보다는 이것을 인정하는 학자들이 더 많다.

뇌량은 좌우 뇌를 연결하는 구조이므로 우탐싱의 이러한 주장은 여성이 남성에 비해 좌우 뇌의 연결이 잘 되어 있으며, 또한 대뇌의 기능이 좌우에 분산되어 존재한다는 것을 시사한다. 예컨대 말을 하는 동안 기능적 MRI를 찍어 보면 남성은 언어 중추인 왼쪽 뇌만 활성화시키는 데 반해 여성은 양측 뇌를 모두 활성화시키는 경향이 있다. 즉 여성은 남성에 비해 왼쪽 뇌와 오른쪽 뇌를 한꺼번에 사용하며 말을 한다. 여성에 있어 이러한 뇌의 부산한 연결은 전문화를 요구하는 공간 인식 기능의 저하를 설명해 줄 수도 있다. 물론 예외도 많지만 여학생들은 대체로 공간 도형 풀이를 남학생보다 못하며 일자 주차를 못하는 경향이 있다.

뇌량의 크기 혹은 뇌의 좌우 연결과 더불어 여성의 뇌가 가진 또 하나의 특징이 있다면 남성보다 자극에 더 예민하다는 사실이다. 특히 후각, 청각, 촉각 자극에 그러하다. 이처럼 여성의 감각이 예민한 사실은 후천적인 것이 아니다. 왜냐하면 태어난 지 얼마 안 된 어린 아기를 검사해도 여자 아이가 남자 아이에 비해 감각이 더 예민하기 때문이다. 육감이란 것이 무엇인지 과학적으로는 정확히 모르지만, 이것은 분명 여자에게 사용되는 말이다. 아마도 육감이란 여러 종류의 감각이 혼합되어 상승 효과를 이루는 한껏 예민해진 종합 감각이 아닌가 싶다. 캐나다 맥길 대학교의 위텔슨(Witelson) 교수 팀에 따르면 측두엽 대뇌 피질에서 감각을 받아들이는 과립층 신경 세포의 밀도가 여성이 남성보다 높다고 한다. 아마도 이것이 여성의 예민한 감각을 설명해 줄지도 모른다. 말초 감각뿐 아니라 복합 감각인 감정 역시 여성이 남성에 비해 예민하다. 예컨대 슬픈 일을 회상하게 했을 때 여성의 경우 남성에 비해 변연계의 혈류가 더 많이 증가했다는 보고가 있다. 변연계 역시 여성이 남성보다 더 예민한 것이다.

이처럼 여성의 감각 혹은 감정이 예민해야 하는 진화론적 이유가 있을까? 이것은 아마도 아이를 보살필 때 아기가 보내는 사소한 신호를 받아들이고, 또한 주변의 위험을 빨리 감지해야 했기 때문일 것이다. 혹은 남성을 제대로 파악하기 위해서였을 수도 있다. 거짓말로 둘러대는 믿지 못할 남자가 많기는 예나 지금이나 마찬가지기 때문에, 여성은 온몸의 감각을 동원해 자신에게 접근하는 남자의 정체를 파악해야 했을 것이다.

마지막으로 우리 몸의 호르몬을 조절하는 중추라 할 수 있는 시상 하부에 존재하는 INAH라는 신경 세포 다발의 구조가 남자가 여자보다 두 배 정도 크다는 점이 밝혀진 바 있다. 아마 이러한 차이는 남녀의 성적 취향의 차이를 나타내는 해부학적 근거인 것으로 생각된다. 왜냐하면 남자 동성연애자에서는 INAH 신경 세포 다발의 크기가 여자보다 크지 않기 때문이다.

이러한 남녀 뇌의 차이는 언제, 어떻게 만들어지는 것일까? 남녀 염색체의 차이는 성염색체에서 나타난다. 여성은 X염색체를 쌍으로 가지고 있으며, 남성은 X와 Y를 각각 가지고 있다. 이런 성염색체의 차이가 남녀의 뇌를 다르게 만드는 것일까? 최근까지도 학자들은 그렇지 않다고 생각했다. 성염색체를 XX로 갖던 XY로 갖던 어머니의 자궁 속에 착상한 후 자라나는 아기의 뇌는 똑같다. 다만 사내아이가 가진 Y염색체는 고환을 만들며, 아이가 자라는 동안 고환에서 만들어진 남성호르몬이 아이의 뇌를 '남자의 뇌'로 만드는 것으로 생각했다. 이런 견해를 뒷받침하는 증거는 많다. 예컨대 선천적인 남성 호르몬 결핍 환자는 정상 남성에 비해 공간 인식 기능이 저하된다.(후천적인 남성호르몬 결핍 환자는 그렇지 않다. 어머니 자궁 속에서 지내던 어떤 특정한 시기에 남성호르몬이 대뇌에 작용해야 남성의 뇌가 되기 때문이다.) 반면 태아 시절 지나치게 호르몬에 많이 노출되는 선천성 부신 과형성 질환에 걸린 여아는 정상인 여아에 비해 공간 인식 기능이 항진된다. 즉 여성과 남성의 뇌의 차이는 호르몬이 만드는 것이다.

그런데 최근 이러한 이론이 반드시 옳은 것은 아니라는 의견이 고개를 들고 있다. 남녀의 뇌의 구분에 대한 성호르몬의 역할은 물론 존재하지만, 성호르몬이 이런 일을 하기 이전에 이미 태아의 뇌는 남녀의 뇌로 구분된다는 주장이다. 미국 UCLA의 생리학 교수 아서 아널드(Arthur Arnold)는 생쥐나 왈라비(호주에 사는 캥거루 비슷한 유대류)에서 암수 태아의 뇌신경 세포의 특성은 그들의 생식기가 성호르몬을 분비할 정도로 성숙하기 이전에 이미 다르다는 사실을 지적했다. 뿐만 아니다. 암스테르담 대학교의 만프레드 가르(Manfred Gahr) 교수는 최근 재미있는 실험을 했다. 일본메추라기에서는 어릴 때 발달하는 전뇌(forebrain)가 어른이 된 후 성적인 행동을 결정한다. 가르 교수는 일본메추라기 새끼의 전뇌를 암수를 바꾸어 이식해 보았다. 전뇌를 바꾸어도 생식 기관이 바뀌는 것은 아니므로 새끼는 호르몬의 영향을 그대로 받는다. 그럼에도 불구하고 암컷의 전뇌를 이식 받은 수컷은 성장한 후 암컷과 교미하려는 수컷의 행동을 보이지 않았다. 역시 호르몬 이외에도 암수의 행동의 차이를 결정하는 요인이 있는 것이다.

그런데 이런 주제에 대한 연구에 있어 문제가 되는 것은 태아의 생식기에서 성호르몬이 분비되기 이전의 뇌는 그 발달이 매우 미숙하므로 암수 뇌의 차이를 구분하기가 쉽지 않다는 점이다. 어쩔 수 없이 성호르몬이 분비되기 시작한 이후의 뇌의 분화가 성호르몬 때문인지 아닌지를 알아내야만 하지만 이것을 밝혀내는 데에는 많은 문제가 있다. 성염색체 XX를 가지고 있는 암컷은 당연히 에스트로겐을 내는 난소를 가지고 있고, XY를 가지고 있는 수컷은 테스토스테론을 분비하는 고환을 가지고 있다. 따라서 이후의 뇌의 변화가 염색체 때문인지 성호르몬 때문인지를 감별하는 것은 불가능하다. 이런 문제점을 극복하기 위해 아널드 교수와 그 동료들은 깜짝 놀랄 만큼 교묘한 실험을 고안했다.

수컷 생쥐에서 고환을 만드는 유전자는 Y염색체에 있는 Sry이다. 아널드 교수는 유전적 방법을 사용해서 Y염색체에서 고환을 만드는 부분(Sry)을 없애버렸다. 이런 염색체를 Y-라 부른다면, XY- 염색체를 가진 생쥐는 염색체로는 분명 수컷이지만 고환은 없다. 이때 유전적 조작을 가해서 Sry를 성염색체가 아닌 체염색체에 붙이면(이것을 XY-Sry라 부르자.), 이 쥐도 고환을 가지게 된다. 이 생쥐를 정상적인 XX 염색체를 가진 암컷과 교미시키면 이들의 자식이 가질 수 있는 유전적 조합은 XX(정상 암컷), XY-(염색체로는 수컷이지만 고환이 없으니 겉보기에는 암컷), XXSry(염색체로는 암컷이지만 고환이 있으니 겉보기에 수컷), 그리고 XY-Sry(염색체와 고환 모두 수컷)의 네 가지로 나타난다.

이야기가 복잡해졌지만, 단순히 고환이 있고 없음을 가지고 암수를 구분해 보자. 그러면 염색체가 다른 두 종류의 수컷(XXSry와 XY-Sry)과 두 종류의 암컷(XX와 XY-)이 있음을 알 수 있다. 이때 XXSry와 XY-Sry는 둘 다 겉보기에 수컷이고 남성 호르몬을 분비하고 있지만, 염색체는 전혀 다르다.(전자는 암컷의 염색체, 후자는 수컷 염색체) 따라서 이 두 종류의 수컷의 뇌를 서로 비교한다면 성호르몬에 따른 영향을 배제한 상황에서 순수한 염색체의 차이에 기인한 뇌의 변화를 알아낼 수 있을 것이다. 두 암컷(XX와 XY-)를 비교해도 마찬가지 결론에 이른다. 이런 작업을 통해 아널드 교수는 성호르몬이 아닌 단순한 성염색체의 차이에 기인한 암수 뇌의 차이가 존재함을 밝혔다. 예컨대 똑같은 고환을 달고 있더라도 XY-Sry생쥐는 XXSry생쥐에 비해 중격핵의 바소프레신 신경 전달 물질 함유 신경 세포가 좀 더 풍부하다. 즉 정상적인 수컷(XY) 생쥐에 더욱 가깝다.

이제껏 나는 암수 혹은 남녀 뇌의 차이, 그리고 이런 차이가 나는 기제를 이야기했다. 암수의 뇌는 서로 다르며 심지어 뇌 세포를 배양해도 그 성격이 다르다. 이런 차이는 호르몬뿐 아니라 유전자 자체의 차이에서도 기인한다. 하지만 뇌의 구조적 차이를 근거로 남녀 행동의 차이를 유추하는 것은 조심스럽게 이루어져야 한다. 여성에 있어 원활한 좌우 뇌신경 세포의 연결은 언어 행위처럼 감정과 사고가 혼합된 복합적인 일을 하는 데에는 유리할 수 있다. 헬렌 피셔는 더 나아가 뇌 연결의 유연성 때문에 여성들이 한꺼번에 여러 가지 일을 할 수 있다고 주장한다. 예컨대 아기를 돌보며, 책을 읽고, 동시에 요리를 할 수 있다는 것이다. 그녀는 퓨전 문화 시대를 상징하는 21세기를 살아가기에 남성보다 여성이 더 유리하다고 주장하기도 했다. 하지만 정말 그럴까? 내 생각에 이런 주장은 지나친 듯 하다.

한편 부산한 뇌신경의 연결 때문에 여자는 한 가지 일에 전문적으로 집중

하는 데에는 불리하다는 견해도 있다. 그러나 뇌의 구조 때문에 여성이 전문가가 되기 힘들다는 견해 역시 그 근거가 희박하다. 실제로 요즘 여성이 사회에 진출하면서 여성 전문가들이 크게 늘어나고 있다. 오히려 내게는 톨스토이의 아내 소피아의 외침이 더 설득력이 있게 들린다. "왜 여자들 중에는 천재가 없는가. 그 이유는 여자는 자신의 능력을 가족과 남편에게 다 쏟아내기 때문이다."

3장_ 기억, 지능 그리고 성격

기억이란 우리에게 없어서는 안 되는 귀중한 능력이다. 우리는 아무런 생각 없이 아침에 일어나 가족과 이야기하고 출근하지만 이 모든 행위는 언제나 기억 작용에 근거한다. 우리에게 기억이 없다면 우리는 매번 음식을 먹을 때마다 숟가락질, 젓가락질을 새로 배워야 한다. 기억이 없다면 우리는 완전히 본능대로 사는 하등 동물로 전락해 버릴 것이다.

기억이 사라진 HM을 기억하며

　질병이나 사고로 기억력을 잃어버린 사람은 흔히 영화나 드라마의 좋은 소재가 된다. 최근 영화만 가지고 이야기해 보더라도 교통사고 후 기억을 잃은 여자에게 뭐가 뭔지 모르는 사건들이 뒤죽박죽 벌어지는 「멀홀랜드 드라이브」가 있고, 물에 빠진 충격으로 기억 상실증에 걸린 짐 캐리가 출연한 「마제스틱」이란 영화가 있다. 「타임랩스」라는 영화에서는 이라크에 핵무기를 건네주려는 악당들이 기억이 사라지는 약을 사용하기도 한다.

　그러나 크리스토퍼 놀란 감독의 「메멘토」처럼 기억 능력을 상실한 사나이를 드라마틱하게 묘사한 영화는 아마도 없을 것 같다. 주인공 레너드 셸비(가이 피어스 역)는 범인의 흉기에 머리를 맞은 후 기억력이 소실되어 모든 사실을 딱 10분밖에 기억하지 못한다. 그는 기억의 임시방편으로 자신이 해야 할 일(아내에 대한 복수)을 몸에 문신으로 표시하고 무슨 일이든 수첩에 적어 둔다. 기억의 조각을 위태롭게 이어가던 삶은 그의 상황을 교묘하게 이용하는 주변 사람들에 조종된다. 사실 아내를 죽인 사람은 다름 아닌 주인공 자신이었다. 인간은 기억을 기반으로 살아가기 때문에 기억력이 소실된 인간의 행동은 어쩔 수 없이 위태롭고 파괴적일 수밖에 없다.

　의학적으로 이처럼 모든 기능이 정상인데 기억력만 선택적, 영구적으로 저하되는 경우는 드물다. 인간의 기억 형성은 주로 측두엽의 안쪽, 변연계의 일부인 해마와 편도체가 담당하는데, 다른 부분은 남겨두고 이 구조들만 선택적으로 손상되기는 쉽지 않기 때문이다. 그러나 메멘토 영화의 주인공과 아주 비슷한 사람이 한 명 있는데 그가 바로 HM이다.

　HM은 미국 코네티컷 주의 맨체스터에서 태어났다. 그는 9살 때 자전거에서 넘어져 머리를 다쳤고 이듬해부터 간질 발작을 하기 시작했다. 간질 발작은 점점 심해졌는데 약을 복용해도 별로 소용이 없었다. 당시에는 간질 수술이 의학계에 막 시도되고 있었다. 그는 1953년(HM이 27세 때), 하트포드 병원의 윌리엄 스코빌(Wiilain B. Scoville) 박사에게 간질 수술을 받았다. 간질의 진원지는 양쪽 측두엽이었기 때문에 박사는 양쪽 측두엽을 모두 제거했다. 제거된 부분에는 편도체 그리고 해마의 3분의 2가 포함되어 있었다.

그의 간질 증세는 눈에 띄게 좋아졌다. 간질 치료 자체는 성공적이었다. 그리고 뇌의 상당한 부분을 잘라냈는데도 성격, 태도, 사고 등은 수술 전과 다름없었다. 그러나 그에게는 간질에 못지않은 커다란(그 당시로서는 아무도 예측하지 못한) 문제 두 가지가 발생했다. 하나는 냄새를 맡는 능력이 떨어졌다는 것인데 이것은 후각 중추가 측두엽의 안쪽에 위치한 사실을 생각하면 수긍이 가는 문제였다. 그러나 인간은 늘 코를 킁킁대며 살아야 하는 야생 동물과는 다르므로 이것을 그리 심각하다고 볼 수는 없다. 이보다 훨씬 큰 문제는 기억력의 소실이었다.

수술이 끝난 후 HM은 자신이 몇 살인지, 미국 대통령이 누군지, 그리고 그의 부모가 돌아가신 사실도 모르고 있었다. 그렇다고 그의 모든 기억이 완전히 없어진 것은 아니었다. 기억에는 서술 기억(declarative memory)과 절차 기억(procedural memory)이 있다. 서술 기억은 어떤 상황이나 사실에 대한 기억이다. 예컨대 어제 친척이 방문했다는 사실, 혹은 오늘 아침 먹은 반찬을 기억하는 능력이다. 주차장에 차를 세워두고 어디에 두었는지 기억하지 못하는 것은 서술 기억이 흐릿하기 때문이다. 반면 절차 기억은 반복적이며 장기적 학습을 통해 저절로 몸에 배게 되는 기억을 말한다. 예컨대 숟가락질, 젓가락질하는 것, 그리고 피아니스트가 피아노를 치는 것 같은 기억이다. HM은 서술 기억은 사라졌으나 절차 기억은 저하되지 않았다. 숟가락질, 젓가락질을 할 줄 알았고, 운전도 할 수 있었으며, 나름대로 사회생활의 예절을 기억하고 있었다.

　HM은 단기 기억 능력을 거의 완전히 소실했다. 예컨대 의사가 단어 세 개를 외우게 하고 이것을 5분 후에 기억해 보라고 하면 하나도 기억하지 못했다. 뿐만 아니라 의사가 그런 요구를 했는지조차 기억하지 못했다. 그러나 장기 기억은 살아 있었다. 그는 그가 수술받던 즈음, 즉 1950년대와 1960년대의 유명 인사의 얼굴은 알아보지 못했지만 그가 어릴 적 보았던 유명인의 얼굴, 즉 1920년대와 1930년대의 얼굴들은 알아보았다.

　아마도 보통 사람 같으면 자신의 기억력이 완전히 사라진 사실에 대해 분노하고 자포자기했을 것이다. 어쩌면 수술을 시행한 병원을 고소했을지도 모른다. 그러나 HM은 달랐다. 기억력을 연구하는 의학자들은 HM의 기억 상태를 연구하고 싶어했다. 기억 기능에 중요한 역할을 하는 양쪽 해마가 손상된, 세상에서 거의 유일한 인간 실험 대상이었기 때문이다. HM은 여러 차례 이들로부터 기억력과 기타 신경학적 문제에 대해 검사를 받았는데, 이 모든 귀찮은 검사에 기꺼이 응했다. 이런 연구를 통해 우리는 삽화 기억과 단기 기억은 해마와 관련되고, 절차 기억과 장기 기억은 해마와 별 관련이 없다는 사실을 알게 되었다. HM에게 행해진 수술은 이런 수술이 초래할 수 있는 심각한 후유증의 가능성을 예측하지 못하고 시행되었던 실수였지만, 이 실패를 거울삼아 그 후로는 측두엽 수술은 반드시 한쪽에만 시행되고 있다. 따라서 더 이상의 HM은 발생하지 않고 있다.

　뇌의 질병으로 인해 HM과 같은 증세를 갖게 되는 경우도 있을까? 앞서 말했듯 이런 경우는 드물다. 하지만 질병으로 해마 같은 기억 저장소가 손상되는 경우 HM과 닮은 환자가 생길 수 있다. 오랜 세월 동안 술을 많이 마시면 해마 부위가 심하게 손상되어 기억력이 떨어진다. 지독한 술꾼들은 어떤 일을 깜박깜박 잘 잊을 뿐 아니라 거짓말도 잘하는데, 이러한 행위는 이들의 인간성이 나빠서가 아니라 없어진 기억을 보충하려는 것이다. 기억력이 없는 사람의 거짓말을 작화증(confabulation)이라고 한다. 헤르페스 바이러스로 인한 뇌염 역시 양쪽 해마 부위를 잘 손상시키므로 이런 환자는 흔히 기억력 장애를 후유증으로 갖게 된다. 뇌졸중은 흔한 병이지만 다행히 해마나 편도체 같은 부위에는 잘 생기지 않는다. 그러나 뇌졸중으로 기억 회로의 일부인 시상의 앞쪽이 손상되는 경우는 있으며 이럴 때 환자는 순식간에 기억 능력이 저하된다. 하지만 시간이 지나면 대체로 회복되는 것이 보통이다.

　내가 진찰한 환자 중 HM과 가장 비슷한 환자는 72세 남자 L씨였다. 드물게도 뇌졸중은 그의 양쪽 해마를 모두 손상시켰다. 마치 영화「메멘토」의 주인공처럼 그는 새로운 기억을 꼭 10분 정도밖에 유지하지 못했다. 밥을 먹은 지 10분이 지나면 먹은 사실을 잊고 밥을 달라고 했다. 그런데 그는 뇌졸중에 걸리기 전에 술을 많이 마신 병력이 있었기 때문에 해마의 신경 세포가 이미 많이 손상되었을 것 같았다. 결국 그의 해마 기능 상실은 뇌졸중으로 인해 '엎친 데 덮친 격'이 된 것이다.

기억이란 무엇일까?

　기억이란 우리에게 없어서는 안 되는 귀중한 능력이다. 우리는 아무런 생각 없이 아침에 일어나 가족과 인사하고 밥을 먹고 출근을 하고는 하지만 이 모든 행위는 언제나 기억 작용에 근거한다. 우리에게 기억이 없다면 우리는 매번 음식을 먹을 때마다 숟가락질, 젓가락질을 새로 배워야 한다. 엄마는 아이를 몰라볼 것이고 직장에서는 상사가 부하를 몰라볼 것이다. 집으로 돌아올 때에는 다른 집으로 들어갈 것이다. 누가 내 남편이고 아내인지 몰라 특별한 표시를 해 두려고 하겠지만 그래도 소용이 없다. 그 표시를 했다는 사실조차 잊어버릴 것이기 때문이다. 즉 기억이 없다면 우리는 완전히 본능대로 사는 하등 동물로 전락해 버릴 것이다.

동물의 세계에서, 어미 새는 자신의 여러 새끼들 중 누가 바로 전에 음식을 받아먹었는지 전혀 기억하지 못한다. 본능적으로 새끼 입천장의 붉은색에 자극을 받아 먹이를 무조건 집어넣어 줄 뿐이다. 결국 욕심 많은 새끼가 계속 입을 벌리면 그 외의 새끼는 굶어 죽을 위험에 처한다. 아프리카의 습지에 사는 물오리 역시 머리가 매우 나쁘다. 금방 악어의 공격에 혼이 났어도 그것을 기억 못하는 물오리는 악어가 있는 곳으로 다시 헤엄쳐 온다. 하긴 그 덕에 악어도 먹고살 수 있는 것이지만. 이런 점에서 '새 대가리'라는 표현은 적절한 욕이 될지도 모르겠다. 아무튼 인간은 동물보다 발달된 기억력 덕택에 진보된 사회를 이루었다고 할 수도 있다.

우리의 기억은 최근 많은 학자들의 연구 대상이 되고 있다. 그런데 학자들은 일반적으로 연구 주제를 여러 토막으로 분류하려는 버릇이 있다. 이처럼 지식을 세분화하는 것이 학문의 발전에 도움이 되는 것은 사실이지만, 지식의 세분화가 일반인들의 학문 이해를 어렵게 만드는 경우가 많은 것도 사실이다. 기억 역시 마찬가지로 학자들에 의해 여러 조각으로 나뉘었다. 그리고 그 세분화된 조각에는 온갖 이상하고 어려운 이름이 붙어 버렸다. 여기서 이것들을 모두 이야기하기란 무리다. 다만 기억의 작동 시간을 중심으로 세 가지로 간단히 나누어 보겠다.

첫째는 순간 기억(immediate memory)이다. 이것은 우리가 보고 들은 것이 기억 회로에 저장되지 않더라도 잠시 동안은 뇌에 남아 있는 현상을 말한다. 이중 우리에게 중요한 것만이 선택되어 기억의 회로에 간직된다. 예컨대 종로 거리를 걸어가는 수많은 사람의 얼굴 상은 시각 중추인 후두엽에서 인식되자마자 사라진다. 하지만 그 군중들 가운데 옛날 애인과 닮은 사람이 지나간다면 그 모습은 기억 회로에 간직된다.

둘째는 단기 기억(short term memory)으로 몇 분에서 며칠까지 지속되는 기억을 말한다. 앞에서 말한 애인과 닮은 사람의 모습은 당분간 우리의 기억 회로에 저장된다. 시험 보기 전에 열심히 외우는 것 역시 순간 기억을 단기 기억으로 바꾸는 행위이다. 일반적으로 단기 기억은 기억 회로 중 해마에 주로 저장된다. 단기 기억 능력을 측정하기 위해 신경과 의사는 흔히 몇 가지 단어를 주고(연필, 양말, 기차 같은 단어들) 5분쯤 후에 이중 몇 개를 기억하고 있나 알아보는 검사를 한다. 혹은 어제저녁 식사의 반찬을 기억하는지 물어보기도 한다.

셋째는 장기 기억(long term memory)으로 단기 기억에 옮겨진 것들 중 특별히 중요한 것 혹은 오랫동안 반복적으로 익혀 만들어진 기억을 말한다. 생일이나, 결혼기념일, 그리고 중요한 사건이 일어난 날짜(한국 전쟁이 일어난 해)는 뇌에 장기 기억 형태로 저장되어 있다. 한국인들이 젓가락질을 하는 것, 피아니스트가 피아노 치는 것처럼 오랫동안 학습하여 얻어진 기억 역시 장기 기억이라 할 수 있다. 이러한 장기 기억은 그 사람의 지식의 밑천이 되고 생활의 기반이 된다.

기억의 형성은 또한 집중 행위(attention)와 관련이 있으며, 집중은 순간 기억을 조금 더 오래 지속시킨다. 서커스에는 이러한 집중력과 시각적 순간 기억을 이용한 속임수가 사용되기도 한다. 예컨대 사람을 향하여 멀리서 칼을 던지면 그 사람의 바로 옆에 아슬아슬하게 칼이 꽂힌다. 실제로는 칼이 날아가는 것이 아니라 뒤쪽에 숨어 있는 사람이 칼을 밀어내는 것이지만 우리는 순간적인 시각 기억 때문에 마치 칼이 던진 사람의 손에서 날아가 꽂힌 것으로 생각하게 된다. 집중력과 연관된 순간 기억 능력은 흔히 숫자 세기를 사용해 측정된다. 예컨대 숫자 1, 4, 6, 4, 7, 2, 8을 말로 들려주거나 보여 준 후 금방 이것을 다시 말해 보라고 하면, 대개의 정상인들은 7개 정도의 숫자는 별로 틀리지 않고 말할 수 있다. 그래서인지 7이란 숫자는 우리에게 친숙하며 행운의 숫자로 간주된다. 일주일은 7개의 요일로 되어 있으며, 7대 불가사의, 7인의 신부, 일곱 송이 수선화와 같은 말들이 사용된다. 음계명 '도레미파솔라시' 도 7개이다. 오스트레일리아 원주민은 숫자를 다음과 같이 센다고 한다. 하나, 둘, 셋, 넷, 다섯, 여섯, 일곱, 그리고 많이. 얼마 전 내 제자 한 명은 데이트하던 여자와 헤어졌는데, 그 이유는 식사를 할 때마다 여자가 돈을 내지 않았기 때문이라고 했다. 도대체 몇 번이나 그랬느냐고 물어보니 한 일곱 번쯤 되는 것 같은데 더 이상은 생각이 안 난다고 했다. 현대인들의 기억력도 오스트레일리아 원주민과 별로 다르지 않은 것 같다.

일반적으로 단기 기억은 변연계의 해마에, 장기 기억은 전두엽에 저장된다고 하나 확실한 것은 아니다. 장기 기억과 단기 기억의 한 가지 특징은 장기 기억은 단기 기억에 비해 더욱 안전하게 보관된다는 점이다. 예컨대 노인이 되어 건망증이 생기거나 치매가 생긴 경우 그는 어제 누가 왔다 갔는지, 어제 식사 반찬이 무엇이었는지 기억하지 못한다. 하지만 손자 이름이나 부인의 생일은 기억하고, 수저를 다루는 방법도 안다. 물론 치매 증세가 아주 심해지면 이런 것조차 모두 잊어버리게 된다.

뇌가 기억하는 방법

우위썬(吳宇森) 감독의 영화 「페이첵」에서 악당들은 주인공 마이클 제닝스(벤 애플렉 역)의 기억을 지우기 위해 영상술을 사용해 그의 뇌 세포 부위를 크게 확대한 후 이것을 파괴한다. 그럴 때마다 세포에 간직된 기억의 화면이 지워진다. 의학이 발달하지 않았던 때에는 이처럼 기억은 뇌 세포 안에 단순하게 저장되는 줄 알았다. 기억이 유전자에 저장된다고 믿었던 학자도 있었다. 한 실험에서, 쥐에게 빛을 반짝인 후 먹을 것을 주는 행위를 반복하면 쥐는 학습이 되어 빛을 반짝이면 먹을 것이 올 것을 기다린다. 이렇게 학습된 쥐의 뇌에서 RNA를 추출한 후 이것을 학습이 되지 않은 쥐의 뇌에 주입해보니 그 쥐도 빛을 반짝이면 먹을 것을 기대하는 신호를 보냈다는 결과가 발표됐다. 만일 기억이 이런 식으로 저장된다면 머리가 나쁘거나 공부하기 싫어하는 사람에게는 희소식일 것이다. 지식이 많은 사람의 뇌의 일부 혹은 척수액(뇌 속을 채우고 있는 액체)을 자신의 뇌에 주입하면 그 지식이 그대로 전달될 수 있을 테니 말이다. 하지만 위의 실험 결과는 잘못된 것임이 판명되었다. 지식이나 기억은 이런 식으로 전달될 수 없다.

현재까지 널리 받아들여지고 있는 기억에 관한 가설에는 크게 두 가지가 있다. 첫째는 '신경 전달 물질설'로, 『신경학의 원리(Principles of Neural Science)』라는 유명한 책을 쓴 노벨상 수상자 에릭 칸델(Eric Kandel)이 일찍이 주장한 이론이다. 그는 군소(달팽이와 비슷한 연체 동물로서 신경계가 매우 단순하기 때문에 신경 생리 연구에 사용된다.)에게 여러 가지 단순한 학습을 시킨 결과 기억과 관련된 신경 회로의 시냅스에서 신경 전달 물질이 증가하는 것을 관찰했다. 그는 인간도 이와 마찬가지로 일정한 학습을 하면 그것을 담당하는 신경 세포의 신경 전달 물질이 증가하는 것으로 생각했다.

기억에 관여하는 신경 전달 물질에는 여러 가지가 있으나 그중 글루타민이라는 신경 전달 물질이 많이 연구되었다. 이 신경 전달 물질은 NMDA라는 수용체를 통해 다른 신경으로 전달된다.(신경 전달 물질과 수용체에 대해서는 1장을 참고하라.) 이때 신경 세포를 여러 번 자극하면(예컨대 우리가 무슨 일을 여러 차례 학습하면) NMDA 수용체를 경유하는 여러 화학적 경로가 단순해져서 두 신경 세포 간의 상호 연결이 매우 돈독해진다는 것이다. 실제로 약을 사용하여 NMDA 수용체를 억제시킨 쥐는 미로 찾기를 잘 못하며, 유전공학을 이용하여 NMDA 수용체를 더욱 활성화시킨 쥐는 정상 쥐에 비해 더 잘한다는 실험 결과가 있다. 또한 기억과 매우 관계가 깊은 해마 부위의 NMDA 수용체를 없앤 쥐에게 미로 찾기를 시키면 쥐는 예상대로 미로 찾기를 잘 못한다. 하지만 그 쥐에게 여러 가지 자극을 가하고 훈련을 시키면 결국은 기억력이 되돌아온다. 아마도 뇌라는 것은 매우 탄력적이어서 해마 이외의 다른 부분이 기억 습득 기능을 대신했을 가능성이 있다.

둘째는 캘리포니아 대학교의 린치(Lynch)가 주장하는 '신경 세포 연결설'이다. 우리 뇌의 수많은 신경 세포들은 서로 연결되어 있는데 학습을 통해 부가적으로 새로운 연결이 생긴다는 것이다. 즉 A라는 신경이 평소 B 신경과 연결되어 있다면 학습을 통해 A 신경 말단에서 새로운 가지가 나와 C 신경과도 연결된다는 주장이다. 실제로 인간의 뇌신경 세포는 무려 1000억 개나 되는데 이런 세포들이 적절히 연결된다면 아무리 복잡한 사실도 기억할 수 있을 것이다. 얼마 전 세계 체스 챔피언이 컴퓨터에게 졌다고 하지만, 이런 회로를 모두 적절히 사용한다면 인간이 컴퓨터에게 지는 경우는 없을 것이다.

신경 전달 물질설과 신경 세포 연결설을 옹호 혹은 배척하는 여러 증거들이 있으나, 두 가설 모두 옳을지도 모른다. 실제로 이 두 가지 요소가 서로 상호 작용하여 새로운 기억의 회로를 형성할 가능성이 많다. 그런데 이 두 가설은 뇌의 신경 세포는 출생 후 새로 생기지 않는다는 것을 기정사실로 전제하고 있다. 신경 세포가 새로 만들어지지 않는 데에는 나름대로 중요한 이유가 있다. 뇌는 기억과 성격을 결정한다. 그런데 새로운 신경 세포가 자라난다면 이것이 달라질 수 있을 것이다. 만일 감정을 관장하는 신경 세포가 새로이 자라나 기존의 세포의 연결을 변형시켰다면 자고 일어나 보니 사랑하던 아내가 원수처럼 보일 수도 있을 것이다. 이처럼 제대로 습득된 중요한 정보를 훼손시키지 않기 위해서는 신경 세포가 마구 생겨나서는 안 된다.

하지만 반드시 이렇지는 않다는 사실이 최근 밝혀졌다. 프린스턴 대학교의 그로스(Gross) 교수 팀은 원숭이를 이용한 실험에서 해마에는 하루에 수천 개의 새로운 신경 세포가 생기며 이들의 축삭은 대뇌 피질을 향해 이동한다고 했다. 이러한 신경 세포가 단순히 진화적 흔적인지(하등 동물에서는 신경 세포가 생겼다 없어졌다 하므로), 아니면 새로운 기억 형성과 관계되는지 아직 모르고 있다. 만일 이처럼 새롭게 생기는 신경 세포가 기억과 관계된다는 증거가 발견된다면 이것은 기억 형성에 대한 제3의 가설로 등장할 것이다.

아마 과학적 소양이 높은 독자라면 왜 유전자 이야기가 나오지 않나 궁금해 할 것 같다. 최근 발달한 유전학으로 인해 유전자 발현, 혹은 이에 따른 단백질 합성 이야기가 약방의 감초처럼 끼지 않는 곳이 없다. 기억의 기제도 예외가 아니다. 뉴욕 대학교의 팀 툴리(Tim Tully) 박사에 따르면 초파리의 dnc 유전자는 기억 행위와 관련된다. 초파리의 기억이라 해 봐야 기껏 조건 반사적 기억이지만 그래도 유전자가 기억 활동과 관련된다는 사실은 중요하다. 우리의 고상한 정신 행위조차 유전자의 지배를 받고 있다는 증거이기 때문이다.

초파리에서 기억 활동은 신경 세포의 옆쪽에 버섯처럼 툭 튀어나온 부위인 버섯체(mushroom body)라는 곳에서 일어난다. 그런데 dnc 유전자에 돌연변이를 일으키면 버섯체 구조에 이상이 생겨서 기억 활동에 문제가 생기므로 이 녀석들은 갑자기 건망증 초파리가 된다. Dnc 이외에도 G alpha, DC0, CREB 등 여러 유전자가 초파리의 기억 활동에 관여하는 것으로 알려졌다. 이중 특히 CREB(cAMP responsive element binding protein)이 최근 각

광을 받고 있는데 이 물질은 초파리의 조건 반사적 기억뿐 아니라 쥐의 공간적, 사회적 기억 형성에도 관여한다는 사실이 밝혀지고 있기 때문이다. 뉴욕 대학교의 알치노 실바(Alcino Silva) 교수 팀에 따르면 초파리든 생쥐든 CREB이 저하되면 기억력이 떨어지고 증가되면 기억력이 좋아진다. CREB이 인간의 기억력과 관계되는지는 아직 확실히 밝혀지지 않았지만 그럴 가능성은 충분히 있다. 예컨대 CREB이 유착되는 단백질(CREB binding protein)을 코딩하는 유전자의 돌연변이는 기억력이 떨어지는 병인 루빈스타인테이비 증후군(Rubinstein-Taybi syndrome)의 원인인 것으로 알려졌다.

기억을 좋게 하는 방법?

"주차장에 차를 주차하고는 다음날 어디에 두었는지 몰라 헤매게 돼요.", "친구를 만나 얘기하는 도중 갑자기 그의 이름이 생각나지 않아 애먹었어요." 내 외래를 찾아와 호소하는 환자들의 증세이다. 그런데 실은 이런 환자들을 대할 때마다 내 가슴이 뜨끔해진다. 나도 요즘 그렇기 때문이다. 다만 내가 환자와 다른 점은 이런 증상이 '치매'가 아닌 '건망증'이며, 이것은 중년을 넘어선 사람에게 흔히 나타나는 정상 반응일 뿐임을 알고 있다는 사실이다. 이것을 모르는 환자들은 무슨 죽을병이라도 걸렸는 줄 알고 나를 찾아오지만 설명을 듣고 나면, 안심해서 돌아간다. 하지만 기억력 감퇴는 물론 좋은 것은 아니다. 일종의 노화 현상이기 때문이다.

그렇다면 시계를 어디에 두었는지 몰라 종일 방을 뒤진다면, 고등학교 동창생 전화번호를 알아야겠는데 도무지 그의 이름이 생각이 나지 않는다면 우리는 걱정해야 하나 말아야 하나? 그럴 수도 있고 아닐 수도 있다. 시계나 동창생 이름을 찾은 후 '아이 참 여기에 두었었지.', '원 참, 그 녀석 이름이 아무개였지.' 하며 자신의 건망증을 책망한다면 그리 걱정할 일은 아니다. 하지만 당신이 같은 실수를 지나치게 자주 반복한다면 걱정해야 한다. 가장 심각한 것은 기억력 외의 뇌기능도 전반적으로 떨어져 있는 경우이다. 예컨대 성격이 변하여 평소보다 난폭해지거나 혹은 너무 조용해진다면, 이치에 맞지 않는 소리를 하거나 전혀 우습지도 않은 농담을 계속한다면, 그리고 사람을 몰라보기 시작한다면 이제는 정말 걱정해야 한다. 단순한 건망증이 아니라 치매 증세이기 때문이다. 치매의 가장 중요한 원인 두 가지는 알츠하이머병과 혈관성 치매인데 이들은 고령화 사회에 이른 현대에 큰 문제로 대두되고 있다. 이런 병에 대해서는 4장에서 다시 언급하겠지만, 나는 여기서 건망증에 시달리는 분을 위해 기억력 회복 혹은 치매의 예방에 도움이 될 가능성이 있는 사실 몇 가지를 열거하겠다.

고혈압은 가장 중요한 혈관성 치매의 원인이다. 따라서 혈압이 높은 사람은 반드시 병원에 다니며 치료하여 혈압을 정상 수치(120/80mmHg 정도)로 낮추어야 한다. 당뇨병 역시 치매의 원인이며 건강 검진을 통해 당뇨가 생겼나 점검해 보고 이것을 치료해야 한다. 흡연과 음주는 뇌혈관을 손상시키는 원인이며 과음은 그 자체가 기억 회로를 손상시킨다. 규칙적인 운동은 기억력 감퇴 및 치매 예방에 매우 바람직하다. 조깅, 걷기, 수영 같은 유산소 운동을 하루 30분 이상 적어도 일주일에 3번 이상 하는 것이 좋다. 그러나 체력에 맞지 않는 과격한 운동은 다칠 염려가 있을 뿐 아니라 몸에 해로운 유리 산소기가 많이 발생할 가능성이 있으므로 오히려 좋지 않다. 또한 짜게 먹는 것이 고혈압의 요인이 되므로 가능한 염분을 적게 먹는 것이 좋다. 우리 몸이 하루에 필요로 하는 염분은 2~3그램인 데 반해 실제로 섭취하는 염분은 15~20그램이다. 따라서 가능한 싱겁게 먹는 것이 혈관성 치매 방지에 유리하다.

폐경기를 지난 여성이 매우 심한 우울증이나 건망증에 시달린다면 여성 호르몬을 당분간 투여하는 것이 도움이 된다. 그리고 머리를 꾸준히 사용하는 것이 기억력 유지에 도움이 된다. 일반적으로 교육 수준이 낮은 사람이 높은 사람보다 치매에 더 잘 걸리는 경향이 있지만, 과연 교육 그 자체가 이런 차이의 원인이 되는가에 관해서는 논란이 많다. 교육 수준이 높은 사람들은 건강 관리를 잘 할 것이고 영양 상태도 좋을 것이므로 혈관성 치매와 같은 만성 질환에 걸리지 않을 가능성이 많을 것이기 때문이다. 이러한 논란에도 불구하고 마치 평소 운동을 하는 것이 근육을 튼튼하게 만들듯, 두뇌를 자주 사용하는 것이 기억 기능의 유지에 유리할 것으로 생각된다.

흔히 나이가 들면 '쉬겠다'고 하지만 나이를 먹었더라도 끊임없이 지적인 활동을 유지하고 무슨 일에든 적극적으로 관심을 갖는 것이 좋다. 예컨대 독서, 대화 등을 계속하고 바둑, 컴퓨터, 영어 단어 외우기, 산수 문제 풀기 등을 지속하는 것이 좋다. 노래방에 가서 동료들과 노래를 부르는 것도 좋을 것 같다. 노래 가사를 외우느라 언어 중추가 자극이 되고 또한 감정의 뇌가 자극될 것이다. 한 연구에 따르면 치매에 걸린 사람들과 그렇지 않은 사람들에서 병전 일기를 조사해 보니 단순한 글 밖에 못쓰던 사람이 더 치매에 잘 걸렸다고 한다. 그렇다면 가능한 미사여구를 사용하며 매일 일기를 쓰는 것도 치매 예방에 도움이 될 가능성이 있다.

또한 비타민 섭취를 충분히 하는 것이 좋다. 뇌의 손상과 노화에는 우리 몸에서 대사 과정 중 나타나는 유리 산소기가 관여한다. 비타민 C나 E는 이러한 유리 산소기를 제거하는 작용을 한다. 그러나 비타민을 너무 많이 복용하면 오히려 유리 산소기 억제작용이 없어진다는 보고도 있으므로 비타민 제재를 밥먹듯 하는 것은 결코 바람직하지 않다. 영양 상태가 아주 나쁘거나 소화 능력이 없는 노인이 아니라면 비타민이 풍부한 음식(채소, 과일)을 많이 먹는 것이 비타민 제재를 복용하는 것보다 더 바람직하다. 요즘 DHA 성분이 함유된 영양제가 시중에 많이 나오고 있으며 마치 만병통치약처럼 선전되고 있다. 등 푸른 생선(고등어, 참치, 연어 등)에 많이 포함되어 있는 불포화지방산인 DHA는 뇌세포를 이루는 성분이며, 치매 환자에게서 뇌조직의 DHA 양이 떨어져 있는 것은 사실이다. 그러나 정상인에서 DHA 함유 영양제를 복용하는 것이 치매 예방에 좋은지 증명되어 있지는 않다. 따라서 이러한 영양제를 먹는 것보다는 음식을 골고루 섭취하는 편이 더 바람직하다.

결국 치매 예방에는 특별한 비법이나 기막힌 약이 있는 것이 아니라 평소의 건전한, 자연적인 삶에 그 비결이 있다고 할 수 있다. 그런데 복잡한 현대에 사는 우리, 특히 아이를 갖기를 꺼려하는 젊은 여성들은 어쩌면 가장 자연스러운 기억력 향상 방법 한 가지를 간과하고 있는지도 모른다. 그것은 바로 아기를 낳고 기르는 것이다.

여러 실험에서, 한 번도 새끼를 낳은 적이 없는 암컷 쥐에 비해 새끼를 낳고 길러 본 쥐는 미로 찾기를 더 잘한다는 사실이 밝혀졌다. 게다가 새끼를 한 마리 기른 쥐보다 여러 마리를 낳고 기른 쥐가 더욱 잘한다. 처녀들보다 월등한 우리나라 중년 아줌마들의 파워를 새삼 생각나게 하는 주장이지만, 과연 왜 그럴까? 그 해답으로 새끼를 출산하거나 젖을 먹일 때 뇌 안에서 증가하는 옥시토신에 있다는 주장이 최근 제기되었다.

일본 오카야마 대학교의 도미자와 교수 팀은 한번도 새끼를 낳거나 기른 적이 없는 쥐의 뇌에 옥시토신을 주사해 보았다. 그러자 그 쥐는 미로 찾기 능력이 향상되었다. 그러나 옥시토신의 반응을 저해하는 물질을 함께 주입했더니, 미로 찾기 능력은 향상되지 않았다. 역시 옥시토신이 기억력 향상의 해답이었다. 그렇다면 옥시토신은 어떤 방식으로 어미 쥐의 머리를 좋게 하는 것일까? 이것을 알아내기 위해 도미자와 교수 팀은 해마 조직 절편에 옥시토신을 가해 보았다. 그러자 앞에서 이야기한 기억 관련 물질인 CREB가 증가한다는 사실이 확인되었다.

그렇다면 새끼를 낳거나 기를 때 어미 쥐의 머리가 좋아져야 하는 진화론적 이유는 무엇일까? 이에 대한 해답으로 몇 가지 의견이 제시되었다. 아마도 오랜 임신과 출산 때문에 엄마는 거의 영양실조 상태일 것이다. 게다가 이제부터는 새끼까지 먹여 살려야 한다. 이런 상태에서 자연은 엄마의 공간적 기억력을 향상시켜 먹이 찾기에 유리하도록 만들었다는 주장이 있다. 엄마 뇌 안의 옥시토신은 아기가 젖을 빠는 자극이 있을 때 특히 증가한다. 이런 관점에서 본다면 아기가 자신의 생존을 위해 엄마의 먹이 찾기 능력을 향상시키는 것으로 해석할 수도 있다. 또 다른 가설은 임신과 출산에 따른 스트레스에 대한 것이다. 스트레스 호르몬은 해마에 작용하여 기억 기능에 좋지 않은 영향을 미친다. 어쩌면 옥시토신의 기억력 향상 효과는 스트레스로 인해 저하된 기억력을 회복시키려는 시도일 수도 있다.

그렇다면 옥시토신은 수컷의 뇌에서도 이런 일을 할까? 아쉽게도 수컷 쥐를 이용한 실험은 아직 시행된 적이 없다. 그러나 수컷의 뇌에도 옥시토신이 갑자기 증가하는 경우가 있다. 바로 성행위를 한 직후이다. 그렇다면 섹스를 좋아하는 남자는 머리가 좋을까? 하지만 성행위 이후 수컷 뇌에서 증가하는 옥시토신의 역할은 암컷의 경우와는 좀 다른 것으로 생각된다. 옥시토신이 생길 수 없도록 유전적 조작을 가한 수컷 쥐는 자신과 교미한 암컷 쥐를 만나도 임컷을 몰라본다. 또한 무관심해진다. 미시건 주립 대학교의 브리드러브(Breedlove) 교수의 견해는 이렇다. 옥시토신은 암컷에 있어 공간적 기억을 향상시키지만, 수컷의 경우에 사교적 기억 혹은 사랑의 기억을 향상시킨다는 것이다. 자신의 이름에 걸맞은 해석(Breed는 출산 혹은 양육, Love는 사랑이란 뜻)이 아닐 수 없다. 이런 사교적 기억은 해마가 아닌 편도체에서 담당하므로 암수에서 옥시토신이 작용하는 부위가 각각 다른 것으로 추정된다. 결국 옥시토신은 남자에게는 '사랑의 호르몬', 여자에게는 '두뇌의 호르몬' 일 수도 있는 것이다.

그렇다면 노인성 건망증 혹은 알츠하이머병 같은 기억력 감퇴 질환의 치료에 옥시토신을 사용될 수 있을까? 도미자와 교수는 그렇다고 믿는다. 그러나 이제까지의 실험은 쥐를 사용한 것이었으므로 이런 결과를 사람에게 그대로 적용하는 것은 무리이다. 뿐만 아니라 옥시토신은 뇌 안에 직접 주사를 해야만 효과가 있으므로 당장 사람에게 사용하기는 어렵다.

노인이 기억하는 법

　머리가 좋은 사람은 수업만 잘 들어도 시험 성적이 좋지만, 머리가 나쁜 사람은 그것만으로는 부족하다. 남들이 노는 시간에도 책을 붙들고 있어야 좋은 성적을 낼 수 있다. IQ에 관한 한 세상은 공평하지 않다. 우리는 어쩔 수 없이 이 사실을 인정해야 한다.
　그런데 머리가 좋든 나쁘든 나이가 들면 어쩔 수 없이 기억력이 떨어진다. 그러니 무엇이든 외우기가 힘들어진다. 머릿속에 들어 있던 것조차 빠져나갈 지경이다. 만일 나이가 많은 사람이 학교를 다닌다면 젊은 사람보다 더 열심히 공부할 수밖에 없다. 남들이 노는 시간에도 공부를 해야 한다. 아마 나의 고모님도 그러셨을 것이다. 6·25 사변 통에 대학 진학을 포기하고 결혼하신 고모님은 늦은 나이에 공부 의욕이 생겨 방송통신대학교에 다니셨다. 77세에 졸업하셨으니 우리나라에서 최고령 대학교 졸업자 중 하나일 것이다.(실제로는 79세에 졸업한 분이 최고령자이다.)
　학교에서 새로운 지식을 쌓아야 했을 때 고모님의 뇌의 활동은 젊은 사람의 것과 비슷했을까? 아닐 것이다. 나이 듦에 따라 신경 세포의 수가 줄어들었을 고모님의 뇌 활동은 젊은 사람의 그것과는 분명 달랐을 것이다. 그것은 토론토 대학교의 로베르토 카베자(Roberto Cabeza) 교수의 실험 결과를 보면 알 수 있다. 기억을 할 때 젊은 사람과 나이 든 사람의 뇌 활동이 각각 어떻게 다른가를 알아보기 위해 그는 평균 나이 26세인 젊은 사람 12명과 평균 나이 70세인 노인 12명을 대상으로 실험을 해 보았다. 우선 그들에게 서로 관계가 없는 두 개의 단어를 알려주고 이것을 외우라고 하였다. 얼마 시간이 지난 후 이중 한 단어를 주고 나머지 단어를 기억해 보라고 했다. 이처럼 외우는 도중, 그리고 외운 것을 기억해 내는 도중 PET을 사용하여 두 집단의 뇌의 혈류량을 측정했다.

젊은 사람들에서는 단어를 외우는 동안은 왼쪽 전두엽, 그리고 왼쪽 측두엽과 후두엽 사이의 혈류가 증가했다. 양쪽 뇌 중 왼쪽 뇌가 활성화된 이유는 우리가 무엇을 외울 때 언어를 사용해야 하며 따라서 왼쪽에 있는 언어 중추를 이용해야 하기 때문일 것이다. 반면 이미 외운 것을 기억해 내는 동안에는 오른쪽 전두엽 및 두정엽의 혈류가 증가했다. 이 부위는 저장된 기억을 꺼내는 데에 중요한 역할을 하는 부위로 이미 알려진 바 있다. 그런데 노인에서는 이와 달랐다. 앞에서 말한 뇌 부분의 활동이 젊은이에 비해 훨씬 저하되어 있었다. 그러나 대신 뇌의 다른 부위가 활성화되었다. 예컨대 외우는 도중 양쪽 '도피실'이란 곳이 활발하게 활동을 하고, 단어를 기억해 낼 때에는 왼쪽 전두엽이 활동을 했다. 다시 말하면, 노인의 뇌는 기억 활동 도중 비교적 광범위하게, 여러 곳이 활성화되는 것이었다.

기억을 할 때 일반적으로 활성화되는 것으로 알려진 뇌 부분의 활동이 노인의 경우에 적은 이유는 아마도 노화에 따른 신경 세포의 소실과 뇌 기능 저하 때문일 것이다. 대신 노인들의 뇌는 다른 부위의 뇌신경 세포를 광범위하게 사용한다. 아마도 소실된 기억 기능을 보상하기 위해서일 것이다. 남들이 놀 때 공부를 하듯, 노인들의 뇌는 기억을 할 때에 놀아야 할 뇌까지도 열심히 동원하는 것이다.

이처럼 뇌의 여러 부위를 열심히 사용하더라도, 나이가 든 노인들은 젊은이에 비해 과거의 일을 쉽게 잊고, 미래에 해야 할 일 역시 기억을 잘 못한다. 그러나 젊은이는 기억력이 좋아도 경망스러워서 일을 그르치는 경우가 많다. 노인은 기억력의 감퇴를 보상하기 위해 노트에 적어 놓는 등 무엇이든 철저히 준비하는 경향이 있다. 즉 나이를 먹었더라도 지혜와 의지를 사용해서 젊은이들보다 더 뛰어난 업적을 이룰 수 있는 것이다. 이런 점에서 '노인의 지혜'란 어쩌면 기억력 감퇴에 따른 경쟁력 약화를 보상하기 위한 작용일 수도 있다.

더 나아가 나는 노인의 기억력 감퇴 자체가 일종의 합목적적인 현상이라는 생각을 가지고 있다. 기억과 망각은 노소에 상관없이 모두 중요하다. 하지만 그 중요성은 인생의 과정에 따라 달라질 것이다. 세상 경험이 없는 어릴 적에는 무엇이든 중요한 것을 기억해야 하므로 기억력이 좋아야 한다. 하지만 노인이 되어 이미 많은 경험을 했다면 오히려 기억 보다는 망각이 더욱 필요할 수도 있다.

프랑스의 소설가 베르나르 베르베르는 『아버지들의 아버지』라는 책에서 원시인 사회에서 그 무리에 별 도움이 되지 못하고 먹을 것만 축내는 노인들이 왜 쫓겨나지 않는가를 질문하고 있다. 그에 따르면 원시인들은 사자나 하이에나 같은 천적들이 공격해 올 때 늙은이들을 맨 뒤에 둠으로써(실은 저절로 맨 뒤로 쳐지는 것이겠지만) 야수들의 밥이 되도록 했고, 이것이 오히려 젊은 사람들의 생존을 지켜 주었다는 것이다.

이런 현상은 현대 인간 사회에서 아직까지도 일어나고 있는 것인지도 모른다. 경제가 어려웠던 IMF 시절 정부는 교원 정년을 65세에서 62세로 낮추어 노인 교사들을 모두 쫓아냈다. 은행에서는 지금도 구조 조정이란 것을 시행해 나이 든 사람을 내쫓고 있다. 더군다나 이제는 어른들로부터 '지혜'를 배우던 농업 사회, 대가족 사회가 아니다. 머리 회전이 빠를수록 유리한 신경제, 인터넷 시대를 맞아 우리 노인들은 원시시대에 젊은이들의 뒤를 힘겹게 쫓아가던 먼 조상들의 모습을 닮아 가고 있는 것이다.

내 생각에 이처럼 비참한 노년에 한가지 커다란 축복이 있다면 그것은 바로 기억력 저하, 즉 건망증이다. 기억력 저하 덕분에 그들은 죽음이나 질병의 공포도 덜 느끼게 되며 젊은이들로부터 밀려난 자신의 신세도 덜 슬퍼 하게 된다. 이 모든 슬픈 일들을 잊지 못한다면, 또렷한 정신을 가지고 죽을 때까지 걱정해야 한다면 우리 인생은 얼마나 비참할까? 이런 점에서 중년 들어 깜박깜박하는 분들은 기억력 저하를 비관할 것이 아니다. 차라리 자신을 쉽게 하기 위해 망각 기능이 활성화된 것으로 생각하는 편이 더 낫지 않을까? 실제로 요즘 망각은 기억력의 소실이라기보다는 활동적인 뇌의 산물이라는 주장들이 고개를 들고 있다. 이제 그 이야기를 해 보자.

망각의 기술

어릴 적 도덕책에서 이런 대화를 읽었다. 젊은이가 노인에게 "세상에서 가장 무서운 것은 무엇입니까?"라고 묻자 노인은 "망각이란다."라고 답했다. 노인이 한 말의 뜻을 이해 못하는 것은 아니다. 하지만 나는 망각이 오히려 신의 축복일 수도 있다고 생각한다.

많은 사람들이 무엇이든 잘 외우는 사람을 보고 부러워하지만 실제로 우리는 누구나 쉴 새 없이 기억하고 있으며, 또 그만큼 망각하고 있다. 우리에게 망각은 기억만큼이나 중요한 것인데 망각의 중요성은 두 가지로 생각해 볼 수 있을 것 같다.

첫째로 뇌의 기억 창고가 무한히 큰 것이 아니기 때문에 중요한 것을 기억하기 위해서는 덜 중요한 것을 잊어 버려야 한다. 동생이 자신을 살해했고 아내를 빼앗았다는 사실을 결코 잊지 말라 강요하는 아버지의 혼령에게 햄릿은 이렇게 울부짖는다. "잊지 말라고요? 좋습니다. 내 기억의 장부에서 하찮은 기록일랑 싹싹 지워버리다. 당신의 명령만을 기억 속에 간직해 두고 하찮은 것들과 섞지 않겠소." 여기서 햄릿은 중요한 것을 기억하기 위해 사소한 것을 망각하는 뇌의 기제를 알려 준다.

　둘째로 자신의 삶에 별로 도움이 되지 못하는, 혹은 고통스럽기만 한 기억을 너무 오래 간직하고 있는 것은 비효율적이며 그 개체의 삶에 바람직하지 않다. 이런 기제가 우리에게 중요한 이유는 우리가 잊지 못하는 기억에는 좋은 기억보다는 슬프고 고통스런 기억이 더 많기 때문인 것 같다. 예컨대 크라이슬러의 「사랑의 기쁨」이란 노래의 가사는 "사랑의 기쁨은 어느덧 사라지고 사랑의 슬픔만 영원히 남았네."이며, 로렌스 올리비에가 호연한 옛날 영화 「엔터테이너」에서 가극장 주인이 매번 부르던 노래 가사도 이렇다. "슬픔은 왜 언제나 나를 찾아오나. 왜 한 번도 그냥 지나치지 않나." 사실 인생은 기쁨과 슬픔의 연속이지만 이중 슬픔을 더 오래 기억하기 때문에 이렇게 생각되는 것이다.

　이처럼 우리에게 기쁜 기억은 잠시 머물다 가고 슬프고 괴로운 기억이 오랫동안 혹은 영원히 남는 것은 고통스러운 기억을 오래 간직하여 그 고통이 다시 오는 것을 피하도록 해 주는 생존 전략이 아닐까? 예컨대 사슴은 사자가 자신의 동료를 잡아먹는 그 공포스러운 모습을 오래 기억해야 나중에 그런 상황에서 몸을 피해 유리한 생존을 도모할 수 있을 것이다.

　그런데 문제는 그 어려운 상황 혹은 고통을 지나치게 오래 기억하는 것, 그리고 쓸데없는 걱정을 너무 많이 하는 것이다. 옛 중국의 기나라 사람은 하늘이 무너질까 봐, 땅이 꺼질까 봐, 별이 떨어질까 봐 항상 걱정했다. 여기서 '기우(杞憂)'란 말이 유래했다고 한다. 그런데 현대의 복잡한 사회를 사는 우리도 누구나 기우를 조금씩은 가지고 있다. 이처럼 걱정스러운 생각을 지나치게 오래 간직하는 것은 우울증, 신경증, 그리고 대인기피증을 초래한다. 이런 점에서 우울증이 있는 사람들은 금방 잊어버리고 즐겁게 지내는 사람보다 더 잘 진화된 사람들일지도 모르겠다. 그러나 이런 해석이 우울증으로 고생하는 환자들에게 위로가 되지는 못할 것 같다. 심한 경우 괴로운 기억은 그 인간의 삶을 영원히 왜곡할 수도 있다. 영화 「박하사탕」에서 주인공(설경구 역)은 광주 사태 때 총기 오발로 어린 여학생을 본의 아니게 죽이게 된다. 그는 그 후유증으로 진정한 사랑을 받아들이지 못하고 죽을 때까지 폐인같이 산다.

결국 앞에서 말한 알코올 중독, 헤르페스 뇌염, 뇌졸중이 기억 기능을 저하시키는 질환이라면 우울증, 스트레스, 대인기피증은 망각 기능 저하와 관계되는 질환이라 할 수도 있을 것이다. 그렇다면 망각을 가능케 하는 뇌의 기전은 무엇인가? 망각은 기억의 반대말이라 할 수 있으며 망각의 기제 역시 기억 습득의 반대 상황을 만들어 연구한다.

기억의 습득을 연구하기 위해 학자들은 흔히 파블로프(Pavlov)의 조건 반사를 이용한다. 예컨대 종을 친 다음 음식을 주는 행위를 반복하면 개는 종소리가 곧 나타날 음식을 의미한다는 사실을 학습하게 된다. 이렇게 학습된 개는 종소리만 들어도 침을 질질 흘린다. 이것은 말하자면 행복한 기억이다. 고통스러운 기억 역시 마찬가지로 학습시킬 수 있다. 예컨대 종을 친 얼마 후에 개에게 되풀이해서 전기 충격을 가하는 것이다. 그러면 얼마 지나지 않아 종을 치기만 해도 개의 심장 박동은 증가하고 혈압이 오르며 겁먹은 표정으로 몸을 웅크린다. 행복한 기억이든 공포스러운 기억이든 이러한 조건 반사에 따른 기억은 변연계의 한 부분인 편도체가 담당하는 것으로 알려져 있다. 여기에 NMDA 수용체를 경유하는 글루타민 신경 전달 물질이 관여한다.

망각의 기능 역시 동일한 모델로 연구할 수 있다. 조건 반사 학습이 끝난 상태에서 그 반대 상황을 반복하는 것이다. 즉 언급한 공포 기억 학습이 끝난 뒤에 종을 친 후 아무런 전기 충격을 가하지 않기를 반복하면 얼마 후에는 종을 쳐도 동물은 아무런 행동 변화를 보이지 않는다. 동물은 이제 고통스러운 기억을 망각한 것이다. 그런데 기억 작용에 NMDA 수용체와 글루타민 신경 전달 물질이 관여하는 것처럼 망각 작용 역시 글루타민이 작용할 가능성이 높다. 위에 말한 망각 실험에서 동물에게 NMDA 수용체를 억제하는 약제를 사용하면 망각 작용이 일어나지 않기 때문이다.

그런데 최근 망각 작용과 관계하는 것은 변연계의 카나비노이드 신경 전달 물질 시스템이라는 주장에 힘이 실리고 있다. 독일 막스 플랑크 연구소의 빌 루츠(Beal Lutz) 박사 팀은 얼마 전 《네이쳐》에 재미있는 실험 결과를 발표했다. 인간의 변연계에 풍부한 카나비노이드라는 신경 전달 물질은 신경 세포의 CB1 수용체를 통해 작용한다. 루츠 박사 팀은 유전 공학적 방법을 사용해서 선천적으로 CB1 수용체가 없는 생쥐를 만들었다. 그들은 이 생쥐에게 앞에서 말한 조건 반사 실험을 해 보았다. 생쥐에게 일정한 크기의 소리를 들려주고 곧이어 발에 전기 충격 주기를 반복했다. 생쥐는 정상적인 동물처럼 반복 학습을 통한 기억 능력을 습득했으나 망각 기능은 갖지 못했다. 즉 소리를 들려준 후 전기 충격 자극을 주지 않기를 오랫동안 계속해도 쥐는 여전히 그 소리를 고통스러운 소리로 인식했다.

루츠 박사 팀은 CB1 수용체를 갖고 있는 정상적인 생쥐에게 CB1 수용체를 무력화시키는 약제를 사용해 보았는데 역시 이 쥐들도 망각 기능을 갖지 못했다. 게다가 망각 실험 도중 동물의 편도체에서 카나비노이드의 분해 산물이 증가하는 것이 확인되었다. 이런 결과로 미루어 볼 때, 망각 작용에는 카나비노이드라는 신경 전달 물질 그리고 그 수용체인 CB1의 역할이 중요한 것 같다. 망각의 기전에 관해 앞으로 좀 더 많은 연구가 되어야 하겠지만, 망각 기능을 잃어버려 종소리를 영원히 고통스럽게 들어야 하는 실험쥐를 통해 우리는 망각은 고통이 아닌 축복임을 알게 된다.

결국 우리 인생은 기억과 망각이라는 씨줄과 날줄로 만들어진 옷이다. 영화 「매트릭스」에 나오듯 우리가 어디엔가 갇혀 있는 존재라면 우리는 바로 기억과 망각으로 짠 옷 속에 갇혀 있다. 이 옷은 다윈의 적자생존의 법칙에 따라 엮어진다. 우리의 생존에 중요한 사항은 기억되고 그렇지 않은 것은 망각된다. 이미 회로에 저장된 기억이라도 미래에 더욱 중요한 사건이 생긴다면 이것을 위해 망각되어야 한다. 즉 우리는 일생 동안 주변 상황에 따라 기억을 취사선택하며 살아가고 있는 것이다. 루소는 먼저 잊어버리는 법을 배우지 않으면 어떤 진리도 자신을 드러내지 않는다고 말했다. 사실 우리가 모든 것을 기억한다면 이것은 아무것도 기억하지 못하는 것과 마찬가지다.

유전인가 환경인가

어떤 학생은 별로 공부를 열심히 안 하는 것 같은데 성적이 좋고, 어떤 학생은 열심히 하는 데도 성적이 나쁘다. 즉 사람들마다 머리의 좋고 나쁨에는 선천적인 차이가 있다. 지능에 관한 한 세상은 공평한 것 같지 않다. 그러나 노력하지 않으면서 뛰어난 업적을 이룬 사람은 이 세상에 없다. 이 말은 오랫동안 각계각층에서 위대한 업적을 이룬 사람들을 연구해 온 미국 플로리다 주립 대학교의 심리학자 앤더스 에릭슨(Anders Ericksen) 교수가 한 말이다. 그렇다면 지능은 유전인가 환경인가? 이 이야기를 하기에 앞서 지능이란 무엇인가를 논하자.

지능이란 무엇인가? 어려운 질문이다. 인간의 지적 능력을 단순하게 정의할 수는 없다. 그럼에도 불구하고 우리는 여러 가지 문제를 피검자에게 풀게 하면서 지능을 측정한다. 여기에는 공간적·수리적 이해나 언어적 이해 등 뇌의 각 부분의 능력을 가늠케 하는 여러 종류의 문제들이 포함되어 있다.

인간의 지능을 측정하는 척도로서 현재 가장 많이 사용되는 도구는 IQ이다. IQ 측정법은 여러 사람의 노력의 결과로 완성되었다. 프랑스의 심리학자 비네(Binet)는 아이들이 성장함에 따라 발달하는 추상적 사고 능력을 관찰한 후, 이것을 계량화하고자 한 최초의 학자였다.(그의 주 관찰 대상은 다름 아닌 자신의 두 딸이었다.) 그는 3~13세까지 나이에 따른 지능 검사 척도를 만들었다. 이후 독일의 슈테른(Schutern)은 어른도 평가할 수 있는 지능 척도를 고안했다. 이것이 오늘날 사용되는 IQ의 모태다. 현재 가장 많이 쓰이는 IQ 측정 방법은 1939년에 개발된 웩슬러 지능 검사이다. 국내에서는 이것을 한국 실정에 맞게 개량하여 사용하고 있다.

한편 영국의 심리학자 스피어먼(Spearman)은 인간의 전반적인 지적 능력을 지 팩터(G factor, general intelligence factor)라고 불렀다. 예외도 있지만, 대체로 머리가 좋은 사람은 모든 과목을 잘한다. 공부 잘하는 학생이 "나는 수학은 못해."라고 말해도, 수학 성적이 다른 보통 아이들보다 더 높은 것이 일반적이다. 공부 잘하는 학생은 "G factor가 높다."라고 할 수 있는 것이다. 이어 그의 제자들은 선천적인 지능을 플루이드 지능(GF, Fluid intelligence), 후천적으로 얻어진 능력을 경험 지능(GC, Crystallized intelligence)으로 구분한 바 있다. 아마도 우리가 현재 사용하는 IQ는 어느 정도 플루이드 지능을 반영하는 것 같다.

마치 화성에 우주선을 보내듯 학자들은 최근 지능의 모습을 영상으로 보기 위한 도전을 시작했다. 공간적·수리적 이해나 언어적 이해 등 여러 가지 다양한 문제를 푸는 동안 활성화되는 뇌의 모습을 PET나 기능적 MRI를 이용하여 연구하기 시작한 것이다. 영국 케임브리지 대학교의 인지과학 연구소의 존 던컨(John Duncan) 교수 팀은 피검자들에게 공간 지각, 언어 능력 등을 시험해 보았다. 그와 동시에 그들의 뇌를 PET를 사용해 검사했다. 공간 지각이든, 언어 능력이든 피검자가 문제를 푸는 동안 활성화되는 뇌의 부위는 동일했다. 어려운 문제를 풀 때나 쉬운 문제를 풀 때 역시 마찬가지였다. 활성화되는 부위는 바로 전두엽의 바깥쪽이었다. 미국 워싱턴 대학교의 토드 브레이버(Todd Braver) 교수 팀은 대학생 48명에게 복잡한 단기 기억을 활용하는 문제를 풀게 해 보았다. 그들은 기능적 MRI를 사용해 뇌를 검사하였는데 활성화되는 부위는 전두엽의 바깥 부분, 그리고 두정엽과 소뇌의 일부였다. 이런 결과를 볼 때, 아마도 우리가 말하는 일반적인 지적 활동에는 전두엽, 특히 전두엽 바깥쪽의 활성화가 가장 중요한 것 같다. 이런 점에서 스피어먼이 일찌기 인간의 지능을 간단히 지 팩터라고 부른 것은 통찰력 있는 견해였다. 지 팩터는 바로 인간의 전두엽에 숨어 있는 능력이었던 것이다.

이런 점에서 지능이 높은 인간의 전두엽이 다른 동물보다 유난히 발달한 것은 잘 이해된다. 인간에 있어 전두엽은 뇌 전체의 30퍼센트 이상을 차지한다. 반면 인간 다음으로 머리가 뛰어난 동물인 원숭이의 경우에는 불과 9퍼센트다. 즉 전두엽은 인간이 진화 과정을 거치면서 가장 공을 들여 발달시킨 뇌다. 따라서 복잡한 문제 풀이와 판단, 즉 인간의 지능에 전두엽이 가장 큰 역할을 하는 것은 당연하다.

그런데 지능이 높은 사람과 낮은 사람 사이에 전두엽을 사용하는 정도는 차이가 있을까? PET를 사용한 이전 연구에 따르면 동일한 과제를 해결할 때 지능이 높은 사람은 낮은 사람에 비해 뇌를 조금만 사용하는 것으로 나타났다. 이 결과에 대해 지능이 높은 사람은 뇌를 효율적으로 사용하기 때문이라는 해석이 내려졌다. 즉 머리가 좋은 사람은 짧은 시간 동안 공부를 해도 좋은 성적을 거둘 수 있다는 뜻이다. 하지만 브레이버 교수 팀의 연구에서는 이와 반대로 플루이드 지능이 높은 학생이 낮은 학생에 비해 전두엽이 더욱 활성화되었다. 왜 이처럼 연구 결과가 다른지에 대해서는 아직도 논란이 많다. 분명한 것은 지능과 뇌 활동의 관계에 대해서는 앞으로 좀 더 많은 연구가 이루어져야 한다는 사실이다.

이제 처음 질문으로 돌아가자. 머리의 좋고 나쁨은 유전되나? 앞에서 나는 머리 좋은 학생과 나쁜 학생을 언급했지만 시골 학생보다 도시 학생, 강북에 사는 학생보다 강남에 사는 학생의 성적이 더 좋은 것은 무엇보다도 환경 때문이라는 지적도 있다. 그래서 우리나라의 현대판 맹자 어머니들은 강남으로 이사를 가려고 애를 쓰고, 이에 따라 강남의 아파트 값은 청천부지로 치솟았다.

앞서 말한 비네와 같은 시대에 활동했던 우생학자 프란시스 골턴(Francis Galton)은 단연 지능은 유전되는 것이라고 했다. 그는 선천적으로 백인은 흑인보다, 부자는 가난한 자보다 머리가 더 좋다고 했다. 따라서 지능이 높은 자들의 출산을 장려하고 하층 계급 사람들에게 피임법을 보급함으로써 인류의 진보를 도모해야 한다고 주장했다.

서양 사회에 민주주의와 평등 원리가 대두되면서 이런 인종적, 계급적 차별에 대한 반발이 생긴 것은 당연하다. 여러 학자들의 주장에 힘입어 이번에는 유전자보다는 환경 요인이 지능에 더 큰 영향을 미친다는 견해가 등장했다. 예컨대 원래 인간의 지능에는 서로 차이가 없지만 백인과 부자는 각각 흑인과 가난한 자에 비해 교육의 기회가 많고 영양 상태가 좋기 때문에 지적 능력이 계발된 것뿐이라는 주장이다.

그러나 근래 유전학의 발달로 인해 지능의 유전설이 다시 고개를 들고 있다. 예컨대 유전자가 동일한 일란성 쌍둥이를 대상으로 한 연구에서, 쌍둥이 중 하나가 다른 집안에 입양되더라도 그 아이의 지능은 입양된 가족보다는 원래 쌍둥이 형제의 것과 비슷하다는 사실이 밝혀진 것이다.

하지만 여기에 반발하여 다시 '자궁 내 환경설'이 제창되었다. 쌍둥이는 엄마의 자궁 속에 있는 10개월 동안의 환경이 동일하다. 즉 뇌의 신경 세포가 한창 자라나는 중요한 시기에 동일한 환경에 노출되었기에 쌍둥이의 지능이 서로 비슷해졌다는 것이다. 따라서 태내 환경의 영향을 배제한다면 유전적 요인은 50퍼센트 미만이라고 일부 학자들은 주장한다.

그러나 일란성 쌍둥이 형제가 이란성 쌍둥이(이 경우 유전자는 50퍼센트만 동일하다.)보다 서로의 지능이 더욱 비슷한 것 역시 사실이다. 자궁 내 환경의 영향을 감안하더라도, 유전적 영향도 존재한다고 봐야 한다. 미국 로스앤젤레스 대학교의 폴 톰슨(Paul Tompson) 교수 팀의 최근 연구로 인해 뇌 기능의 유전적 영향을 강조하는 주장에 다시 힘이 실렸다. 그들은 여러 명의 일란성 쌍둥이와 이란성 쌍둥이들의 뇌를 MRI를 찍어 서로 비교해 보았다. 특히 지능과 관련이 깊은 전두엽과 측두엽의 회백질 분포 상태를 자세히 비교했다. 그 결과 일란성 쌍둥이의 95퍼센트 이상에서 이 분포가 동일한 반면 이란성 쌍둥이의 경우는 별로 비슷하지 않았다. 즉 일란성 쌍둥이는 그 모습이 비슷한 것처럼 뇌의 해부학적 모양도 거의 동일하다. 그렇다면 뇌의 기능, 즉 지능도 거의 비슷할 것이다.

따라서 현재로서는 환경적 요소보다는 유전적 요소가 지능에 미치는 영향이 더 큰 것으로 보는 견해가 우세하다. 나는 유전의 영향이 아마도 60퍼센트 이상일 것이라고 생각한다. 그러나 지능 지수 혹은 지 팩터가 인간의 능력을 모두 반영하는 것이 아님은 물론이다. 특히 기존의 질서를 파괴하고 새로운 원리를 세우는 능력, 즉 창조성은 기존의 IQ 검사로는 파악할 수 없다. 『파인만 씨 농담도 잘하시네!』로 우리에게 잘 알려진 노벨 물리학상 수상자 리처드 파인만의 IQ는 불과 122라고 전해진다. 게다가 과학의 천재인 에디슨이나 아인슈타인은 국어 과목에서, 정신분석학의 창시자 프로이트는 음악 과목에서, 미술의 천재 피카소는 그림을 제외한 거의 모든 과목에서 낙제생 수준이었다. 지능 지수가 높다고 반드시 창조적인 인간, 성공하는 인간이 되는 것은 아니다. "천재는 99퍼센트의 노력과 1퍼센트의 영감으로 생긴다."라는 에디슨의 주장은 교묘한 말이다. 그가 노력의 중요성을 강조한 것은 틀림없다. 하지만 '1 퍼센트의 영감'은 선천적인 재능에 많이 좌우되는 것도 사실이다.

혼자 살 것이냐, 함께 살 것이냐

동물 다큐멘터리를 보면 호랑이나 표범은 언제나 고독하게 지낸다. 하지만 늑대나 원숭이는 무리지어 다닌다. 이처럼 동물마다 사회성이 다른 이유는 그러한 행동이 그 동물 나름의 생존에 알맞기 때문이다. 사회성은 진화의 산물이다. 성적 행동 양식도 마찬가지다. 긴팔원숭이는 일부일처제를 택하고 있고, 보노보는 난교 상태로 지낸다. 우리가 이들의 사회를 전부 이해하지는 못하지만 이러한 암수의 행동 양식 역시 진화적 전략에서 유래할 것이다. 인간은 사회적으로 진화한 대표적인 동물이며, 대부분 일부일처제를 취하고 있다. 이러한 종 간의 사회적, 혹은 성적인 행동 양식을 규정하는 유전적 차이는 무엇일까?

이러한 의문에 대한 해답은 '고독'이나 '사교' 같은 단어와는 전혀 무관해 보이는 선충(Caenorhubditis elegans)에서 나왔다. 선충은 장 속에 기생하여 살아가는 회충과 비슷한 동물인데 이중에는 음식을 혼자 먹는 놈도 있고 여럿이 함께 먹는 녀석도 있다. 그런데 그들의 사회적 행동을 결정하는 변수는 매우 단순하다. 최근 드 보노(de Bono) 박사와 바르그만(Bargmann) 박사의 실험에 따르면 선충의 npr-1 유전자에는 두 종류의 변이가 있는데 이에 따라 음식을 먹는 행위가 달라진다고 한다. 즉 동료와 함께 음식을 먹는 녀석은 npr 수용체 단백질의 215번째 위치에 페닐알라닌이라는 아미노산이 붙어 있고, 혼자 먹는 녀석에게는 발린이 대신 붙어 있다. 유전자를 조작하여 이 아미노산을 서로 바꾸어 주면 갑자기 고독했던 녀석은 사교적이 되고, 사교적이던 녀석은 마치 영화 「황야의 무법자」의 클린트 이스트우드처럼 고독을 씹는 것을 볼 수 있다. 적어도 선충에서는 단 한 개 아미노산이 이들의 성격을 결정한다.

여기까지 읽은 독자 중 친구를 잘 사귀지 못해 고민하는 분이 있다면 자신의 npr 유전자를 바꾸어 보고 싶은 생각을 할지도 모르겠다. 하지만 이런 시도는 인간에게는 아무런 효과가 없다. 생물이 척추동물로 진화하면서 npr-1 유전자뿐 아닌 여러 종류의 신경 단백질이 사회성 및 기타 행동 양식에 관여하게 되었기 때문이다. 이의 대부분은 9개의 아미노산으로 이루어진 짧은 길이의 단백질인데 그중 연구를 통해 비교적 잘 알려진 것은 옥시토신과 바소프레신이다. 두 물질은 모두 뇌의 시상 하부에서 분비된다.

이런 연구를 하는 데 있어 미국들쥐는 매우 편리한 연구 대상이 된다. 이들은 유전적으로 거의 동일한 집단인 데도 사는 방식은 전혀 다르기 때문이다. 평원에 사는 초원들쥐(prarie vole)는 마치 우리 인간처럼 일부일처제를 택하며 살고 있다. 그리고 자신의 집을 지키듯 암수는 자신의 고유한 영역을 지킨다. 반면 산에 사는 산악들쥐(montane vole)는 난교 상태로 지내며 자신의 영역을 가지고 있지 않다. 이들의 행동 차이를 규정하는 것은 무엇일까?

미국 에모리 대학교의 래리 영(Larry Young)교수 팀이 여기에 대한 해답을 주었다. 그들의 실험에 따르면 수컷 초원들쥐의 경우, 교미 행위를 한 후 뇌에서 증가하는 바소프레신이 파트너에 대한 애정 표현을 증가시킨다. 따라서 녀석은 교미 후에 암컷이 귀여워 죽겠다는 듯 핥고 비벼댄다. 교미를 하지 않더라도 수컷 들쥐에게 바소프레신을 주입하면 파트너를 예뻐하는 행동을 보인다. 한편 암컷에서는 교미 후 뇌 안에 상승하는 옥시토신이 수컷에 대한 사랑 표현을 증가시킨다. 역시 교미를 않더라도 옥시토신을 주면 수컷 파트너를 사랑하는 행동을 취하며, 이때 옥시토신의 활성을 억제시키는 약제를 사용하면 이런 행동을 보이지 않는다. 결국 교미 후 뇌 안에 증가하는 바소프레신이나 옥시토신은 이들의 일부일처제 행동 양식을 공고히 하는 요인이 되는 것 같다. 그러나 난교를 하는 산악들쥐에게는 바소프레신이나 옥시토신을 주어도 아무런 효과가 없다.

초원들쥐와 산악들쥐는 유전적으로 거의 동일한데 왜 이러한 차이가 나타나는 것일까? 이것은 분명 뇌의 바소프레신 및 옥시토신 수용체의 질적 혹은 양적 차이에서 유래할 것이다. 예컨대 초원들쥐는 중격핵 등을 포함한 변연계에 옥시토신 수용체가 풍부하다. 따라서 교미 후 증가하는 옥시토신은 쥐의 변연계를 자극하여 온화한 감정을 일으킬 것이다. 반면 산악들쥐의 변연계에는 옥시토신 수용체가 거의 없다. 그러니 옥시토신을 주어도 아무런 효과가 없는 것이다. 이런 점에서 영 교수와 그의 동료인 토머스 인셀(Thomas R. Insel) 교수가 말한 대로 옥시토신과 바소프레신은 '친근함(attachment)의 호르몬'인 것이다. 뿐만 아니라 이 단백질들은 들쥐들의 사회적 행동에도 서로 다른 방식으로 영향을 미친다. 이들의 연구에 따르면 바소프레신은 초원들쥐에서 수컷의 공격성과 영역 지키기 행동을 촉진하지만 산악들쥐에서는 그렇지 않다.

이제 다시 처음 질문으로 돌아가 보자. 왜 호랑이는 혼자 살고 늑대는 무리 지어 사는가? 호랑이는 혼자 살아도 경쟁력이 있기 때문이다. 오히려 여럿이 함께 다니면 먹이를 나눠 먹어야 하니 손해다. 반대로 늑대는 혼자서는 도저히 호랑이 같은 고양잇과 동물과 경쟁할 수 없다. 또한 큰 먹이를 사냥할 수도 없다. 따라서 조금씩 나누어 먹더라도 무리지어 다니는 편이 개체에게 더 이익이다. 이런 진화적 전략은 유전자 그리고 뇌의 기능을 매개로 그 동물들의 행동을 조절한다. 적어도 들쥐의 경우, 유전자는 뇌의 바소프레신 및 옥시토신 수용체의 변이를 통해 자신의 생존에 유리한 방향으로 동물들의 행동을 조절하는 것이다

이와 같이 뇌를 매개로 이루어지는 동물들의 사회성은 무리를 이루어 살아가는 동물에게는 아주 중요하다. 동물원에 혼자 가둔 고릴라는 아무리 먹을 것을 많이 주어도 건강이 나빠지는데 그 이유는 사회성을 잃어버렸기 때문이다. 마찬가지로 청어를 한 마리만 수조에 넣어 두면 며칠 안에 죽는데, 이것은 단지 그 녀석이 무리에서 떨어졌기 때문이다. 일부 곤충도 마찬가지다. 띠나방 애벌레가 집단을 이루어 일렬로 줄을 서서 나무 위를 지나갈 때

행렬에서 한 마리를 떨어뜨려 놓으면 그 녀석은 아무리 먹이(나뭇잎)를 주어도 먹지 않는다. 이때 동료들의 모습을 보여 주면 갑자기 먹이를 먹기 시작한다. 사랑하는 사람과 헤어진 후 식욕을 잃는 것은 사람만이 아니다.

아무리 고독을 즐기는 인간이라도 그가 사회적 동물인 것은 사실이다. 남녀 관계로 말하자면 일부 사람들을 제외한다면 대부분의 민족이 일부일처제를 택해서 살고 있다. 워싱턴 대학교의 데이비드 배러시 교수가 말하는 대로 이 제도가 인간에게 매우 불완전한 제도일 수도 있겠지만 아무튼 대부분의 우리는 일부일처제를 유지하고 있다. 그렇다면 초원들쥐에서 이야기한 원리가 인간에게도 적용되는 것일까?

부부끼리 다툰 후에도 섹스를 하고 나면 다시 사이가 좋아지고 다툰 사실을 잊어버리는 것은 흔히 보는 일이다. 그래서 부부 싸움은 '칼로 물 베기'라고들 한다. 이것은 아마도 섹스 후 뇌 속에 증가하는 바소프레신, 그리고 옥시토신 때문일 가능성이 많다. 데이비드 웨넘과 수지 포터가 주연한 영화 「베터 댄 섹스」에서 남녀 주인공은 단순한 섹스 이후에 가슴에 번져 오는 사랑을 느낀다. 이 역시 앞에서 말한 신경 단백질들 덕택일 것이다. 그렇다면 갈등이 많은 부부의 이혼을 막기 위해서는 심리나 법률 상담보다 차라리 신경 단백질 주사를 놓아 주는 것이 더 효과적이지 않을까?

물론 인간의 사회적 행동 혹은 배우자와의 관계에 이 단백질들이 어느 정도 영향을 미치는지 확실하게 밝혀지지는 않았다. 하지만 한 사람의 사회성과 배우자에 대한 충성도(뒤집어 말하면 어떤 사람의 바람기의 정도)는 아마도 바소프레신이나 옥시토신 수용체의 유전적 변이를 통해 조절할 수도 있을 것이다. 아마 머지않은 미래에 애정이 식어 바람이 난 남편에게 바소프레신 유전자 치료를 해 달라고 병원을 찾는 부인이 생길지도 모르겠다.

긍정적인 생각은 타고난다?

콜라 병에 콜라가 반쯤 남아 있다. 이것을 본 어떤 사람은 "아직도 반이나 남았네."하며 싱글벙글 한다. 하지만 다른 사람은 "이제 반밖에 안 남았네." 하며 한탄한다. 전자는 긍정적·낙천적이고, 후자는 부정적·비관적이다. 사람들의 이런 감정적 성향을 결정하는 요인은 무엇일까? 어릴 적부터 살아온 환경, 유전자 혹은 뇌 속의 신경 전달 물질(세로토닌 등)의 차이 등 많은 요인들을 생각해 볼 수 있을 것이다. 여기서는 뇌가 활성화되는 정도, 특히 왼쪽과 오른쪽 뇌의 차이에 관해 살펴보겠다.

미국 아이오와 대학교의 로빈슨(Robinson) 교수는 뇌졸중으로 왼쪽 전두엽이 손상된 사람은 우울증이 잘 생긴다고 오랫동안 주장해 왔다. 그런데 모든 학자가 여기에 동의하는 것은 아니다. 나의 연구 결과 역시 왼쪽 뇌든 오른쪽 뇌든 전두엽 손상 환자 중에서 우울증 빈도의 차이는 없었다. 이처럼 연구 결과가 연구자들마다 차이가 나는 이유는 여러 가지이지만, 중요한 요인 중 하나는 연구를 시행한 시점이 다르기 때문이다. 나는 뇌졸중이 발생한 지 3개월이 지난 만성 환자를 대상으로 했다. 즉 그 사이에 초기 우울증 환자가 회복되었을 수도 있고, 초기에는 없던 우울증이 새로 생긴 경우도 있을 것이다. 그러나 적어도 뇌졸중의 급성기에는 로빈슨 교수의 말대로 왼쪽 전두엽 손상이 우울증을 잘 일으키는 것으로 생각된다.

그런데 뇌졸중 환자 중에는 우울증과는 정반대로 말을 많이 하고, 기분이 들떠 있는 증세(조증, mania)를 보이는 경우도 있다. 이런 환자의 뇌는 오른쪽이 손상된 경우가 많다. 왼쪽 전두엽 손상 때 우울증이 잘 생기고 오른쪽 손상 때 조증이 생긴다는 사실을 한번 뒤집어 생각해 보자. 그렇다면 평소 왼쪽 전두엽이 인간에게 긍정적인 사고방식을, 오른쪽 전두엽은 부정적인 사고방식을 갖도록 하는 것이 아닐까? 그런데 이런 견해는 정상인을 대상으로 뇌의 활성도를 측정한 연구 결과와도 일맥상통한다.

미국 위스콘신 대학교의 리처드 데이비드슨(Richard Davidson)과 그의 동료들은 뇌파를 컴퓨터화한 검사를 통해 정상인들의 좌우측 전두엽의 활성도를 측정해 보았다. 그리고 좌우의 비대칭적인 활성화가 개인의 감정적 스타일을 결정할 가능성을 살펴보았다. 우선 그들은 10개월 된 아기에게 검사를 시행한 후 아기를 어머니로부터 떼어내 보았다. 어머니랑 헤어진 아기는 물론 울음을 터뜨린다. 그런데 평소 왼쪽 전두엽이 오른쪽에 비해 더 활성화되었던 아기들은 그렇지 않은 아기에 비해 우는 시간이 더 짧았다.

이런 효과는 성인을 대상으로 한 실험에서도 관찰되었다. 피검자들에게 감정적인 영화를 보여 주면 평소 왼쪽 뇌가 활성화된 사람은 긍정적인 상황을 더 긍정적으로 보았고, 오른쪽 뇌가 활성화된 사람은 부정적인 상황을 더욱 부정적으로 보았다. 그들은 또한 피검자가 평소에 어떤 것을 싫어하는지 조사한 다음 그 상황을 유발해 보았다. 예컨대 벌레를 싫어하는 사람에게 거미를 보여 주고, 관중 앞에 나서면 떨린다는 사람에게는 비디오를 통해 관중 앞에서 연설하는 상황을 만들었다. 그러고는 PET를 사용해 뇌의 대사를 조사했더니 전두엽의 오른쪽이 활성화되었다. 이런 결과를 보면 평소 오른쪽 전두엽이 잘 활성화되는 사람들은 왼쪽 전두엽이 활성화되는 사람에 비해 부정적인 사고에 빠지기 쉽다는 사실을 알 수 있다. 따라서 그들은 불안증이나 우울증에 걸리기 쉬우며 또한 스트레스에 취약하게 된다.

일반적으로 스트레스를 많이 받으면 면역 기능이 떨어지며, 신체를 방어하는 자연 살해 세포의 활동이 줄어든다. 예상한 대로 스트레스를 주었을 때 오른쪽 전두엽이 활성화되는 사람은 왼쪽 전두엽이 활성화되는 사람에 비해 더 심하게 자연 살해 세포의 활동이 감소되는 것이 관찰되었다.

결국 평소 왼쪽 전두엽이 오른쪽에 비해 많이 활성화되는 사람들은 콜라병에 남은 콜라를 긍정적으로 바라보며, 오른쪽이 더 많이 활성화되는 사람은 부정적으로 보는 것 같다. 여성에게는 안된 일이지만 여성은 남성에 비해 오른쪽 전두엽이 더 잘 활성화되는 경향이 있는 것 같다. 오스트레일리아 스윈번 대학교의 네이션(Nathan) 교수 팀이 시각 유발 전위 검사를 이용하여 연구한 바에 따르면 불쾌한 시각적 이미지를 보여 주었을 때 여성이 남성에 비해 오른쪽 전두엽이 더 많이 활성화되었다. 이런 사실은 평생 우울증에 걸릴 확률이 남성보다(5~12퍼센트) 여성이(10~25퍼센트) 더 높다는 사실을 설명해 줄지도 모른다.

이런 사실을 응용해서 매사에 비관적이며 걱정이 많은 성격을 고쳐 볼 수 있을까? 그러나 인간의 감정을 전두엽 혼자 조절하는 것은 아니다. 전두엽은 변연계 및 뇌의 여러 부위와 연결되어 이런 일을 한다. 특히 변연계의 편도체는 감정 형성에 대단히 중요한 역할을 한다. 그런데 최근 연구 결과에 따르면 편도체의 반응 역시 상황에 따라 좌우의 활동 정도가 다르다고 한다. 영국의 모리스(Morris)는 컴퓨터 합성을 이용해 무서운 표정과 즐거운 표정의 얼굴을 각각 만들어, 이것을 건강한 사람 다섯 명에게 보여 주었다. 이때 왼쪽 편도체는 무서운 얼굴을 볼 때(즐거운 얼굴을 볼 때보다) 더 많이 활성화되었고, 오른쪽 편도체는 그 반대였다. 한편 피검자에게 돈을 거는 게임을 시켜 본 잘라(Zalla)의 연구에 따르면 돈을 딸 때에는 왼쪽 편도체가, 잃을 때에는 오른쪽 편도체가 활성화된다고 한다.

이제까지 왼쪽, 오른쪽이라는 말에 독자 여러분이 정신없었겠지만, 인간의 긍정적, 부정적인 성격을 조절하는 좌우 뇌의 활성화의 차이는 흥미로운 사실임이 분명하다.

너무 친근한 것도 병이다

어떤 사람은 남과 함께 있는 것, 말하는 것, 그리고 신체적으로 접촉하는 것을 좋아한다. 이와 반대로 말 없이 혼자 있기를 더욱 좋아하는 냉담한 사람도 있다. 이런 성격의 차이에 대해 측두엽 간질 환자들이 들려주는 이야기가 있다.

오랫동안 측두엽 간질 환자를 관찰해 온 의사들은 이 환자들에게 몇 가지 특이점이 있음을 발견했다. 첫째는 이들 중에는 성격이 지나치게 친근한 사람이 많다는 점이다. 환자의 발작 증세가 그렇다는 것이 아니라 발작을 안 할 때의 평소 성격이 그렇다는 이야기다. 이런 환자들은 평소 말을 장황하게 반복해서 하기 때문에 말을 중단시키기가 힘들다. 성질이 급한 사람이라면 측두엽 간질 환자에게 조심해서 말을 걸어야 할 것이다. 이처럼 장황하게 말을 늘어놓는 환자의 경우는 그렇지 않은 환자에 비해 간질 발작 현상이 (오른쪽보다는) 왼쪽 측두엽에서 발생하는 경우가 더 많은 것으로 알려졌다. 언어 중추가 왼쪽에 있기 때문에 왼쪽 뇌에 이상이 있는 간질 환자들은 언어 기능에 문제가 생겨 단어 선택 능력이 저하되고 결과적으로 말을 더 오래, 반복적으로 하는 것인지도 모른다. 이런 언어 장애뿐만 아니라, 그들은 지나치게 자주 사람을 방문하기도 하고, 실례되는 시간에 불쑥 찾아가기도 한다. 심지어는 다른 사람과 자꾸 신체적으로 접촉하려는 경향까지 있어서 이런 것을 싫어하는 사람이라면 질색을 할 것이다.

두 번째 특징은 '자세한 글쓰기'다. 이 환자들은 글을 쓸 때 지나칠 정도로 자질구레하게 묘사하는 경향이 있다. 또한 자신이 쓴 글에 밑줄을 긋거나 괄호를 쳐서 글의 의미를 완벽하게 전달하려 애쓰기도 한다. 이처럼 무엇이든 자세히 묘사를 하니 직업이 작가라면 오히려 유리할 수도 있다. 실제로 위대한 문호 도스토예프스키는 측두엽 간질 환자였는데, 『백치』나 『카라마조프가의 형제들』 같은 그의 작품을 읽다 보면 그 장황한 묘사 때문에 책장 넘기기가 만만치 않다. 어지간히 읽어도 진도가 안 나가는 데다 등장하는 주인공들의 이름마저 길고 낯설어 독서량이 많지 않은 독자라면 한숨과 함께 읽어야 할 것이다.

세 번째 특징은 이들이 지나치게 심각하고, 진지하고, 유머가 없으며 흔히 종교적으로 깊이 빠지기 쉽다는 점이다. 도스토예프스키의 책에서 주인공들은 흔히 발작적으로 난폭한 행동을 보인 후 깊은 죄의식 속에서 자신의 행동을 뉘우치고 참회한다. '나를 용서해 달라, 가장 착하고, 온전한 사람이 되도록 해 달라.' 라고 비는 식이다. 『백치』에서 도스토예프스키는 이렇게 서술하고 있다. "갑자기 공기는 소음으로 가득 차고 나를 집어 삼킬 것 같았다. 그때 나는 신을 만져 볼 수 있었다. 신은 내게로 들어왔다. 그렇다 신은 존재한다. 나는 마구 울었다. 그리고 그 다음은 기억할 수 없다." 아마도 작품의 주인공을 통해 자신의 발작 증세를 묘사한 것 같다.

네 번째 특징은 성적 흥미가 감소된다는 점이다. 물론 일부 환자는 오히려 성욕 항진, 성도착 등의 증세를 보이기도 하지만 그 반대의 경우가 훨씬 더 많다. 특히 사춘기 이전에 간질이 시작한 환자들 중에서는 독신으로 사는 사람도 많으며 결혼한 사람 중에는 배우자들이 성적 불만을 갖는 경우도 많다.

측두엽 간질 환자들의 이러한 성격의 원인에 대해서는 아직 논란이 많다. 물론 간질 환자가 가지는 열등감, 그리고 사회적 편견이 성격 형성에 관계될 수도 있다. 자신의 상황에 대한 불안감을 느껴서 환자가 다른 사람과 좀 더 가깝게, 밀착되는 행동을 하는 것인지도 모른다. 그러나 환경적 영향보다는 측두엽 간질을 일으킨 뇌의 손상 자체가 이런 성격을 만들었을 가능성이 더 높다. 예컨대 1975년 독일의 게슈빈트(Geschwind)는 흥미로운 일란성 쌍둥이 형제에 대해 기술하고 있다. 평소 성격이 비슷했던 두 형제 중 한 명은 측두엽에 종양이 생겼으며 이후 측두엽 간질 증세를 가끔 보였다. 그런데 자라면서 둘의 성격은 점차 달라지기 시작했다. 종양이 없던 사람은 유머가 풍부하고 인생을 쉽게 살았던 것에 비해, 측두엽 간질이 있던 형제는 모든 사물을 지나치게 심각하게 생각했으며 여러 정신 질환 증세를 보였던 것이다.

측두엽 간질은 측두엽 신경 세포가 비정상적으로 과다하게 활성화되는 경우라고 할 수 있다. 이와는 반대로 양쪽 측두엽이 손상되어 기능을 못하게 되는 경우를 생각해 보자. 실험적으로 원숭이의 양쪽 측두엽을 손상시키면 성욕과 식욕이 항진되고 대신 주변 동료들에 대해 무관심해지는 것을 관찰할 수 있다. 이것을 클루버부시(Kluver-Bucy) 증후군이라 부른다. 측두엽 간질 환자와는 반대되는 증세이다. 이런 사실을 관찰한 프랑스의 신경학자 가스타우트(Gastaut)는 이렇게 말했다. "클루버부시 증후군의 증세는 측두엽의 변연계 회로가 절단되어 나타나는 것이고, 측두엽 간질 환자의 성격 변화는 변연계의 지나친 활성화에 의한 증상이다." 변연계 회로가 지나치게 활성화되면 장황하게 말을 하고 매사에 심각하며 종교적 망상에 빠지지만, 변연계가 기능을 못하면 그 반대가 된다는 것이다. 그렇다면 여기서부터 인간의 성격에 미치는 변연계의 역할을 거꾸로 추론해 볼 수 있을 것이다.

인간은 지구상에 별로 많지 않은 사회적·사교적인 동물이다. 아마도 오랜 진화 과정 중 감정과 기억을 담당했던 변연계는 인간의 사회적 결속을 다지는 데 중요한 역할을 했을 것이다. 그래서 변연계가 지나치게 활성화된 측두엽 환자들이 '지나치게 친근한' 증세를 보이는 것일 수도 있다. 하지만 한 가지 이해가 안 되는 증상은 측두엽 간질 환자의 성욕 감퇴이다. 변연계가 인간관계의 결속과 관계된다면 측두엽 간질 환자의 성욕은 오히려 증가해야 하는 것 아닐까? 그러나 달리 생각할 수도 있다. 사실 무리 생활을 하는 동물을 관찰해 보면 집단을 이루는 각 개체의 성욕은 억제되어 있는 경우가 많다. 이것이 집단 결속에는 더 유리하기 때문이다. 예컨대 하이에나나 들개의 경우 대장 암컷 이외에는 어떤 암컷도 발정하지 않으며 따라서 임신하지도 않는다. 다시 말해서 측두엽 간질 환자의 성격 변화는 변연계의 과다 흥분에 기인한 '과잉 사회성' 증세일 수도 있다. 앞에서 말한 대로 클루버부시 증후군 환자는 측두엽 간질 환자와는 정반대의 증세(성욕, 식욕의 항진, 냉담한 사회적 관계)를 보인다. 말하자면 그들은 그룹을 짓지 않고 홀로 살아가는 호랑이나 표범과 닮았다. 이런 사실을 볼 때 끈끈하거나 혹은 냉담한 인간의 성향은 변연계 활성화의 정도에 따라 어느 정도 좌우되는 것이 아닌가 생각해 본다.

참을 수 없는 웃음의 괴로움

52세 여성 환자 J에게 곤란한 문제가 생겼다. 뇌졸중으로 인한 팔다리 마비 증세는 처음보다 많이 나아졌지만 괜히 웃는 증세가 생긴 것이다. 그렇다고 J가 혼자 있는 동안 실실 웃는 것은 아니다. 이 증세는 어떤 감정적·사회적 자극이 가해질 때 발생한다. 예컨대 친척이 자기를 면회 오면 갑자기 깔깔 웃기 시작한다. 담당 의사인 내가 병실에 들어가도 웃고, 진찰하려고 손을 대도 역시 웃는다. 웃는 것이 그다지 큰 골칫거리는 아니었지만 문제는 재활 치료를 받지 못하는 데 있었다. 재활 센터에서 운동 치료를 받고 있는 다른 환자들을 보면 그녀는 언제나 웃음을 터뜨렸다. 그녀는 거의 쫓겨나다시피 병실로 올라오고는 했다.

감정을 제어할 수 없어 우스운 일이 아닌 데도 웃는 현상을 병적 웃음(pathological laughter)이라고 한다. 병적 울음(pathological crying) 증세도 물론 존재한다. J처럼 심하지는 않더라도 이런 감정 조절 장애 증세는 뇌졸중 환자에서 퍽 많이 나타난다. 평소 울지 않던 남자가 뇌졸중에 걸린 후 슬픈 드라마를 보며 엉엉 우는 현상은 적지 않게 관찰된다. 이런 감정 조절 장애 증세는 우울증과는 다르다. 다른 나라에서는 뇌졸중 환자에게 흔히 우울증이 생긴다고 하지만 우리나라 환자에서는 이런 감정 조절 장애가 더 자주 나타난다. 외래 진료를 받는 환자를 대상으로 한 내 연구에 따르면, 뇌졸중 환자의 34퍼센트가 감정 조절 장애를, 18퍼센트가 우울증 증세를 나타냈다. 이 결과는 서양의 조사 결과와는 정반대이다. 왜 이런 차이가 나는지를 토론하는 것은 이 책의 범위를 넘겠지만, 한 일본 학자는 나의 발표를 듣고 이렇게 질문한 적이 있다. 한국의 텔레비전 드라마에 슬픈 게 워낙 많아서 감정 조절 장애가 쉽게 발견되는 것이 아니겠느냐고. 그러고 보니 일본의 텔리비전 드라마는 우리나라처럼 슬픈 내용이 별로 없는 것도 같다.

그런데 툭하면 웃거나 우는 감정 조절 장애 증상을 금방 낫게 하는 기적의 약이 있다. 그것은 바로 뇌의 세로토닌 시스템을 자극하는 약물이다. 이 약을 투여하면 울고 웃던 사람이 언제 그랬냐는 듯 금방 점잖아지며(물론 100퍼센트 효과가 있는 것은 아니다.), 약을 중단하면 다시 웃고 운다. 이 사실을 토대로 나는 감정 조절 장애자의 MRI 사진을 조사해 봄으로써 전두엽, 기저핵, 뇌간 등에 손상이 있음을 발견했다. 반면 뇌의 뒤쪽(후두엽이나 두정엽)이 손상된 경우에는 감정 조절 장애가 생기는 법이 거의 없었다. 전두엽, 기저핵, 뇌간은 세로토닌 수용체가 풍부하다고 알려진 부위들이다. 결국 세로토닌이 풍부한 부위가 손상되면 감정 조절 장애가 나타난다. 그리고 뇌의 세로토닌을 증가시키는 약물을 사용하면 증세가 호전된다. 이런 증세들을 가지고 보면 세로토닌은 인간의 감정을 조절하는 중요한 신경 전달 물질인 것으로 생각된다. 그런데 뇌졸중 환자에서 세로토닌 이상 때문에 나타나는 증세가 감정 조절 장애만은 아니다. 이제 또 다른 환자를 만나 보자.

뇌졸중 환자 L씨의 부인은 내게 이런 하소연을 한다. 잘나가는 은행 지점장이었던 남편은 참 너그러운 사람이었다고. 일밖에 할 줄 모르고 잔재미가 없어서 결코 만점짜리 남편은 아니었지만, 그래도 자신의 바가지를 웃음으로 흘려 버리는 너그러움이 그의 매력이었다고. 하지만 뇌졸중이 생긴 후 남편이 달라졌다. 저녁 때 말을 좀 많이 하면 "잔소리 그만 해!"라고 소리를 지르거나 사소한 일로 아이들을 야단쳤다. 부인의 표현에 따르면 "L은 예전의 남편이 아니었다."

뇌졸중 환자들 중에는 L처럼 충동적이고, 화를 잘 내고 안절부절 어쩔 줄을 몰라 하는 사람들이 많다. 드물지만 폭력을 휘두르는 사람도 있다. 최근에 나는 동료들과 뇌졸중 환자들에게서 충동적이고 화를 자제하지 못하는 증세가 얼마나 많이 나타나는지를 조사해 보았다. 그 결과 뇌졸중 환자의 무려 32퍼센트가 이런 증세를 가지고 있었다. 이 결과는 외국 학자들에게도 흥미로웠는지 2002년 미국 신경과학회 뉴스레터에 특집으로 다루어졌다. 그런데 재미있는 것은 이처럼 충동적으로 변한 뇌졸중 환자들이 대부분 감정 조절 장애도 함께 가지고 있다는 사실이다. 이 환자들의 뇌 손상 부위를 조사해 보니 충동적인 성격을 초래한 뇌 손상의 위치는 감정 조절 장애를 일으키는 부위와 거의 같았다. 전두엽, 기저핵, 뇌교 즉 세로토닌 수용체가 풍부한 부위가 손상되어 있었다. 결국 뇌졸중 환자가 충동적이고 화를 잘 내는 증세 역시 세로토닌 시스템 이상 때문이라는 생각이 든다. 이 결과로 미루어 볼 때 세로토닌은 인간의 감정 조절 이외에 충동 성향도 조절하는 것 같다. 한마디로 말해서 세로토닌은 인간의 사회적 행동에 중요한 신경 전달 물질인 것이다. 이쯤 해서 세로토닌은 어떤 신경 전달 물질인가를 알아보자.

세로토닌은 1948년 미국의 모리스 래포트(Mauris Rapport)에 의해 처음 발견되었다. 처음에는 혈관을 수축하는 물질로 알려졌으며, '세로토닌' 이란 명칭도 '혈액 속의 수축 물질' 이라는 뜻이다. 얼마 후 세로토닌은 뇌에 있는 여러 신경 전달 물질 가운데 하나인 것으로 밝혀졌다. 뇌 안에서 세로토닌은 아주 많은 종류의 기능을 한다. 세로토닌이 여러 기능을 할 수 있는 이유는 작용하는 뇌의 부위에서 따라, 그리고 어떤 종류의 수용체에 작용하는가에 따라(신경 세포의 세로토닌 수용체는 적어도 14종류가 있다.) 그 기능이 달라지기 때문이다. 결국 세로토닌은 뇌에 광범위하게 분포되어 복잡한 시스템을 이루는데 이러한 복잡함은 분명 고등 생물로 진화하면서 분화된 뇌의 기능과 관계될 것이다.

그렇다고 세로토닌이 고등 생물에만 존재하는 것은 아니다. 세로토닌이 생명체에서 일을 하기 시작한 것은 지금으로부터 5억 년 전쯤으로 생각되는데 그때 인간은 지구상에 존재하지 않았다. 즉 세로토닌은 원시 생명체의 기본적인 행동을 조절했다. 그리고 생물이 진화하면서 세로토닌 역시 작용 범위를 넓혔을 것이다. 진화한 동물에서는 사회적 관계 설정, 예컨대 짝짓기 혹은 다른 동료와 관계 맺기 등의 행동이 발달했는데 세로토닌은 이러한 복잡한 행동 조절의 역할을 맡게 된 것 같다. 따라서 고도의 사회적 관계를 이룬 영장류, 그리고 인간에 이르러 세로토닌 시스템은 더욱 복잡하게 발달되었을 것이다. 미국의 영장류 학자 마이클 롤리(Michael Raleigh)의 연구에 따르면 원숭이 사회에서 척수액에 세로토닌의 양이 적은 원숭이가 대체로 사회적 계급이 낮다. 또한 약물을 사용해서 뇌의 세로토닌 양을 변동시키자 원숭이의 사회적 계급이 바뀌었다. 뿐만 아니다. 세로토닌의 양을 증가시키면 수컷 원숭이는 암컷과 좀 더 자주 교미하며, 암컷들 사이에서 인기가 높아졌다. 이런 효과가 인간에게도 있는지는 알 수 없지만, 혹 미래에 세로토닌 조절 약물이 '성공하는 약' 혹은 '이성에게 인기 얻는 약'으로 팔리지 않을까 상상해 본다.

아무튼 세로토닌은 영장류 및 인간의 감정적·사회적 행동에 중요한 신경 전달 물질이다. 최근 레시(Lesch)는 원숭이에서 세로토닌 수용체의 유전자가 DNA의 특정한 부분(promotor sequence)에 의해 조절된다는 사실을 보고했다. 아마도 이러한 유전자의 변이는 원숭이 혹은 인간의 적개심, 충동성, 적극성 등의 성질을 결정하는 변수일 수도 있다. 그런데 나는 여기서 세로토닌만이 우리의 성격을 결정한다고 말하는 것은 아니다. 뇌의 신경 전달 물질의 종류는 무려 50가지 이상이며 세로토닌은 그중 하나일 뿐이다. 앞으로 많은 연구 결과가 나오겠지만, 뇌에서 일어나는 복잡한 신경 전달 물질의 작용을 완전히 파악하기는 쉽지 않을 것이다. 또한 인간의 성격과 행동은 뇌의 구조나 신경 전달 물질 이외에 환경과 교육의 영향을 많이 받는 것도 사실이다. 그럼에도 불구하고 분명한 것은 세로토닌과 같은 신경 전달 물질의 변화에 따라 우리의 성격과 행동 역시 변한다는 사실이다. 그러니 혹시 당신의 배우자가 오늘 당신에게 너그럽지 않았다 해도 용서하라. 그는 뇌의 신경 전달 물질에 의해 지배당하고 있기 때문이다.

세로토닌이 2퍼센트 부족할 때

컴퓨터 회사에 다니는 40세 남자 L은 겨울을 싫어한다. 추워서도 아니고 길이 미끄러워서도 아니고, 왠지 기분이 울적해지기 때문이라고 한다. 그는 겨울 내내 집안에 틀어박혀 아무것도 안 하고, 먹고 자기만 한다. 그래서 몸무게는 늘지만 기력이 없어서 아무 일도 하지 못한다. 그는 겨울만 되면 우울해지는 '계절 우울증'을 앓는 환자다. 이 병은 드물지 않다. 성인의 약 4~6퍼센트가 이 병을 앓고 있다. 우울증 증세는 봄이 되면 나아지며, 일부 환자는 봄과 여름에 오히려 지나치게 즐거워하는 조증을 보이기도 한다. 계절 우울증 환자들은 주로 탄수화물이 들어 있는 음식(사탕, 과자, 감자칩, 파스타, 빵 등)을 먹는 경향이 있다. 그것은 탄수화물이 세로토닌의 원료가 되기 때문인 것 같다. 그들은 부족한 뇌의 세로토닌을 보충하기 위해 자신도 모르게 이런 음식을 찾는 것이다. 그러니 더욱 몸무게가 늘어날 수밖에 없다.

이런 병은 왜 생기는 것일까? 아마도 뇌의 신경 전달 물질의 변화 때문일 가능성이 가장 크다. 뇌에서 식욕이나 잠을 조절하는 부위는 시상 하부인데 겨울에는 시상 하부의 세로토닌 수치가 떨어진다. 미국 국립 정신병 연구소의 노먼 로젠탈(Norman Rosenthal) 박사에 따르면 이런 환자들에서 시상 하부의 세로토닌 수치가 지나치게 저하되기 때문에 우울한 기분과 더불어 비정상적인 식욕과 잠이 유발된다고 한다.

이런 환자에게 뇌의 세로토닌 수치를 증가시키는 '프로작' 같은 약제 처방이 좋은 방법이겠지만, 한 가지 방법이 더 있다. 영화「디 아더스」의 마지막 장면에서 주인공(니콜 키드만 역)이 어두운 집에 드리운 커튼을 활짝 열어젖히듯, 환자들을 무조건 밖으로 쫓아내 햇빛을 보게 하는 것이다. 그러면 시상 하부의 세로토닌 양이 증가될 것이다.

L처럼 환자라고 부르기는 어렵지만, 신경이 예민한 요즘 젊은이들도 실은 세로토닌 결핍증에 시달리고 있을 지도 모른다는 주장이 있다. 얼굴이 예쁘고 공부도 잘하는 16세 여학생 C는 식사를 잘하지 않는다. 그저 밥 한두 숟가락에 반찬 몇 점을 입에 집어넣는 것이 끝이다. 그러나 세 끼 식사가 부실하다고 해서 칼로리 섭취가 부족한 것은 아니다. C는 틈만 나면 과자나 아이스크림을 먹는다. 우유와 계란은 안 먹지만 단맛이 강한 초콜릿 우유는 먹는다. 그녀의 즐거움은 빵집에서 여러 종류의 빵을 사는 것인데, 그럴 때면 그

녀의 눈은 모처럼 반짝인다.

　당분이 가득한 과자를 먹으면 우선 에너지의 원천인 포도당이 몸 안에 증가하므로 생기가 돌고 정신이 반짝 든다. 여기까지는 좋지만, 문제는 발생한다. 과자는 장에서 금방 흡수되므로 혈중에 갑자기 많은 양의 포도당이 생긴다. 그러면 췌장에서 인슐린이란 호르몬이 분비된다. 인슐린은 세포가 포도당을 사용할 수 있도록 혈액의 포도당을 세포 안으로 운반하는 호르몬이다. 마치 길 잃고 헤매는 사람을 집에 데려다 주듯 인슐린은 혈중 포도당을 서둘러 세포 안으로 집어넣는다. 그리고 남은 포도당은 간에 글리코겐 형태로 저장한다. 그런데 C는 갑작스럽게 단것을 먹었으므로 혈중 포도당 역시 갑작스럽게 증가할 것이다. 그러면 췌장은 포도당의 증가가 계속될 것으로 생각하고 지속적으로 많은 양의 인슐린을 분비한다. 사실 C는 곧바로 학원에 가야 하기에 얼마 동안은 음식을 먹을 수 없다. C의 이런 스케줄을 알 리가 없는 췌장은 계속 인슐린을 분비하고, 과다 분비된 인슐린은 계속 혈중 포도당을 세포 속으로 집어넣을 것이다. 따라서 과자를 먹은 후 2~4시간 지나면 혈중의 포도당은 오히려 보통 때보다 더욱 감소하므로 저혈당 상태가 되며, C는 배고픔을 느끼게 된다. 심하게 배를 곯아 본 사람들은 알겠지만 배가 고프면 어지럽고, 짜증나고 식은땀이 나며 심장 박동이 빨라진다. 결국 C는 다시 간식을 먹기 위해 냉장고 문을 열게 된다.

　이처럼 정신적으로 불안정한 소년, 소녀들이 탄수화물 함유 과자를 충동적으로 먹는 것은 아마도 뇌의 낮은 세로토닌 수치를 보상하기 위한 행동일 것이라는 주장이 있다. 동물 실험 결과를 보아도 세로토닌이 부족한 동물은 음식 중에서 단백질보다는 탄수화물을 선택하는 경향을 보인다. 탄수화물은 세로토닌의 원료가 되기 때문이다. 이왕 탄수화물을 간식으로 먹는다면 과자보다는 과일이 더 낫다. 과일 역시 당분 덩어리지만 과일 속의 당분은 과당 상태로 있으며 과자 속의 포도당보다는 좀 더 서서히 흡수된다. 따라서 인슐린 분비도 비교적 천천히 일어난다.

　탄수화물 섭취와 더불어 세로토닌과 콜레스테롤과의 관계에 대해 생각해 보는 것도 의미가 있다. 콜레스테롤이 몸에 과다하게 존재하면 혈관 벽에 쌓이고 동맥 경화가 생기므로 몸에 해롭다. 그러나 일반적으로 한국인의 혈중 콜레스테롤 수치는 서양인에 비해 훨씬 낮으므로 서양의 잣대를 그대로 사용해서는 안 된다. 오히려 혈중 콜레스테롤 수치가 너무 낮은 사람이라면 지방질을 자주 섭취해야 한다. 지방질 섭취가 부족하면 혈관 벽이 약해져서 뇌출혈(혈관이 터지는 뇌졸중)이 생길 위험이 높아지기 때문이다.

　여러 해 전 영국에서는 2만 5000명을 대상으로 콜레스테롤을 낮추는 약(상품명 스타틴)을 투여하면 심장병 혹은 뇌졸중의 발생이 감소되는지를 조사한 적이 있다. 이런 약들은 분명 복용한 사람의 혈중 콜레스테롤 수치를 낮추었다. 그리고 심장병이나 뇌졸중 같은 혈관 질환의 발병을 현저히 줄였다. 그러나 약을 복용하는 것이 반드시 좋은 것만은 아니었다. 사고, 자살, 폭력 등으로 사망한 환자의 수는 약을 복용해 콜레스테롤을 낮춘 사람들 가운데 오히려 더 많았기 때문이다. 한편 정신과 환자를 대상으로 했던 한 연구에서는 혈중 콜레스테롤 수치가 낮은 환자들이 높은 환자들에 비해 자살 시도가 더 많다고 한다. 콜레스테롤이 몸에 적다는 사실은 공격적 경향, 분노, 자살 등과 연관되는 것 같다. 도대체 어떤 이유일까?

　미국의 생리학자 제이 카플란(Jay Kaplan)이 이 물음에 대한 답을 주었다. 그는 실험용 원숭이를 두 그룹으로 나누어서 한 그룹은 콜레스테롤을 많이 먹이고 다른 그룹은 적게 먹였다. 얼마 후 원숭이를 관찰해 보니 콜레스테롤을 적게 먹은 원숭이가 많이 먹은 원숭이에 비해 난폭했다. 그는 이런 행동 장애는 뇌의 세로토닌의 저하와 관계된다고 생각했다. 왜냐하면 콜레스테롤을 적게 먹은 원숭이의 척수액을 조사했더니 세로토닌의 대사산물이 현저히 저하되어 있었기 때문이다. 지방질 음식을 적게 먹으면 어떻게 뇌의 세로토닌이 떨어지는지는 아직 확실하게 모른다. 하지만 어떤 이유에서든 지방질 섭취가 적어 세로토닌이 저하되면 동물성 음식을 구하기 위한 과격하고 공격적인 행동이 나타나는 것으로 생각된다. 따라서 콜레스테롤 감소에 따른 성격 변화는 어쩌면 합목적적인 진화적 메커니즘일 수도 있다.

요즘 방송 매체 영향으로 채식주의자가 늘었다고 하는데 채소를 많이 먹는 것이 혈관 질환의 예방에 좋은 것은 사실이다. 하지만 가뜩이나 스트레스가 많은 현대 사회에서 우리나라 사람들이 지방질 부족증, 세로토닌 부족증으로 점점 더 사나워지는 것은 아닌지 모르겠다. 2002년 초에 사망한 히틀러의 오랜 비서였던 트라우들 융은, 히틀러는 철저한 채식주의자라고 했다. 제2차 세계 대전 때 수백만 명을 살해한 그의 잔인성은 혹시 뇌의 세로토닌 부족 때문이 아닐까?

"그러면 도대체 어떻게 하란 말이냐."라는 독자들의 항의가 귀에 들리는 것 같다. 내 생각은 이렇다. 콜레스테롤 수치가 높은 사람(200mg/dl 이상), 심장병 같은 동맥 경화성 질환을 갖고 있는 사람, 혹은 고혈압, 당뇨, 비만 같은 성인병 위험 인자가 있는 사람은 지방질 섭취를 삼가야 한다. 그래도 당신은 절대 난폭해지지 않으니 안심해도 된다. 반면 콜레스테롤 수치가 너무 낮은 사람(160mg/dl 이하)은 오히려 지방질이 많은 음식을 자주 먹어야 한다. 당신이 가끔 화가 나는 것은 사업이 잘 안 되어서가 아니라 어쩌면 세로토닌 부족 때문일 수도 있기 때문이다. 그러나 이도 저도 아닌 대부분의 사람들은 아무런 걱정 없이 골고루 여러 가지 음식을 섭취하면 된다.

나쁜 남자

늘씬한 몸매, 잘 생긴 얼굴, 호소력 있는 목소리의 주인공. 인기 가수 '비'는 내가 보기에도 매력적인 남성이다. 그가 유연한 허리를 휘두르며 노래한다. "나는 나쁜 남자야. 나쁜 남자야."

이 가사는 어떤 면에서는 틀리지 않다. 남자로서 좀 껄끄러운 이야기지만 아마도 인간의 공격성, 난폭함, 범죄 등과 연관되는 가장 큰 요인은 '남성'일 것이다. 이 세상 대부분의 폭력, 방화, 살인, 강간은 남성에 의해 저질러진다. 『악마 같은 남성』을 쓴 리처드 랭햄은 인간뿐 아니라 인간과 유전적으로 아주 가까운 유인원(오랑우탄, 침팬지, 고릴라) 사회에도 강간, 폭행, 유아 살해 등 범죄 행위가 종종 벌어진다고 한다. 물론 모두 수컷이 저지르는 일이다. 즉 '악마 같은' 남성의 성향은 퍽 오래전부터 전해 내려온 유산인 것이다. 정말 남자는 어쩔 수 없는 동물인가 보다. 이러한 '나쁜 남자'의 특성은 어디서 유래하는 것일까?

남자와 여자의 유전적 차이는 여성은 한 쌍의 X를 성 염색체로 갖는 데 반해 남성은 X와 Y 염색체를 갖는다는 점이다. 물론 Y 염색체가 '폭력' 유전자는 아니다. Y 염색체는 단지 남성의 고환을 만들 뿐이다. 그런데 고환에서는 남성 호르몬인 테스토스테론을 만든다. 이 호르몬은 남성을 남성답게 만들지만 한편 남성의 폭력과 연관될 수도 있다. Y 염색체를 하나 더 가지고 있는 XYY 증후군 환자 중에는 범죄자나 정신 이상자가 많다. 그리고 키가 일반인보다 더 크며, 여드름이 많고 지능이 낮은 경향을 보인다.

남성의 공격성은 아주 어릴 때부터 남성 호르몬의 영향을 받는 것 같다. 한 실험에 따르면 임신 6일 만에 수태된 수컷 쥐를 거세하면 그 쥐는 어른이 되어서 일반적으로 수컷 쥐들이 가진 공격성을 보이지 않는다. 하지만 거세한 후 다시 남성 호르몬을 주입하면 보통 수컷과 같은 공격성을 보이게 된다. 어른 쥐에게 남성 호르몬을 주입해도 물론 공격성이 증가하며, 쥐의 사회에서 사회적 지위가 올라가는 것을 관찰할 수 있다. 다만 동물과 달리 인간에서는 남성 호르몬이 공격성과 비례하는지는 아직 정확히 알려져 있지 않다. 그럼에도 불구하고 혈중 남성 호르몬 수치는 공격적이고 우세한 행동을 하는 사람들에서 높다. 반사회적이고 난폭한 행동들은 이 수치가 지나치게 높을 때 유발되는 것일지도 모른다. 하지만 높은 남성호르몬이 이러한 행동의 이유인지 결과인지는 아직 불확실하다.

남성 호르몬과 관계되는 공격성, 경쟁, 서열 짓기는 분명 적자생존이라는 진화론적 규칙과 연관될 것이다. 뿐만 아니라 남성 호르몬과 남성의 행동 양식은 성적 선택압의 영향도 강력히 받았을 것이다. 여성은 일반적으로 강인한 남자에게 성적 매력을 느끼기 때문이다. 범죄극에 늘 여성이 등장하는 것도 여성이 남성의 공격적·폭력적 성향에 어느 정도 매력을 느끼는 것의 반영일지도 모른다. 아름다운 몬타나 주를 배경으로 한 미국 영화 「가을의 전설」에서 3형제를 모두 사랑한 여자 주인공은 점잖은 맏형(에디단 퀸 역)과 결혼하지만 실은 가장 공격적, 반항적인 둘째(브래드 피트 역)를 사랑한다. 브리지드 바르도가 주연한 「그리고 신은 여자를 창조하였다」에서 주인공이 착실한 동생과 결혼하지만 공격적인 형에게 강한 매력을 느낀 이유도 마찬가지일 것이다. 그렇다고 여성이 도덕적으로 해이하다는 말은 아니다. 진화론적으로 공격적이고 우세한 수컷과 함께 있는 상황이 생존에 유리하고, 자신이 낳을 아이가 이런 성질을 가지면 그 아이의 생존 역시 유리해지므로 여성이 공격적인 남성에게 매력을 느끼는 것은 당연하다.

폭력의 본질은 과연 무엇일까? 공격성이란 우세한 자만이 살아남을 수 있는 자연법칙 속에서 진화한 자연적이고 합목적적인 생물의 성질이라고 생각한다. 단지 그 성질이 절제되지 못했을 때 문제가 될 뿐이다. 이 성질은 암컷이라고 특별히 비켜가는 것 같지는 않다. 다만 수컷과 함께 생활하는 사회에서 자신이 직접 남을 공격하는 것보다는 차라리 우세한 수컷을 택하는 전략이 암컷에게는 더 유리하다. 공격성이라는 것이 진화적 압력이라면, 이제까지 여성은 그 압력을 남성에게 미루고 자신은 그 뒤에 숨어 지냈다. 그리고 강인한 남성을 배우자로 선택함으로써 어느 정도는 그 폭력성을 조종하기도 했다. 그러나 여성이 지금보다 세상의 전면에 더 나서게 되면(진화적 압력을 직접 받게 된다면) 여성이라고 제외되지는 않을 것이다. 사실 요즘 여성 프로 바둑 기사들이 남성 기사들에 비해 더욱 공격적, 전투적이라고 하지 않은가.

『여성은 진화하지 않았다』의 저자 사라 홀디는 영장류 사회에서 암컷의 행동을 오랫동안 관찰했다. 그녀는 영장류 암컷은 비록 수컷들처럼 눈에 띄는 폭력 행위를 하지는 않지만 자신의 서열 상승을 위해 온갖 수단을 다해 경쟁하고 있음을 이야기한다. 이것은 당연한 사실인데 암컷 사회에서도 서열이 높아야 자신과 자기 자식의 생존율이 높아지기 때문이다. 내가 보기에 여성도 남성들처럼 일단 공격성을 보일 수 있는 위치에 있으면 한없이 잔인해질 수 있다. 남편이 총애하던 후궁 척부인의 눈과 귀를 도려내고 두 손과 다리를 자른 후 변소에서 생활하도록 가두었던 한고조 유방의 아내 여태후를 생각해 보라.

하지만 여성이 폭력과 관련된 호르몬인 테스토스테론을 남성보다 적게 가지고 있는 것은 분명한 사실이다. 아직까지 여성은 평화와 온유함을 상징한다. 여성이 점점 정치적 세력을 확대해 가는 이 시대에는 세상이 좀 더 평화로워지지 않을까?

폭력의 생물학적 근거

법학자인 안경환은 그의 책 『이카루스의 날개로 태양을 향해 날다』에서 "살인이야말로 인간의 가장 원초적인 본능이다."라고 적고 있다. 공격성이나 범죄 성향은 어쩌면 우리의 본질적인 성향인지도 모른다. 하지만 보통 사람들은 그 공격성을 어느 정도 조절할 수 있다. 남에게 피해를 입힐 정도로 공격적인 사람은 그리 많지 않은데, 이런 심한 공격성 혹은 범죄 성향은 어느 정도 유전되는 것 같다. 즉 폭력에는 사회적 이유뿐 아니라 생물학적 근거가 있는 것이다.

한때 범죄자는 생긴 모습에 특징이 있다는 통설이 있었다. 골상학의 창시자인 18세기 빈 대학교의 요제프 갈(Joseph Gall)은 두개골이 튀어나오는 것은 그 부분의 뇌가 크기 때문이라고 생각했다. 그는 이 생각을 기반으로 인간의 성격과 골상을 연관시켜 풀이했지만 현재 그의 이론을 따르는 과학자는 거의 없다. 그의 계승자인 이탈리아의 체사레 롬브로소(Cesare Lombroso)는 이마가 반듯하지 않고 누운 사람, 머리뼈가 비대칭적으로 생긴 사람이 바로 범죄형이라고 했다. 이 주장 역시 과학적 근거가 없어 현재는 믿는 사람이 거의 없다.

이런 근거 없는 견해를 넘어 최근에는 인간의 폭력의 근원에 관한 몇 가지 신빙성 있는 생물학적 근거가 밝혀지고 있다. 그중 하나는 '유전'이다. 폭력의 유전설을 뒷받침하듯 범죄자는 한가족에 한꺼번에 생기는 경우가 많다. 놀부와 흥부는 예외겠지만, 형이 사나우면 대체로 동생도 사납다. 물론 형과 아우가 비슷하다는 것을 모두 유전으로만 설명할 수는 없다. 형제는 자란 환경, 부모에게 받은 교육이 비슷하니 당연히 비슷한 성격으로 자랄 것이기 때문이다. 그럼에도 불구하고 범죄자 집안의 일란성 쌍둥이를 각기 다른 집안에서 양육해도 역시 범죄를 저지를 확률은 보통 사람보다 높다.

1993년에 발견된 네덜란드의 한 가계는 한마디로 '구제 불능 가족'이었다. 그 집안의 거의 모든 남자는 방화범에서 강간 미수범까지 다양한 범죄자였다. 범죄와 유전과의 관계를 연구하고 싶어 안달이 났던 학자들이 이런 기회를 놓칠 리가 없었다. 학자들은 이 가족에게 모노아민 옥시다아제(monoamine oxidase, MAO-A)라는 효소의 유전 정보를 담고 있는 유전자에 이상이 있음을 발견했다. 이 유전자는 뜻밖에도 X 염색체에 있었다. 하지만 이처럼 가족력(家族歷)을 갖지 않은 일반적인 범죄에도 MAO-A 유전자가 관여하는지는 아직 알려지지 않았다. 그리고 MAO-A가 공격성, 범죄와 관계되는 유일한 유전자는 아니다. 생쥐에서 공격성과 관계되는 유전자는 무려 15개나 밝혀졌다. 그 중 하나는 NOS 유전자인데, 이 유전자가 잘못된 생쥐는 틈만 나면 다른 생쥐를 공격한다. MAO-A 유전자 이상은 어떻게 인간의 공격성을 증가시킬까? MAO-A는 카테콜아민계 신경 전달 물질을 분해하는 효소이다. 따라서 이러한 유전적 이상은 뇌에서 신경 전달 물질의 불균형을 초래할 것이며, 이것이 공격적 성향을 증폭시킬 것으로 생각된다.

그렇다면 유전적 이상과 더불어 생각해야 할 것이 바로 뇌에 있는 수많은 신경 전달 물질이다. 공격성과 신경 전달 물질과의 관계는 귀뚜라미를 대상으로 많이 연구되었다. 귀뚜라미의 신경 세포에는 어느 부위에 어느 종류의 신경 전달 물질이 존재하는지 이미 알려져 있기 때문이다. 가을밤 귀뚤귀뚤 우는 귀뚜라미는 우리에게 떠나간 사랑의 슬픔이나 인생의 적막함을 깨우치게 하려고 우는 것이 아니다. 날개를 비비며 만들어 내는 소리는 짝을 유혹하기 위함이며 또한 상대방을 공격하겠다는 전투적 신호로 사용되기도 한다. 미국의 스티븐슨(Stevensen)이나 일본의 무라카미 같은 학자들은 여러 약제를 사용하여 귀뚜라미 신경계의 도파민을 저하시켜 보았다. 그러자 그들 간의 싸움의 정도가 약해지는 것을 관찰할 수 있었다. 또한 오피오이드(Opioid) 기능을 저하시키면 싸움이 거칠어지고 증가시키면 싸움이 줄어든다. 이러한 신경 전달 물질의 변화는 그들이 승자이냐 패자이냐 혹은 날개(귀뚜라미의 의사소통 기관)가 있느냐 없느냐에 따라 달라지기도 한다. 예컨대 싸움에서 진 귀뚜라미에서 신경 세포의 세로토닌 수치는 줄어드는데 단 날개가 있는 상태에서만 그렇다. 만일 날개를 없앤다면 승자나 패자 모두 세로토닌이 줄어든다.

인간은 귀뚜라미보다 복잡한 생물이므로 공격성과 관련된 신경 전달 물질의 변화도 결코 단순하지 않다. 그러나 시카고 대학교의 정신과 의사 에밀리 코카로(Emile Cocaro)는 인간의 공격성에는 세로토닌이 특히 중요하다고 주장한다. 실험동물뿐 아니라 인간의 경우에도 척수액을 조사해 보면 공격적인 사람 혹은 범죄자에게는 세로토닌의 대사 산물이 감소되어 있음을 발견할 수 있다. 즉 이들의 뇌에는 세로토닌이 부족하다는 이야기다. 동물에게 세로토닌을 감소시키는 약을 투여하면 공격 행동이 늘어나고 증가시키는 약제를 투여하면 줄어든다. 코카로 박사는 또한 14종류 이상의 세로토닌 수용체 중 1B 수용체가 공격성에 중요하다고 주장한다.

그러나 세로토닌과 공격성과의 관계는 이제 막 알려지기 시작한 정도이다. 게다가 인간의 공격성과 관련된 신경 전달 물질이 세로토닌만은 아닐 것이다. 예컨대 페리스(Ferris)라는 학자는 공격적인 햄스터의 시상 하부에 바소프레신이 증가되어 있음을 밝혔다. 반사회적 행동을 한 범죄자 26명의 척수액에도 바소프레신 대사의 산물이 증가되어 있었다는 사실이 발표된 적 있다. 아직 밝혀지지는 않았지만 바소프레신 이외에도 공격성과 관련된 신경 전달 물질은 분명 더 존재할 것이다.

마지막으로 나는 폭력의 생물학적 근거로서 중요한 전두엽 기능의 이상을 말하고 싶다. 몇 년 전 조지타운 대학교의 블레이크(Blake) 교수 팀은 살인범 31명을 조사해 보았다. 그들은 살인범들의 무려 65퍼센트에서 신경학적 진찰상 나타나는 전두엽 기능의 이상 증세를 발견했다. 그리고 상당수가 CT나 MRI 촬영에 보이는 전두엽 이상 소견을 가지고 있었다. 또한 이들 중 반 수 이상은 살인을 즈음해 술을 많이 마셨다고 했는데, 알코올은 전두엽의 기능을 억제하는 대표적 약물이다. 좀 더 최근 서던캘리포니아 대학교의 레인(Raine) 교수는 살인자 41명과 동수의 정상인에게 PET를 시행해 보았는데 전두엽의 포도당 대사가 살인자 그룹에서 현저히 떨어짐을 알아냈다. 즉 전두엽의 기능 저하가 흉악 범죄자에서 매우 흔한 것이다.

전두엽은 모든 행동을 통제하는 기관으로 말하자면 뇌의 경찰에 해당된다. 경찰이 무능하면 범죄가 증가하는 것과 마찬가지로, 전두엽의 기능이 좋지 않으면 사람은 마치 고삐 풀린 말처럼 난폭한 행동을 저지르게 되는 것이다. 이런 전두엽 기능 저하설은 위의 세로토닌설과도 일맥상통하는 데가 있다. 전두엽의 앞쪽에는 세로토닌 수용체의 밀도가 매우 높기 때문이다. 즉 전두엽이 손상되면 세로토닌 시스템에 장애가 초래되어 인간이 공격적으로 변할 수도 있을 것이다.

이제까지 폭력과 범죄의 생물학적 근거를 이야기했다. 그러나 인간의 행동은 복잡하다. 우리는 주변 환경이나 교육의 영향을 많이 받는다. 따라서 동물 실험의 결과를 그대로 적용할 수는 없다. 예컨대 범죄인의 많은 수가 어린 시절 신체적·성적 폭력에 시달린 경험을 가지고 있지만 동물에게 동일한 상황을 경험하게 할 수는 없다. 또한 동물은 공격성이 증가하면 상대방을 물겠지만, 이런 단순한 행동은 강간이나 은행 강도 같은 인간의 복잡한 범죄 행동과 사뭇 다르다. 여러 생물학적 근거가 있지만, 인간 사회에서 공격성이나 범죄 행위에 대한 우리의 지식은 아직도 매우 단편적이다. 우리는 가까운 미래에 이 복잡한 수수께끼를 완벽하게 풀 수 있을까? 오히려 완성되지 못한 지식의 파편들이 혼돈을 초래할지도 모른다.

우선 현실적으로 어디서부터 어디까지가 범죄자의 책임인가 하는 복잡한 법적 문제가 대두된다. 전두엽의 손상, 신경 전달 물질의 변화, MAO-A 유전자 결함과 같은 유전적 이상으로 자신의 광포한 행동을 제어할 수 없는 상태라면 그 범죄자는 무죄로 처리되거나 적어도 형량을 줄여야 할 것 아닌가? 실제로 1985년 미국 애틀랜타에서 아들을 총으로 쏘아 죽이고 딸마저 죽이려 했던 글렌더 수 콜드웰이라는 여자의 문제는 쉽지 않았다. 그녀의 친정아버지와 오빠는 유전병인 헌팅턴병 환자였다.(헌팅턴병에 관해서는 4장을 참고하라.) 헌팅턴병에 걸리면 손발을 마구 움직이는 무도병과 더불어 정신 이상이나 치매 증세가 나타난다. 글렌더의 변호사는 글렌더 역시 헌팅턴병에 걸렸기 때문에 정신 이상 행동을 한 것으로 변호했다. 하지만 그때만 해도 헌팅턴병의 진단은 환자의 무도병 증상을 확인하고서야 진단할 수 있었다.(현재는 유전자 검사로 무도병 증세가 생기기 전에 미리 진단할 수 있다.) 운 나쁘게도 살인 사건이 일어난 날까지 그녀에게는 무도병 증세가 없었다. 무기 징역을 선고받고 복역한 지 수년이 지나서 무도병 증세는 시작됐고, 그녀는 1994년이 되어서야 석방됐다. 하지만 글렌더가 헌팅턴병 환자라도, 무도병이든 정신 이상이든 그 증세가 나타나기 전에 발생한 살인이 과연 무죄로 처리될 수 있을까? 그녀가 가지고 있는 유전자 이상이 그녀의 범죄 행위를 모두 설명할 수 있을까?

게다가 이 사건은 더욱 일반적인, 그러나 심각한 의문을 불러일으켰다. 살인 사건 이후 개발된 유전자 검사는 어머니에게 살해당할 뻔한 딸 역시 그 병에 걸려 있음을 알려주고 만 것이다. 즉 외할아버지와 어머니에게 나타난 흉악한 모든 증세가 언젠가는 자신에게도 나타날 사실을 안 딸은 마치 사형 선고를 기다리듯 그 날을 기다리며 살게 되었다. 그리스 신화의 장님 예언자 테레시아스는 자신도 모르는 채 아버지를 죽이고 어머니와 잠자리를 같이 한 오이디푸스 왕의 비극적 운명을 말해 주기 전 왕에게 이렇게 실토한다. "지혜가 아무런 도움이 되지 못할 때 지혜롭다는 것은 고통일 뿐입니다." 과연 의학 지식은 이 불행한 가족에게 도움을 준 것인가 고통을 준 것인가.

현대인을 위한 레퀴엠

대런 아로노프스키 감독의 영화 「레퀴엠」에는 마약에 서서히 중독되어 가는 인간의 모습이 비극적으로 그려져 있다. 텔레비전의 토크 쇼를 광적으로 시청하는 사라(엘렌 버스틴 역)는 어떤 사기꾼에게 속아 자신이 텔레비전에 출연하게 될 것이라고 믿는다. 출연 전까지 늘어난 뱃살을 줄여야 하기 때문에 그녀는 마약 성분이 있는 살 빼는 약(아마 암페타민이었을 것이다.)을 복용하기 시작한다. 그러나 막상 출연 요청은 오지 않고 장기적인 약물 중독에 어느덧 폐인이 되어 버린 그녀는 헝클어진 머리에 귀신같은 모습을 하고 방송국에 나타나 자신이 출연할 시간은 언제냐고 묻는다. 이처럼 약물 중독으로 서서히 파멸되어 가는 한 여성의 모습을, 엘렌 버스틴은 최고의 연기로 표현했다. 한편 마약 밀매 사업에 연관된 사라의 아들 해리(자레드 레토 역)와 그의 애인 매리온(제니퍼 코넬리 역) 역시 점차 마약에 중독되고, 그들의 인생은 완전히 파괴되고 만다.

인간을 이처럼 파멸시키는 중독이란 무엇인가? 우리는 도대체 왜 중독되는가? 중독은 한 개체가 어떤 물질에 노출된 후 육체적으로나 정신적으로 그 물질의 공급을 지속적으로 요구하게 되는 상황을 말한다. 중독 물질을 공급

받지 못하면 레퀴엠의 주인공들처럼 신체적으로나 정신적으로 매우 괴로운 상태(금단 증세)에 빠진다. 중독이란 식중독과 같은 단순한 음식의 해악이기보다는 이러한 음식에 의해 만들어지는 생명체의 이차적인 행동의 변화를 말한다. 그런데 생명체의 행동이란 언제나 뇌의 명령의 결과이므로 중독 물질은 결국 중독된 생명체의 뇌에 어떠한 변화를 초래하는 것으로 이해할 수 있다.

중독 물질이 뇌에 주는 영향 중 가장 중요한 것은 신경 전달 물질의 변화이다. 뇌의 신경 세포가 분비하는 신경 전달 물질들 중 중독과 관련된 것은 도파민, 세로토닌, 니코틴, 글루타민, 카나비노이드 등이다. 중독 물질은 뇌에서 여러 가지 방법으로 이 신경 전달 물질들을 변화시킨다. 예컨대 '아이스', '크리스털', '스피드'라고 불리는 메트암페타민(methamphetamine), 그리고 '스노우', '걸', '코크' 등으로 불리는 코카인(cocaine)은 주로 신경 세포 말단에서 도파민을 분비시킨다. 반면 LSD(lysergic acid diethylamide)는 주로 세로토닌 시스템에 작용한다. 중독 물질로 인한 뇌신경 전달 물질의 변화의 정도는 사람마다 다르며 이것은 개개인의 유전적 차이에 따라 결정된다. 예컨대 알코올 중독자 부모를 둔 자식이 알코올 중독에 빠질 확률은 40~60퍼센트에 달하며 마약 중독도 이와 비슷할 것으로 생각된다. 중독 물질에 대한 민감도는 인종마다 다르기도 하다. 알코올을 분해하는 효소인 알데히드 디하이드로지네이스의 활성도는 백인에 비해 황인종이 적다. 따라서 황인종은 술을 마시면 백인보다 얼굴이 더 금방 빨개지며 알코올 중독증에도 더 잘 걸린다. 재미있는 것은 신경 전달 물질의 하나인 카나비노이드는 마리화나에서 추출된 중추 신경 자극 물질 델타나인 테트라하이드로카나비놀(THC)과 거의 비슷한 물질이라는 사실이다. 풀에 불과한 대마초가 건방지게도 만물의 영장인 인간의 신경 전달 물질을 생산하는 것이다. 물론 대마초는 뇌의 카나비노이드 시스템을 활성화시켜 마약 효과를 낸다. 그런데 앞에서 이미 이야기했지만, 카나비노이드 시스템은 인간의 망각 기능에 관여한다는 주장이 있다. 즉 마리화나는 카나비노이드 시스템을 활성화해 인간의 쓸데없는 기억을 제거함으로써 현실의 감각이 좀 더 강렬해지도록 한다는 것이다. 따라서 마약을 복용하면 음식이 더 맛있어지고 음악이 더 강렬하게 들리며, 섹스가 황홀하게 느껴진다. 많은 예술가들이 마약을 찾는 이유 역시 예민한 예술 감각을 갖기 위함이다. 『코스모스』의 저자 칼 세이건도 마약을 한 후 창조적인 생각이 솟아오르는 경험을 했다고 이야기했다.

　이런 사실을 생각해 보면 마약은 중독성 물질로 인간을 파멸시키는 것이 사실이지만, 마약을 통해 우리가 배우는 것이 없는 것도 아니다. 어쩌면 인간은 허망한 기억과 감정의 포로가 되어 현실의 즐거움을 제대로 깨닫지 못하고 지내는 불쌍한 존재인지도 모른다. 우리를 속박하는 이런 기억에서 벗어나야 행복해질 수 있다. 이런 생각을 하니 아널드 슈워제네거가 주연한 영화 「토탈 리콜」에 나오는 멋진 대사가 떠오른다. "당신을 규정하는 것은 당신이 현재 행하는 행동이다. 당신의 기억이 아니다." 파울로 코엘료도 소설 『연금술사』에서 "고통 그 자체보다 고통에 대한 두려운 기억이 더 나쁜 것"이라고 했으며, 불교 경전에도 "거울을 떠날 때에는 거울에 비쳤던 자신의 상을 잊으라."라는 가르침이 있다. 어떤 기억과 감정을 계속 마음속에 가지고 다니는 것이 바로 괴로움의 본질이라는 것이다.

　그렇다면 부처의 화신도 아닌 대마초는 도대체 무슨 속셈으로 인간의 신경 전달 물질을 생산할까? 대마초가 대답할 리가 없으니 그저 상상력을 동원할 수밖에 없다. 『욕망의 식물학』이란 책을 쓴 마이클 폴란은 대마초는 THC를 생성해서 인간을 유혹하고, 인간이 자신을 재배하도록 하여 결국 전 세계적으로 번성하려는 책략을 쓰는 것이라고 주장한다. 그의 주장대로 별로 쓸

모도 없는 대마초가 마약 성분 하나 때문에 이 세상에 널리 퍼진 것은 사실이다. 하지만 식물이 인간을 이런 식으로 조종한다는 생각은 아무래도 지나친 상상이 아닐까 싶다.

최근 분자 생물학, 유전학의 발달은 마약 중독의 원리에 대해 우리에게 더 많은 것을 알려주고 있다. 특히 유전자 조작을 가하여 어떤 유전자가 처음부터 발현하지 못하게 한 쥐를 이용한 실험이 활발하다. 1990년대 후반, 기로스(Giros), 레던트(Ledent) 같은 학자들은 뇌신경 세포에 도파민, 카나비노이드, 니코틴 등의 수용체가 발현되지 않도록 유전자 조작을 한 쥐는 모르핀이나 마리화나 같은 마약을 투여해도 중독 증세가 나타나지 않는다는 사실을 보고했다. 이러한 지식을 잘 응용하면 가까운 미래에 마약 중독자를 치료할 수 있는 길이 열릴지도 모른다.

그런데 마약이 뇌에 미치는 영향은 단순한 신경 전달 물질의 변화 이상인 것 같다. 마약은 중독자의 뇌에 어떠한 구조적 변화를 초래할 가능성이 있다. 중독자가 마약을 잊지 못하고 열망하는 행위가 퍽 오래 지속된다는 점에서 이것을 추측할 수 있다. 마약은 중독자에게「물망초」를 부르는 탈리아비니처럼 "나를 잊지 마오."라고 절규하고 있는 것이다.

여기에 관해서는 텍사스 대학교의 네스틀러(Nestler) 교수가 많은 연구를 해 왔다. 그는 쥐에게 오랜 기간 마약을 투여하면 뇌의 측좌핵(nucleus accumbens)이라는 부위의 신경 세포에 FosB라는 물질이 축적된다는 사실을 밝혔다. 그런데 이 물질은 마약을 더 이상 주지 않아도 증가된 상태로 신경 세포에 계속 남는다. 네스틀러 교수는 이 FosB의 발현이야말로 쥐가 마약을 지속적으로 찾도록 하는 데 중요하다고 주장한다. 즉 FosB는 탈리아비니의「물망초」인 것이다. 하지만 FosB는 그 자체가 무슨 일을 하는 것이 아니라 DNA를 자극하여 다른 물질을 만들도록 하는 유도 물질(transcription factor)

에 불과하다. FosB가 궁극적으로 유발하는 물질이 무엇인지는 정확히 밝혀지지 않았지만 아마도 글루타민 신경 세포 수용체의 한 종류인 AMPA일 가능성이 있다.

네스틀러 교수와는 별도로 웅글레스(Ungless) 교수는 코카인을 쥐에게 투여하면 글루타민을 분비하는 신경 세포의 활동이 증가하는데 이것은 AMPA 수용체의 활동성 증가와 밀접한 관계가 있다고 했다. 이것은 매우 흥미로운 사실이다. 왜냐하면 기억은 기억 중추의 하나인 해마에서 AMPA 및 글루타민 신경 세포의 활동 증가에 따른 기억 회로의 건설과 밀접하게 연관되기 때문이다.(기억의 기제에 관해서는 172쪽을 참고하라.) 마약은 AMPA 수용체 및 글루타민 분비 신경 세포의 활성화를 통해 우리로 하여금 그를 영구히 기억하도록 하는 것 같다.

아무튼 마약은 여러 신경 전달 물질의 균형을 바꾸어 우리를 환희에 빠지게 하며, 동시에 자신을 잊지 못하고 열렬히 원하도록 한다. 이런 점에서 모르핀을 만들어 내는 풀의 이름이 당나라 현종을 끝없이 유혹하고, 결국은 파멸시켰던 '양귀비'인 것은 정말 적절하다. 문제는 이러한 마약의 작용이 비정상적이라는 사실에 있다. 인간의 고통과 기쁨은 생존에 합목적적일 때 자연스럽다. 음식을 먹는 행위가 즐거운 이유는 이것이 영양분을 섭취해 우리를 생존케 하려는 유전자의 목적에 상응하기 때문이다. 반면 바늘에 찔려 손이 아픈 이유는 찔렸을 때 우리가 그 위험을 피하도록 하기 위함이다.

그러나 마약의 즐거움은 이러한 합목적적인 의도와는 동떨어진, 공허한 아무런 근거가 없는 기쁨이다. 이런 점에서 무라카미 류의 『한없이 투명에 가까운 블루』에 나오는 헤로인 중독자의 독백은 음미할 만하다. "그것을 맞고 싶어 몸은 벌벌 떨리고 미쳐 버릴 지경인 데도 헤로인만으로는 뭔가 부족하다는 느낌이 들었어. 그 부족하다는 것이란 말이지. 내 생일에 네가 불어 준 플루트 소리 같은 거라고 생각했어."

현대인의 중독

요즘 마약이 미국이나 유럽에서 큰 사회 문제로 대두되었기에 「레퀴엠」 같은 영화가 만들어졌겠지만, 사실 스키타이 인들은 이미 기원전 700년 전부터 대마초를 피웠다. 그리스의 역사학자 헤로도토스는 "그들은 텐트 안에서 뜨겁게 달궈진 바위 위에 대마 봉오리를 올려놓고 그 연기를 맡은 다음 일어나 정신없이 춤추고 노래 불렀다."라고 묘사했다. 즉 마약의 역사는 생각보다 훨씬 오래된 것이다. 마약의 사각지대로 알려진 우리나라에도 이제는 마약 사범이 늘어나고 있다. 최근만 해도 유명 연예인들이 필로폰, 대마초, 엑스터시 사용으로 검거된 바 있다.

하지만 내가 보기에 우리나라에서는 진짜 마약 중독보다는 마약이라는 이름이 안 붙어 있을 뿐 마약과 다름없는 효과를 가진 담배와 알코올 중독이 더욱 심각하다. 1998년 WHO의 조사에 따르면 우리나라 성인 남자의 흡연율은 세계 1위이다. 흡연과 술은 마약 이상으로 건강에 해로우며 동시에 중독성이 있다. 공인된 마약이나 다름없는 것이다. 흡연은 수많은 종류의 암과 혈관 질환을 일으키며 간접 흡연 역시 직접 흡연 못지않게 위험하다. 캐나다 사람들은 학생들에게 흡연을 하려면 차라리 마리화나를 피우라고 설득한다고 한다. 알코올 중독 역시 간 질환, 치매 등 수많은 건강상의 해악을 초래한다.

의학적으로 담배와 술만큼 해악이 많지만 우리가 잘 모르고 지내는 것이 있는데 짠 음식 중독과 육식 중독이다. 한국 사람은 모두 짠 음식 중독자이다. 생리적으로 필요한 염분의 양은 하루에 3그램 이하인데, 우리는 매일

15~20그램의 염분을 먹는다. 이러한 과다한 염분 섭취는 고혈압의 중요한 요인이다. 고혈압은 혈관 손상을 일으켜 뇌졸중, 심장병, 신장병 등 여러 주요 질환의 원인이 된다. 이것을 알면서도 싱겁게 먹지 않으려는(예컨대 소금기가 없는 김치나 라면을 먹지 않으려는) 이유는 짠 음식에 중독되었기 때문이다. 한편 육식 중독증은 주로 서구 사회에서 문제가 되고 있다. 동물성 지방질의 과잉 섭취는 비만, 동맥 경화, 심장병 등의 원인이 된다. 제러미 리프킨의 『육식의 종말』에 따르면 육식 중독증에 걸린 영미권 사람들은 전 세계에 목초지를 건설하기 시작했는데, 이 과정에서 인간을 위한 농경지가 소 사육을 위한 목초지로 바뀌었다고 한다. 선진국 사람들의 육식 중독증 때문에 지구 환경이 파괴되고 가난한 사람들이 더욱 영양실조에 빠지는 악순환이 계속된다는 것이다. 이런 점에서 육식 중독증 역시 간접 흡연처럼 남에게 지대한 피해를 끼친다.

또 대부분의 현대인들은 일 중독자다. 인간은 지구상의 어떤 동물보다도 일을 많이 한다. 이것은 노벨상을 받은 동물 행동 학자 콘라트 로렌츠가 오랫동안 야생 동물을 관찰한 후 내린 결론이다. 간혹 일에 지친 샐러리맨 가운데 태평양의 외딴 섬에서 유유자적하며 살고 싶다고 말하는 이들이 있지만 실제로 아무 일도 안 하고 며칠을 보내면 좀이 쑤셔서 못 견딜 것이다. 이것은 다름 아닌 일중독에 따른 금단 증세이다. 그뿐 아니다. 쉴 새 없이 빠르게 돌아가는 현대 사회에서 새로운 종류의 중독이 우후죽순처럼 생기고 있다. 어쩌면 현대인들은 모두 복잡한 사회를 잠시 잊기 위한 망각 장치로서 중독될 일을 찾고 있는지도 모른다. 요즘 많은 여성들은 쇼핑 중독에, 젊은이들은 텔레비전 중독에 걸려 있다.

하지만 요즘 젊은이들에게 더욱 심각한 신종 중독증이 하나 있는데 그것은 인터넷 중독이다. 인터넷에 빠진 사람을 모두 환자라고 말할 수는 없으나 인터넷 중독자가 많아짐에 따라 '인터넷 중독 질환(internet addiction disorder)' 혹은 '병적인 인터넷 사용(pathological internet use)' 등과 같은 신조어들이 등장했다. 다른 중독과는 달리 인터넷 중독은 익명성에 그 기초를 둔다. 인터넷 사용자는 아무도 모르는 사이에 여기저기를 뒤져 볼 수 있고, 사람을 앞에 두고는 못할 말(예컨대 욕설)도 마음대로 할 수 있다. 이런 점에서 인터넷 중독은 성도착증인 관음증과도 일맥상통한다. 인터넷 중독자들은 기본적으로 실제가 아닌 세계에서 정체성을 가지며 가상공간을 통해 대리 만족을 한다. 급기야는 현실과 격리된 온라인 속에 있어야 평화와 행복을 느낀다. 일반적으로 인터넷 중독은 원래 정서적 문제를 가지고 있거나, 자아상이 뒤틀려 있거나, 환상적 사고에 잘 빠지는 사람이 많이 걸린다.

이런 증세를 '중독'이라 이름 붙이는 것은 너무 가혹한 것일까? 인터넷 중독의 만만치 않은 해악을 생각하면 그렇지도 않다. 인터넷에 빠진 사람들은 친구나 가족과의 대화가 없고, 독서나 운동 혹은 다른 취미 생활을 전혀 하지 않는다. 성 관계를 가지지 않는 것은 물론, 심하면 인터넷 하느라 잠도 자지 않는다. 이들에게 인터넷을 못하게 하면 초조·불안해하고, 자신도 모르게 자판을 두드리는 동작을 한다. 혹은 인터넷 사용과 관련된 환상 속에 빠지기도 한다. 이러한 금단 증세가 있다는 점에서 인터넷 중독은 진짜 중독인 것이다.

이제까지 나는 폭력, 중독과 같은 인간 행동을 설명해 주는 뇌의 변화를 소개했다. 다음 장부터는 뇌의 일부가 손상된 환자의 다양한 증상들을 그려 보겠다. 이런 환자의 증세를 통해 우리는 거꾸로 뇌의 신비한 기능을 되짚어 볼 수 있다. 이어서 나는 우리의 발달된 뇌에 발생하는 여러 가지 질병들의 원리, 그리고 이것을 극복하기 위한 의학자들의 노력에 대해 이야기하고자 한다. 우선 가장 인간다운 뇌인 전두엽 손상부터 시작하자.

4장_우리들의 일그러진 뇌

인간은 복잡한 동물이다. 예컨대 어떤 사람이 당신을 보고 웃고 있을 때 당신이 좋아서 그럴 수도 있고, 속으로는 그렇지 않지만 겉으로만 웃고 있는 것일 수도 있다. 복잡하고 다양한 인간의 행위를 도대체 어떻게 연구할 것인가. 이처럼 망망대해와도 같은 인간의 마음을 항해하기 위해, 우리는 이제 막 초라한 지식과 장비를 갖춘 배를 띄웠을 뿐이다.

멍청해진 아저씨

40세의 성실한 경찰관인 P는 어느 날 갑자기 멍청해졌다. P의 부인은 처음에 남편이 술이 덜 깼기 때문에 묻는 말에 대답을 안 하는 줄 알았다. 하지만 그게 아니었다. 그는 마치 처음 보는 사람인 양 아내를 멍하게 쳐다보기만 하고 밥을 차려 주어도 바라보기만 할 뿐 먹지도 않았다. "왜 안 드세요?"라고 해도 아무런 대답을 안 했다.

부인은 남편이 정신병에 걸린 줄 알았다. 하지만 P는 전두엽에서도 제일 앞부분, 즉 이마의 바로 안쪽에 해당되는 부위에 뇌졸중(뇌혈관이 막히거나 터져서 뇌의 일부가 손상되는 질환)이 생긴 것이다. 병원에 왔을 때에는 증세가 약간 좋아졌지만, 묻는 말에 대답은 하되 한참 뜸을 들여, 그것도 아주 간단하게 했다. "손을 들어 보세요." 하자 그는 내 얼굴만 한참 쳐다볼 뿐 손을 들지 않았다. 하지만 그의 손이 마비된 것은 아니었다. 머리가 가려운지 긁적긁적 손으로 머리를 긁기도 했다. 그는 얼굴에 표정이 없어 아무런 감정이 없는 사람 같았다. 아내는 남편이 "영혼이 빠져나간 사람 같다."고 했다.

P가 아내의 말에 대답하지 않은 것은 언어 기능이 잘못되어서도 아니고, 목구멍이나 혀 근육에 마비가 와서도 아니다. 우울증이 생겨서도 아니다. 우리가 어떤 말이나 동작을 하려면 운동 중추가 활성화되어야 한다. 그런데 실제적인 행위 이전에 이런 동작을 하고자 하는 의지가 발생해야 한다. 전두엽의 가장 앞쪽은 이런 의지를 담당하는 부위이다. 이곳이 손상되었기에 P는 말하고 싶은 마음이나 움직이고자 하는 의지를 잃어버렸던 것이다.

입원 기간 동안 P의 증세는 많이 좋아졌다. 느리지만 나름대로 거의 모든 동작을 할 수 있게 되었다. 혼자서 밥을 먹고, 신문을 보았다. 짧지만 다른 사람과 대화도 했다. 그는 퇴원한 뒤 직장으로 돌아갔다. 그러나 P가 완쾌된 것은 아니었다. 그는 집이나 직장에서 단순한 일을 하는 데에는 불편함이 없었다. 운전도 하고, 조깅도 매일 했다. 하지만 P는 무엇이든 판단을 할 수 없었다. 이런저런 가능성을 모두 이해하고 기억했지만 얻어진 정보를 기반으로 결정을 내리고, 행동에 옮기지는 못했다. 언뜻 보면 P는 멀쩡한 사람처럼 보인다. 하지만 전두엽 손상의 여파는 분명하고 그 결과는 매우 심각했다.

인간은 전두엽이 가장 발달한 종이다. 인간의 전두엽은 뇌의 30퍼센트 이상을 차지하지만 원숭이에게는 9퍼센트에 불과하다. 우리가 짱구인 것은 발달된 전두엽 탓이다. 1930년대에 이러한 전두엽의 중요성을 세상에 알린 유명한 사건이 있었다. 당시 원숭이의 전두엽을 손상시키면 얌전해진다는 실험 결과가 여럿 발표되었다. 어느 시대, 어느 곳에나 용감하지만 무지막지한 의사는 있는 법이다. 이런 발표에 감명을 받은 포르투갈의 신경외과 의사 에가스 모니스(Egas Moniz)는 난폭한 증세를 보이는 정신과 환자들에게 전두엽의 앞쪽 일부를 절제하는 수술을 해 보았다. 수술은 대성공이었다. 환자들은 얌전해졌다. 정신 질환을 치료하는 획기적인 신기술로 알려진 전두엽 절제술은 이후 여러 병원에서 앞 다투어 시행되었다. 과연 전두엽 절제술은 인간의 정신을 조절할 수 있는 이상적인 치료 방법이었을까?

그렇지 않았다. 시간이 지남에 따라 환자들에게 난폭함 이상으로 중대한 문제가 새로 발생했음이 알려졌다. 환자들은 언급한 P처럼 언뜻 보아서는 얌전한 정상인 같았지만, 매사에 의지가 없고 아무런 판단을 내릴 수 없었던 것이다. 단순 작업 밖에는 할 수 없게 된 그들은 사회적으로 쓸모없는 존재가 되었다. 조니 뎁이 주연한 영화 「프롬헬」에서 보듯, 이 수술은 활동적인 인간을 무력한 폐인으로 만드는 방법으로 악용되기도 한 것 같다. 전두엽 절제술의 이런 부작용을 깨달은 후에 의사들이 이 수술을 시도하지 않고 있음은 물론이다. 모니스는 전두엽 절제술을 최초로 시도했다는 이유로 노벨상을 받았지만, 우리가 그의 이름을 기억하는 이유는 전두엽 절제술의 효과에 있지 않다. 그는 동물 실험 결과를 함부로 인간에게 적용함이 얼마나 어리석은 것인지를 일깨워 준 사람이다. 하지만 모니스의 공적이 아주 없지는 않다. 그는 현재까지도 사용되는 혈관 조영술(우리 몸의 혈관 상태를 검사하는 방법. 동맥 안에 조영제를 주사한 후 사진을 찍으면 조영제가 흐르는 모습이 영상화되므로 혈관 상태를 파악할 수 있다.)을 처음 시도한 사람이다.

우리는 환자 P와 모니스의 수술 결과를 통해 전두엽의 중요한 기능을 이해할 수 있다. 일찍이 파스칼(Pascal)은 "인간은 생각하는 갈대다."라고 했다. 철학자 윌리엄 제임스(William James)는 "취사선택하는 것이야말로 우리의 마음이라는 구조물을 만들기 위한 얼개다."라고 했다. 둘 다 실은 전두엽의 기능을 말한 것이다. 인간이 인간다운 것은 전두엽이 있기 때문이다. 그런데 나는 여기서 전두엽의 앞부분에 관한 이야기만을 했다. 전두엽의 뒤쪽은 운동 중추이며 이곳이 손상되면 반신마비가 생긴다. 여기에 대한 이야기는 이미 1장에서 언급했다. 그런데 왼쪽 전두엽의 아랫부분은 언어 중추의 일부를 이룬다. 언어 중추 손상에 따른 증세 즉 실어증 역시 흥미로운 현상이다.

말을 잃어버린 여인

관객 1000만 명 이상을 동원했던 강제규 감독의 영화 「태극기 휘날리며」에서 전쟁터에 나간 두 주인공 진태와 진석의 어머니는 말을 하지 못한다. 그런데 그녀의 얼굴이나 혀가 마비된 것은 아니다. 따라서 그녀는 밥도 잘 먹고 표정도 풍부하다. 다만 그녀는 마치 한국어를 전혀 배우지 않은 외국 사람처럼 한국말 하는 능력을 잃어버린 것이다. 이런 증세를 의학 용어로 '실어증

(aphasia)'이라고 한다.

이것은 혀나 입술이 마비되어 생기는 발음 장애와는 다르다. 실어증이란 이런 발음 장애 없이 뇌의 손상으로 인해 말을 하지 못하거나 말을 알아듣지 못하는 경우, 즉 언어 능력을 잃어버린 증세를 말한다. 실어증이 심한 환자는 전혀 말을 못하고 못 알아듣는다. 하지만 증세가 가벼울 때에는 그저 적절한 단어를 빨리 생각해 내기 힘든 정도에 그친다. 사실 독자 여러분도 실어증 환자와 비슷한 증세를 경험한 적이 있을 것이다. 그 나라 말을 전혀 모르는 곳(예컨대 동유럽)을 여행할 때 우리는 말을 할 수도 알아들을 수도 없기 때문에 심각한 실어증 증세를 경험하게 된다. 물론 한국어를 모르는 외국인들도 우리나라에 오면 이런 상황이 된다. 물론 이처럼 배우지 않은 외국어를 못하는 것을 실어증이라 부르지는 않는다. 뇌의 언어 중추가 손상되어 평소 알고 있던 언어를 잊어버리는 것이 바로 실어증이다.

우리는 태어난 후 줄곧 말을 배운다. 아기 때에는 엄마의 말을 듣고 옹알거리다가 성장하면서 말을 배운다. 우리말뿐 아니라 외국어도 배운다. 이처럼 우리가 배운 말은 고스란히 언어 중추에 저장된다. 우리 뇌에서 언어 기능을 담당하는 곳, 즉 언어 중추는 어디일까? 마치 티그리스 강과 유프라테스 강이 모이는 메소포타미아 삼각주에 인류 최초의 문명이 형성되었듯, 문화적 인간의 상징인 언어 중추는 전두엽, 두정엽, 측두엽이 서로 마주치며 이루는 깊은 계곡(실비우스구) 주변에 비교적 넓은 부위를 차지하며 자리 잡았다.(그림 10.)

입이 앞쪽에 있고 귀가 뒤쪽에 있듯이 언어 중추 안에서도 말을 하는 기능은 앞쪽에, 말을 듣는 기능은 뒤쪽에 있다. 따라서 언어 중추의 앞쪽(운동 언어 중추)이 손상된 환자는 남의 말을 알아들을 수는 있으나 스스로 말하지는 못한다. 예를 들어 "이름이 어떻게 되세요?"라는 질문을 받게 되면, 본인은

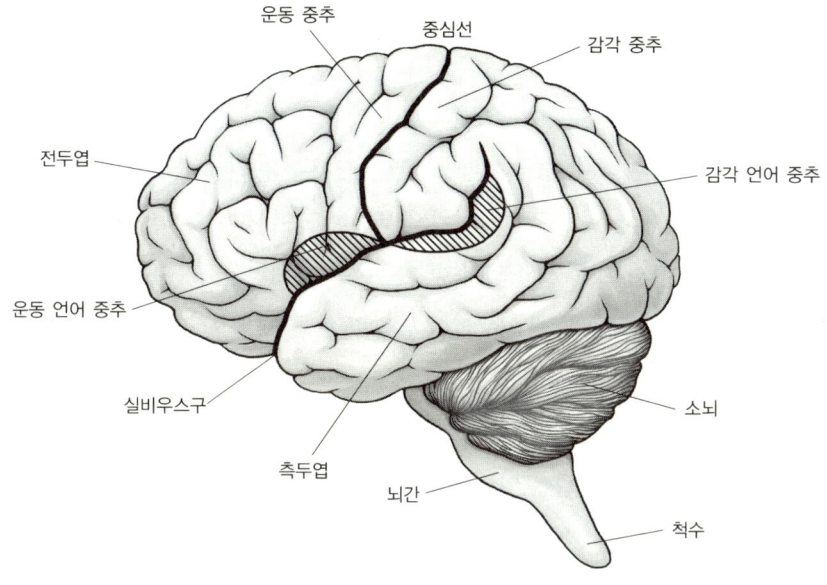

그림 10. 언어 중추 (빗금 친 부분)

대답은 해야겠는데 말이 나오지 않으니 끙끙거리며 애를 쓰게 된다. 그러나 "손들어 보세요."하면(그 말을 이해할 수는 있으므로) 얼른 손을 든다. 이것을 운동성 실어증 혹은 브로카(Broca) 실어증이라 부른다.

반대로 언어 중추의 뒤쪽(감각 언어 중추)이 손상되면 말을 할 수는 있으나 남의 말은 알아듣지 못한다. 중얼중얼 자기 말은 유창하게 하지만, "손들어 보세요." 하면 무슨 소린지 몰라 눈만 멀뚱거린다. 이것을 감각성 실어증 혹은 베르니케(Wernicke) 실어증이라 부른다. 언어 중추가 앞뒤 모두 손상되면 말을 하지도, 알아듣지도 못한다. 언어 중추가 손상된 위치에 따른 이러한 실어증의 차이를 처음으로 기술한 사람은 독일의 천재 의학자 카를 베르니케(Carl Wernicke)였다. 1874년 그가 26세 때 주창한 이 이론은 지금까지도 정설로 받아들여지고 있다.

  1장에서 이미 말했듯 언어 중추는 뇌의 좌우 어느 한쪽에 전문화되어 있다. 오른손잡이든 왼손잡이든 인간의 95퍼센트 이상이 언어 중추를 왼쪽 뇌에 가지고 있다. 따라서 실어증 환자의 거의 대부분은 왼쪽 뇌가 손상된 사람이다. 오른손잡이와 달리 왼손잡이의 경우 언어 중추가 좌우 뇌에 골고루 퍼져 있는 경향이 높지만, 역시 언어 중추는 왼쪽에 위치한 경우가 더 많다. 일부 학자들은 모국어에 비해 외국어를 담당하는 뇌 세포는 좌우 뇌에 분산되어 있다고 주장한다.

  서두에 언급한 영화로 돌아가 보자. 진태, 진석의 어머니는 말을 한마디도 못하지만 다른 사람의 말은 알아듣는다. 즉 그녀는 '운동성 실어증' 증세를 가지고 있는 것이다. 진석의 말에 따르면 '열병을 앓은 후' 말을 못하게 됐다고 하니 아마 뇌염을 앓고 그 후유증으로 실어증을 갖게 된 것으로 생각된다. 이처럼 예전에는 우리나라에서 박테리아나 결핵과 같은 감염 질환이 뇌 손상을 일으키는 중요한 원인이었다. 그러나 현재는 뇌졸중이 뇌염보다 훨씬 더 흔한 실어증의 원인이 되고 있다.

  그런데 운동성 실어증이나 감각성 실어증보다는 드물지만, 다른 것은 못하는데 '따라 말하기'만 잘하는 환자도 있다. 56세 여자 환자 B를 그 예로 들 수 있다. 그녀는 왼쪽 대뇌에 뇌졸중이 생겨 오른쪽 팔다리가 불편하다. 게다가 말을 못해서 남편의 걱정은 이만저만이 아니다. 그녀는 말을 제대로 하지도, 이해하지도 못한다. "이름이 어떻게 되세요?"라고 물으면 멍청하게 쳐다보기만 한다. 뇌졸중이 생긴 후 스스로 말한 적이 한번도 없다. 하지만 그녀는 '말 따라하기'만은 놀랄 만큼 잘한다. B에게 따라해 보라고 한 후 "내 이름은 B입니다."하면 그녀는 언제 자신이 말을 못했냐는 듯 또박또박 "내 이름은 B입니다."라고 말한다. 그러나 그것으로 끝이다. 자신의 의지로는 전혀 말을 하지 못한다.

환자 B는 말을 못하니 물론 실어증 환자이다. 하지만 따라 말하기는 잘한다. 어떻게 된 것일까? B는 뇌졸중에 걸렸지만 언어 중추는 손상되지 않았다. 하지만 주변 조직이 모두 손상되었다. 마치 홍수 때 물에 갇힌 마을처럼 언어 중추는 다른 뇌 부위와 연결되지 않고 고립된 것이다. 이렇게 되면 자신의 의지가 언어 중추에 도달할 수 없기 때문에 스스로 말할 수 없다. 그러나 언어 중추 자체는 살아 있기에 들리는 대로 말할 수는 있다. 이런 실어증을 초피질 실어증(transcortical aphasia)이라고 한다.

간혹 초피질 실어증 환자들 중에는 따라 말하는 기능이 지나치게 항진되어 남의 말을 들리는 그대로 따라하는 경우가 있다. B역시 아침 회진 때 "오늘 기분이 어떠세요?"라고 물어보면 마치 메아리처럼 "오늘 기분이 어떠세요?"라고 따라 말한다. 그리스 신화에서 요정 에코는 제우스가 바람피우는 것을 도왔다는 이유로 헤라 여신에게 벌을 받는다. 그때부터 그녀는 스스로 말을 못하고 남의 말을 따라 할 수밖에 없게 된다. 따라서 환자의 이런 증세를 반향 언어증(echolalia)이라고 부른다.

나르키소스에게 사랑한다는 말을 하고 싶었으나 바보처럼 그의 말을 따라 말할 수밖에 없었던 에코는 결국 상사병으로 죽고 만다. 하지만 대부분의 초피질 실어증 환자는 에코처럼 불행한 결론에 이르지는 않는다. 다른 실어증과는 달리 초피질 실어증은 시간이 지나면 대개 회복되기 때문이다. B 역시 초피질 실어증에서 회복되어 지금은 아무런 문제없이 남편과 대화를 즐기고 있다.

마비된 너 자신을 알라

앞서 말한 대로 왼쪽 뇌에 손상이 생기면 실어증 증세가 생긴다. 반면 오른쪽에 생기면 그렇지 않다. 물론 반대편 팔다리가 마비되니 불편하기야 하겠지만, 그런대로 남과 대화를 나눌 수는 있다. 따라서 이왕 뇌졸중에 걸린다면 왼쪽보다는 오른쪽 뇌에 생기는 것이 더 나을지도 모른다.(물론 뇌졸중을 잘 예방해서 아예 안 걸리는 게 제일 좋겠지만) 하지만 반드시 그렇지도 않다. 오른쪽 뇌가 손상되면 '반쪽 무시 현상(hemi-neglect)'이 나타나는 경우가 많기 때문이다.

평소 혈압이 높던 65세 환자 K는 갑자기 왼쪽 팔다리에 힘이 빠졌다. 그의 오른쪽 뇌에 뇌졸중이 생긴 것이다. 의사가 K의 팔을 들어보니 힘없이 툭 떨어질 정도로 마비가 심했다. 그런데 이처럼 마비가 심각한데도 K는 자신의 팔다리가 마비된 사실을 전혀 모르고 있었다. 게다가 이에 관해 무관심했다. 의사가 "환자분 팔이 어떻게 되었어요?" 하니 그는 "아무런 이상 없어요" 하며 태평한 웃음을 지었다. 마비된 팔을 들어 보이며 "이게 왜 안 움직이죠?" 하니 "아, 어제 어깨가 조금 삐어서 그래요." 하며 거짓말을 했다. 팔다리가 완전히 마비되었는 데도 그는 그것은 철저히 무시하고 태평한 표정을 짓고 있었던 것이다.

왼쪽 뇌는 언어적·분석적 기능을 담당한다. 반대로 오른쪽 뇌는 주변 상황에 대한 전체적인 인식 및 주의 집중 기능을 한다. 즉 우리는 왼쪽 뇌를 사용해 하나하나 따지며, 오른쪽 뇌를 사용해 한꺼번에 깨닫는다. 따라서 오른쪽 뇌가 손상되면 인식 기능이 떨어지는데 특히 반대쪽(왼쪽)에 대해 그렇다. 오른쪽 뇌가 손상되면 왼쪽 팔다리가 마비된다. 그런데 왼쪽에 대한 인식이 모자라니 환자는 자신의 팔다리가 마비된 사실을 모르거나 혹은 이것을 알더라도 무관심하게 되는 것이다. 위의 환자 K처럼 팔다리가 안 움직이는 이유에 대해 거짓말을 둘러대기도 하지만 그렇다고 환자를 혼내서는 안 된다. 이것은 환자가 못되어서가 아니라 인식이 안 되는 부분을 보상하려는 노력이기 때문이다.

이처럼 마비된 팔다리를 무시하니 환자의 마음은 편해서 좋을 수도 있다. 하지만 실제로 환자를 진찰하고 치료해야 하는 입장에서는 좋지 못하다. 마비된 팔다리에 관심을 가지고 열심히 운동 치료를 해야 증세가 좋아지는데 이런 분들은 전혀 움직일 생각을 하지 않기 때문이다. 따라서 이런 '무시' 증세를 가진 환자의 팔다리 마비 증세의 회복은 그렇지 않은 경우에 비해 더딘 것이 보통이다.

이러한 '무시' 현상과 비슷한 증세로 '실인증(agnosia)'이라는 것이 있다. 우리는 감각 기관을 통해 시각, 청각, 촉각 등 온갖 정보를 받아들이며 이것을 조합하고 정리해서 보고, 듣고, 만지는 사물이 무엇인지 인식할 수 있다. 그런데 이러한 감각적 기능이 정상이고 의식이 없거나 치매가 된 것은 아닌데도 그 물체 혹은 상황을 제대로 인지하지 못하는 경우를 실인증이라고 한다. 무시 현상과 마찬가지로 실인증 현상도 오른쪽 뇌가 손상되었을 때 잘 나타난다.

'실인증' 이라는 단어는 1891년 정신 분석학의 창시자 지그문트 프로이트가 처음 사용했다. 하지만 실인증 환자를 처음 기술한 사람은 영국 임상 신경학의 아버지라 불리는 저명한 휼링스 잭슨(Hughlings Jackson)이다. 1876년, 그는 오른쪽 대뇌에 이상이 있는 환자가 물체를 분명 보기는 하지만 그것이 무엇인지 인식하지 못하는 현상을 기술했다. 1881년 독일의 뭉크(Munk)는 시각 중추인 후두엽을 제거한 개가 물체를 보기는 하는데 이것이 무엇인지 인식하지 못하는 현상을 기술했다. 실제로 양쪽 후두엽이 좌우 모두 손상되면 우리는 장님이 되어 버리는데, 그런데도 자신이 세상을 보고 있는 줄 아는 환자가 있다. 당연히 이런 환자는 걸어 다니다가 물체에 자주 부딪히게 되는데 그들은 이것을 어두운 조명 탓으로 돌리기도 한다. 이런 증세는 1899년 독일의 가브리엘 안톤(Gabriel Anton)이 처음 기술하여 '안톤 증후군'이라고 부른다. 뭉크는 이런 현상을 마음의 장님(Seelenblindheit)이라고 불렀다. 눈으로는 볼 수 있으나 마음으로는 볼 수 없다는 뜻이다. 아테나 여신의 알몸을 훔쳐본 것에 대한 벌로 장님이 되었으나 대신 미래를 볼 수 있는 심안을 얻었다는 테이레시아스의 경우와는 정반대라고 할 수 있다.

하지만 실제로 임상에서는 물체 자체를 모두 인식 못하는 경우보다는 사물의 어떤 특정한 면만을 인식하지 못하는 경우를 훨씬 더 흔히 본다. '색깔 실인증'은 물체의 색깔을 인식하지 못하는 증상으로 환자는 세상이 갑자기 회색으로 변했다고 이야기한다. 시각 공간 실인증(visuospatial agnosia)은 공간 구성을 인식하지 못하는 증세로 이런 환자는 여러 사물의 상호 위치 관계, 그리고 멀고 가까운 것을 인지하지 못한다. 따라서 이들은 자신이 사는 집 위치나 한국 지도를 그리지 못한다. 재미있는 증상으로 동시 실인증(simultagnosia)이라는 것이 있다. 상의 일부만 볼 줄 알고 전체를 한꺼번에 인식하지 못하는 증상이다. 예를 들어 이런 환자에게 도둑을 쫓아가는 순경을 그린 그림을 보여 주면 환자는 그림의 뜻을 이해하지 못한다. 그림을 전체적으로 볼 수 없기 때문이다. 환자는 다만 순경 따로 도둑 따로 볼 수 있을 뿐이다. 전체를 한꺼번에 볼 수 없으니 이런 환자는 여러 차례 얼굴을 움직여야 세상을 제대로 바라볼 수 있다.

그런데 이보다도 더욱 흥미로운 현상으로 보이는 사물 중에서 특별히 남의 얼굴을 잘 인식하지 못하는 증세가 있다. 65세 뇌졸중 환자 C가 그런 예이다. 나는 그를 석 달이 넘게 치료했지만, 그는 아직도 내 얼굴을 몰라본다.

물론 C는 내가 그의 담당 의사라는 것을 알기는 한다. 하지만 이것은 그가 내 얼굴을 알아봐서가 아니라 짐작으로 그러는 것이다. 그가 아들과 함께 진찰실을 들어서면 앞에 흰 가운을 입고 앉아 있는 사람은 나일 수밖에 없기 때문이다. 그렇다고 내가 그에게 섭섭한 마음을 가진 것은 아니다. 그는 나뿐 아니라 가까운 가족, 친척, 친구의 얼굴도 모두 몰라보기 때문이다. 물론 병원에 같이 오는 아들의 얼굴도 몰라본다. 다만 아들의 목소리, 체격 그리고 그가 평소 입는 옷을 통해 아들인 줄 알고 함께 다니는 것이다.

석 달 전 오른쪽 후두엽에 발생한 뇌졸중 때문에 C에게는 왼쪽 시야 장애가 생겼다. 사람 얼굴 몰라보는 증세 역시 그때부터 생겼다. 시야 장애 때문에 그가 보는 세상은 왼쪽이 컴컴하다. 하지만 오른쪽 시야는 정상이다. 따라서 그는 그 반쪽 시야를 가지고 밥을 먹을 수도, 책을 읽을 수도, 텔레비전을 볼 수도, 차 조심하면서 길을 걸을 수도 있다. 그런데도 그는 사람의 얼굴을 몰라본다. 이처럼 뇌 손상 이후 사람의 얼굴을 몰라보는 증세를 안면 실인증(prosopagnosia)이라고 한다. 그리스 말로 'prosopon'은 '얼굴'을, 'agnosis'는 물체를 '인식하지 못함(실인증)'을 의미한다.

안면 실인증 환자는 실제 인물의 얼굴뿐 아니라 사진의 얼굴도 인식 못한다. 가족 사진을 보여 주면 아들과 며느리의 얼굴을 구별하지 못한다. 또한 사람 얼굴만 인식하지 못하는 것도 아니다. 예컨대 개 세 마리를 키우던 사람이라면 개의 얼굴도 서로 구별하지 못한다. 얼굴을 인식하지 못해도 이들은 사람을 보고 그 성별은 구분할 줄 알며, 나이도 어림짐작 할 수 있다. 또한 웃는 얼굴인지, 노여운 얼굴인지 표정도 구분할 수 있다. 안면 실인증 환자의 또 한 가지 특징은 별로 친하지 않거나 처음 보는 사람의 얼굴은 비교적 잘 알아본다는 사실이다. 다만 자신에게 익숙한 얼굴, 즉 자신의 기억 회로에 간직된 얼굴을 기억해 내지 못한다.

시각과 관련된 여러 종류의 실인증을 생각하며 나는 인간의 먼 과거를 돌이켜 본다. 인간은 수백만 년 전 영장류에서 갈라져 나온 동물이다. 영장류는 나무 위에 살며 나뭇가지를 타고 다니기 때문에 시각 중추, 즉 후두엽이 잘 발달했다. 영장류에서 갈라진 인간 역시 후두엽이 발달했으며 따라서 시각 기능은 후각 기능에 비해 상대적으로 뛰어나다. 그러나 사물을 보는 데에 중요한 후두엽의 일차적 시각 영역(primary visual cortex)인 17번 영역은 원숭이에서 전체 뇌의 16퍼센트를 차지하는 데 비해 인간은 4퍼센트에 불과하다. 즉 인간의 시각 중추는 원숭이에 비하면 상대적으로 작다. 하지만 이것은 인간의 시각 중추가 퇴화되었기 때문은 아니다. 이보다는 일차적 시각 중추 이외의 주변의 다른 대뇌의 크기가 상대적으로 더 커졌기 때문이다. 인간은 진화하면서 일차적 시각 중추가 아닌 이와 연결된 뇌의 부위를 광범위하게 발달시켰다. 심지어는 시각 중추 주변의 후두엽뿐 아니라 두정엽, 전두엽, 변연계 등도 시각 중추와 수많은 정보를 서로 교환하고 있다.

나무 위에서 살다가 들판으로 내려온 우리 조상들은 탁 트인 벌판에서 세상을 한꺼번에 봐야 했다. 그런데 인간은 말이나 늑대처럼 눈이 옆에 붙어 있지 않기에 어쩔 수 없이 시야가 좁을 수밖에 없었다. 그 대신 세상을 한번에 종합해서 보는 능력을 키웠을 것이다. 이러한 능력이 부족한 환자의 증세가 바로 동시 실인증이 아닐까? 또한 우리 조상은 사냥감을 향해 뛰어가거나 활을 던져야 했기에 시각 기능과 연관된 공간적 조절 기능이 긴요했을 것이다. 이것을 못하면 시각·공간 실인증 환자가 된다. 마지막으로 안면 실인증 환자를 보면 뇌에 시각적 기억을 위한 부분이 존재한다는 사실, 특히 이미 관계를 맺은 사람의 모습을 인지하는 장소가 특별히 발달해 있음을 알 수 있다. 이것은 왜 필요했을까? 여기에 대한 미시건 대학교 생물학자 액설로드(Axelrod)의 의견은 그럴듯하다. 다른 사람의 얼굴 기억은 우리가 복잡한 사회적 동물로 진화하는 과정에서 중요했을 것이라 한다. 복잡한 사회에서 남의 얼굴을 잘 기억해 두어야 상대가 동지인지 적인지 나중에 판단할 수 있기 때문이다.

이렇게 적고 보니 3장에서 언급한 영화 「메멘토」가 다시 생각난다. 뇌 손상으로 기억력이 떨어져 무엇이든 10분밖에 기억할 수 없는 주인공은 매번 만나는 사람이 적인지 동지인지 기억할 수 없으므로 폴라로이드 사진을 찍어 그 밑에 정보를 적어 둔다. 그는 다시 사람을 만날 때마다 그 사진을 꺼내 이것을 확인하고 그 정보에 따라 상대방을 사랑하기도, 죽이기도 한다. 환자 C와 「메멘토」 영화의 주인공을 보면 복잡한 세상을 살아가는 데 사람의 얼굴을 기억한다는 것이 얼마나 중요한 것인가를 새삼 깨닫게 된다.

그런데 마비된 왼쪽 팔다리에 대해 무관심하거나 이것을 부인하는 환자들 중에는 한층 더 괴상한 증세를 보이는 사람도 있다. 마비된 팔의 수가 늘어났다고 주장하는 환자, 실제로는 마비되었지만 움직이고 있다고 착각하는 환자, 더욱 힘이 강해졌다고 믿는 환자, 혹은 마비된 팔을 다른 사람 혹은 다른 사람의 팔로 아는 환자들도 있다. 이제 그런 환자를 소개하겠다.

내 손은 불쌍한 손자

72세 여자 환자 P는 어느 날 갑자기 왼쪽 팔다리가 마비되었다. 그녀의 오른쪽 대뇌에 뇌졸중이 생긴 것이다. 환자는 평소 심방 세동(심장이 불규칙하게 뛰는 현상)이 있었기 때문에 뇌졸중의 원인을 찾는 것은 어렵지 않았다. 심장에서 혈전(혈관 속에서 피가 굳어서 된 조그만 핏덩이)이 생겼고, 이것이 떨어져 나가 혈관 속을 돌아다니다가 뇌의 혈관을 막아 버린 것이다. 이처럼 심장에서 유래한 뇌졸중을 심인성 뇌졸중이라고 한다. 이 병에 걸리면 와파린이라는 혈전 예방약을 평생 복용해야 한다.

P는 마비된 왼쪽 팔다리에 대한 무시 현상을 보여 자신의 팔다리에 대해 전혀 걱정하지 않았다. 그녀에게 양쪽에 잎이 돋은 꽃 그림을 주고 이것을 그려 보라고 했더니 오른편 잎사귀만 그리고 왼쪽 잎사귀는 그리지 않았다. 왼쪽을 무시했기 때문에 그녀는 성경을 읽을 때도 오른쪽 페이지만 읽었다. 그런데 신기한 것은, P가 자신의 마비된 팔을 자신의 손자인 줄로 알고 있다는 사실이다. 다음의 대화를 들어 보자.

검사자: (환자의 왼쪽 팔을 가리키며) 이 팔 괜찮습니까?
환자: 얘는 불쌍하고 멍청해요. 움직이지 못하니까.
검사자: 얘 이름이 뭐예요?
환자: 용준이(손자의 이름이다.), 아니 참 바보.
검사자: 왜 바보죠?
환자: 움직이지 않으니까요. 야, 이 녀석아 움직여! 말 안 들을 거야?
검사자: (오른손을 가리키며) 얘는 어때요?
환자: 똑똑해.

P의 경우 자신의 마비된 팔다리를 다른 사람으로 생각했는데 이것을 의인화(personification)라고 한다. 하지만 팔다리를 다른 사람의 것으로 생각하는 환자도 있다. 예를 들어 자기 팔이 아니라 아들의 팔이라고 주장하는 경우이다. 어떤 환자는 소매 속에 자신의 팔과 아들의 팔이 함께 들어있다고 말한다. 또한 이런 환자들은 마비된 팔다리에 사람 이름이나 별명을 붙이기를 즐긴다. 그런데 대부분의 별명에는 '놈팽이', '바보' 같은 좋지 못한 이미지의

단어가 사용된다. 팔다리를 가리키며 '멍청하다', '때려주고 싶다', '보기 싫다' 등 부정적인 표현을 사용하기도 한다. 이런 현상을 혐지증(misoplegia)이라고 부른다.

의인화 증세는 매우 드물다. 미국의 커팅(Cutting)이란 의사가 조사해 보니 오른쪽 대뇌 손상이 있는 환자 100명 중 1명만이 의인화 현상을 보였다. 그런데 그 1명은 자신의 마비된 다리와 팔에 각각 '프레드(Fred)'와 '작은 프레드(little Fred)'라는 이름을 붙였다. 한편 자신의 마비된 팔다리를 '소의 발' 혹은 '개구리 다리' 등 다른 동물의 팔다리로 착각하는 환자도 보고되었다.

P의 경우처럼 의인화 현상은 무시 현상을 거의 항상 동반한다. 아마도 의인화는 무시 현상을 동반한 망상 증세인 듯하다. 환자는 마비된 자신의 팔다리를 무시하고 있지만 무의식적으로는 괴로우므로 이것을 부정하고 싶을 것이다. 따라서 이것은 다른 사람 혹은 다른 사람의 팔다리였으면 좋겠다는 잠재의식이 표현된 현상일 것이다.

이제까지 나는 의인화 현상을 소개했지만 이제부터 신경계의 또 다른 신비로운 현상인 '환상지' 현상을 이야기하겠다. 65세 남자 R은 당뇨병으로 다리 혈관이 막혀 왼쪽 다리를 절단했다. 그런데 아침에 일어나면서 그는 무심코 있지도 않은 왼쪽 발로 디디려다가 넘어질 뻔했다. 그는 분명히 없는 왼쪽 다리를 여전히 멀쩡하게 붙어 있는 것으로 생각했던 것이다.

이런 증세는 팔을 절단한 사람에게도 생긴다. 어떤 사람은 자신의 팔이 분명히 있는 것 같은 느낌이 든다며 이불을 슬며시 들어 팔의 유무를 확인하기도 한다. 즉 팔다리가 없어져도 뇌는 그것이 있는 것으로 지각한다. 이것을 환상지(phantom limb) 현상이라고 한다. 이런 현상은 왜 생길까? 왜 뇌는 없어져 버린 팔다리의 기억을 지우지 못할까?

여러 이론이 있지만 크게 세 가지로 압축된다. 첫째는 말초 신경설이다.

잘린 팔다리에 있는 말초 신경을 마취시키든지 잘라내면 환상지 현상이 사라지고 자극하면 더 두드러지는 경우가 이 설을 뒷받침해 준다. 둘째는 정신설이다. 환상지 현상은 정신적 스트레스가 있을 때 더 심해지고, 정신 치료나 수면 치료로 사라지는 사례가 있기 때문이다. 셋째는 중추 신경설이다. 절단된 팔다리의 반대쪽 뇌에 뇌졸중이나 종양이 생긴 후 환상지 현상이 사라졌다는 보고가 있기 때문이다.

이 세 가지 이론은 모두 일리가 있지만 중추 신경설이 지지를 가장 많이 받는다. 즉 사지가 절단된 후에도 그 사지의 감각을 담당하던 대뇌의 신경 세포가 여전히 흥분 상태에 있다고 보는 것이다. 네덜란드의 프레데릭스(Frederiks) 교수는 "백내장으로 세상을 잘 못보게 되면 환상을 보는 경우가 있는데, 특히 노인들에서 흔하다. 잘못된, 혹은 불충분한 시각 자극이 시각 중추로 전달되면 시각 중추는 오히려 더욱 흥분하여 환각 증세를 일으킨다. 이와 마찬가지로 팔이나 다리가 절단되면 이들로부터 뇌로 향하는 정상적인 감각이 차단된다. 이때 뇌의 감각 중추는 오히려 더욱 흥분되어 일종의 환상적인 감각을 가진 것이다."라고 주장한다.

이런 환상지 현상을 가지고 있다고 해도 R씨처럼 넘어지는 것만 조심한다면 실제 생활에는 별 문제가 없다. 하지만 진짜 문제는 있지도 않은 팔다리에 통증이 생긴다는 사실이다. 이것을 환상지 통증(phantom limb pain)이라 부르는데, 발생 기전은 오리무중이다. '잘린 신경의 말단이 변해서 통증을 일으킨다.', '정신적 요인 때문이다.', '중추 신경의 감각 회로 이상이다.' 처럼 여러 가지로 추측만 난무할 뿐이다. 하지만 많은 사람들은 중추 신경의 감각 담당 세포가 지나치게 예민해진 것이 주된 이유라고 믿고 있다. 환상지 혹은 환상지 통증이 생기는 정확한 원인은 신경 과학자들에게도 아직 해결되지 않은 채 환상으로 남아 있다.

뇌량 절단 증후군

뇌는 왼쪽과 오른쪽이 거의 대칭으로 나뉘어 있다. 왼쪽 뇌는 언어적, 분석적인 일을 담당한다. 반면 오른쪽 뇌는 공간 인식을 담당한다. 나는 앞에서 왼쪽 뇌가 손상되어 실어증이 생긴 환자를, 그리고 오른쪽 뇌가 손상되어 무시 현상이 생긴 환자들에 관해 이야기했다. 하지만 뇌의 기능을 이렇게 단순하게 나눌 수는 없다. 비록 언어 기능은 주로 왼쪽 뇌가 담당하지만 감정적인 언어는 오른쪽 뇌가 담당한다. 공간 인식은 오른쪽 뇌가 하지만 계산은 주로 왼쪽 뇌가 담당한다. 실제로 우리가 행하는 많은 일들은 왼쪽 뇌, 오른쪽 뇌가 서로 협조해서 이룬다.

좌우의 뇌를 서로 연결해 주는 다리가 있는데, 그 다리의 이름은 뇌량

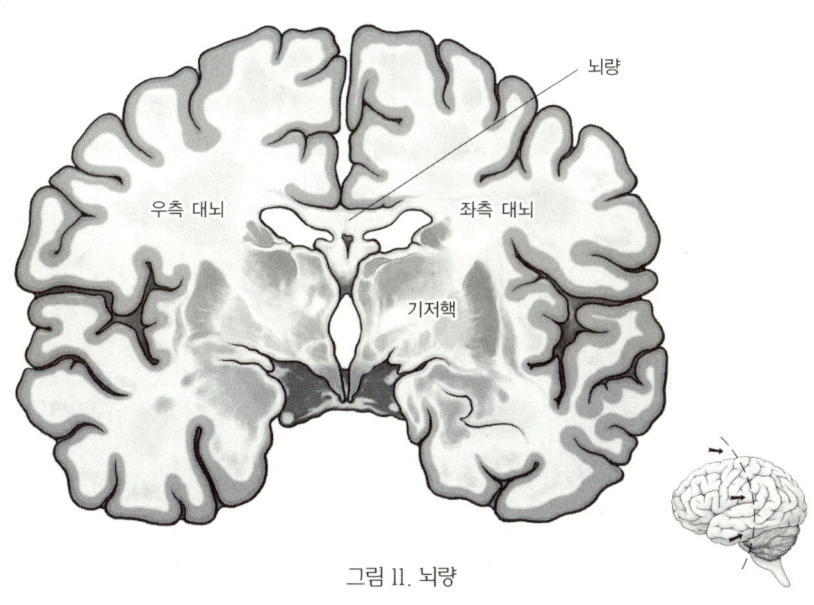

그림 11. 뇌량

(corpus callosum)이다.(그림 11.) 뇌량은 인간의 뇌에서 매우 잘 발달되어 있다. 당연한 이야기다. 대뇌가 발달해 있으니 양쪽 대뇌를 서로 연결하는 통로 역시 큰 것이다. 서울이 큰 도시이기 때문에 한강을 건너는 다리가 많아야 하는 것과 같은 이치다. 뇌량이 만일 성수 대교처럼 갑자기 절단되면 어떻게 될까? 왼쪽 뇌와 오른쪽 뇌가 연결 없이 따로따로 놀게 될 것이므로 여러 가지 증세들이 나타날 것이다. 이런 증세들을 뇌량 절단 증후군(disconnection syndrome)이라고 하는데, 여기에는 몇 가지 종류가 있다.

첫째로 뇌량이 절단된 환자의 양 손에 물건을 쥐어 주면 오른손의 물건은 이름을 맞추나 왼손의 것은 맞추지 못한다. 그 이유는 이렇다. 왼손의 감각은 오른쪽 뇌의 감각 중추로 올라간다.(감각 신경은 반대쪽 뇌로 전달되기 때문이다.) 따라서 오른쪽 뇌의 감각 중추는 왼손에 쥐어진 물건의 감각을 인식할 수 있다. 하지만 이것의 이름이 무엇인지는 알 수 없다. 왜냐하면 이름 대기는 왼쪽 뇌의 언어 중추에서 이루어지는 언어 행위이므로 오른쪽 감각 중추는 감각 정보를 왼쪽 뇌로 보내 그 물건의 이름이 무엇인지 알아내야 한다. 그런데 중간의 뇌량이 절단되어 있으니 그 감각 정보가 왼쪽 뇌로 건너갈 수가 없게 된 것이다. 반면 오른손의 감각은 왼쪽 뇌의 감각 중추로 올라간 후 같은 쪽(왼쪽) 언어 중추로 보내지므로 이런 문제가 없다.

둘째로 뇌량 중에도 후두엽에 가까운 부위 즉 뇌량의 뒷부분이 손상되면 후두엽 기능과 연관된 절단 증후군이 나타난다. 후두엽의 기능은 보는 것이다. 그리고 촉각과 마찬가지로 시각 정보도 좌우가 바뀌어 뇌로 전달된다. 시야의 왼쪽을 보는 것은 오른쪽 후두엽이 하며, 오른쪽 시야는 왼쪽 후두엽이 인식한다. 따라서 오른쪽 후두엽이 손상되면 왼쪽 시야에 있는 물체가 안 보일 것이고, 왼쪽 후두엽이 손상되면 오른쪽 시야에 있는 물체가 안 보인다. 이때 뇌량의 뒷부분이 함께 손상되어 있다면 어떻게 될까? 예컨대 왼쪽에 '사람', 오른쪽에 '나무'라고 써져 있는 화면을 잠시 보여 주면, 오른쪽 후두엽이 손상된 사람은 왼쪽 시야의 글씨 즉 '사람'을 못 본다. 하지만 '나무'란 글씨는 왼쪽 후두엽으로 건너가므로 잘 볼 수 있다. 이때 글을 읽기 위해서는 왼쪽의 언어 중추로 시각 정보가 건너가야 하는데, 활동하고 있는 시각 중추와 언어 중추가 같은 쪽(왼쪽)이므로 아무런 문제가 없다. 하지만 왼쪽 후두엽이 손상되면 문제가 다르다. 오른쪽 시야의 '나무'를 보지 못하는 것은 당연하다. 그러나 왼쪽의 '사람' 정보는 오른쪽 후두엽에서 본다. 하지만 이 정보가 왼쪽의 언어 중추로 건너가지 못한다. 오른쪽 뇌에서 왼쪽으로 건너기 위해서는 뇌량을 이용해야 하는데 다리가 끊겨 있기 때문이다. 따라서 왼쪽 후두엽과 뇌량이 함께 손상되면 세상의 오른쪽 반을 볼 수는 있으나 글씨는 읽을 수 없는 증세, 즉 실독증(alexia)이 나타난다. 물론 오른쪽 뇌가 손상된 환자는 이렇지 않다.

셋째로 왼손의 움직임은 오른쪽 뇌가, 오른손의 움직임은 왼쪽 뇌가 담당한다. 양손의 조화로운 움직임은 좌우 뇌의 적절한 정보 교환으로 가능하다. 뇌량이 절단되면 정보 교환이 불가능해지므로 왼손과 오른손이 따로 노는 '외계인 손 증후군(alien hand syndrome)'이라는 현상이 생길 수 있다. 이 증세를 진단하기 위해서는 두 손을 사용해 단추를 풀어 보라고 하는 것이 제일 좋다. 이 증세를 가진 환자의 경우 한 손은 열심히 단추를 풀려고 하는데 다른 손은 전혀 도와주지 않는다. 따라서 단추를 푸는 것이 불가능하다. 어떤 경우는 한 손이 단추 푸는 행위를 다른 손이 적극적으로 방해하기도 한다. 예컨대 한 손은 단추를 풀고 있는데 다른 손은 도로 구멍에 집어넣으려 한다. 이러다가 두 손이 엉키기도 한다.

뇌량의 절단으로 양쪽 손이 조화롭게 움직이지 않는 현상은 그런대로 이해된다. 하지만 협조는 않더라도 왜 서로의 행동을 적극적으로 방해하는 것일까? 이유는 아직 확실히 밝혀지지 않았다. 좌우 뇌의 사이는 좋지 않은 것인가? 하긴 정계에서도 좌파, 우파는 언제나 사이가 안 좋다. 우리나라만 해도 여당과 야당은 국회의원 세비를 올리는 것을 제외하면 의견이 일치된 적이 거의 없지 않은가.

뇌량이 절단된 환자의 증세를 관찰함으로써 우리가 조화롭게 행동하는 데 뇌량의 역할이 얼마나 중요한지를 알 수 있다. 그런데 늘 불협화음만 일으키는 우리나라 정치 사회에서 여당과 야당이 조화롭게 일을 할 수 있도록 해 주는 뇌량은 과연 어디에 있을까?

거울형 글쓰기

인간은 교육을 받는다. 글 쓰는 법을 배우고 숫자 계산하는 법을 배운다. 사회생활을 위한 예의범절도 교육받는다. 하지만 우리가 받는 교육이 과연 인간 본연의 모습과 반드시 일치하는 것인지는 모르겠다. 당연한 것처럼 배워 온 윤리나 규범 중에도 근본적으로 인간과 잘 맞지 않는 것이 있을 수도 있다. 예컨대 천재 아인슈타인은 죽기 전에 "아무래도 일부일처제는 인간에게 안 맞는 것 같은데."라고 말했다고 한다. 어쩌면 왼손잡이에게 가르치는 글쓰기도 이럴지 모른다.

아랍이나 이스라엘 지방 사람들이 쓴 글자는 마치 알파벳의 좌우가 뒤바뀐 것처럼 보인다. 사실 그들은 우리와는 반대로 오른쪽에서 왼쪽으로 글씨를 쓴다. 그 글을 보고 있노라면 도대체 어떻게 읽고 쓰나 하는 감탄이 절로 나온다. 물론 그들은 우리가 쓴 글씨를 신기하게 여길 것이다.

그런데 우리나라나 미국처럼 글자를 왼쪽에서 오른쪽 방향으로 쓰는 나라에서도 마치 거울에 비친 것처럼 글자의 좌우를 반대로 써내려가는 사람이 있다. 말하자면 '아이'라는 글자를 오른쪽에서 왼쪽 방향으로 'ㅣㅇㅏㅇ'라고 쓰는 것이다. 이런 글쓰기를 거울형 글쓰기(mirror writing)라고 한다.

거울형 글쓰기는 뇌가 손상되면 나타나는데, 뇌졸중 환자 중 약 1~2퍼센트 정도에서 볼 수 있다. 가장 흔히 발견되는 경우는 왼쪽 뇌에 뇌졸중이 생겨 오른쪽 팔에 마비가 온 환자에게 왼쪽 손으로 글씨를 써 보라 할 때이다. 이러한 뇌졸중 후의 거울형 글쓰기는 일시적일 수도, 혹은 영구적일 수도 있다. 하지만 글씨를 거꾸로 쓴다고 그 사람의 뇌가 반드시 비정상적인 것은 아니다. 실제로 아이들은 글쓰기를 처음 배울 때 간혹 거울형 글쓰기를 하고는 한다. 드물지만 어른이 되어서도 가끔 거울형으로 글을 쓰는 사람들이 있는데, 이들은 대부분 왼손잡이다.

이러한 정상인의 거울형 글쓰기는 영국 버밍엄 대학교의 생리학 교수인 앨런(Allen)에 의해 1896년에 처음 보고 되었다. 그런데 그가 기술한 증례는 다름 아닌 자기 자신이었다. 그는 어느 날 왼손을 사용해 거울에 비친 대로 글씨를 거꾸로 써 보니 의외로 아무런 문제없이 잘 써지는 것을 발견했다. 그는 즉시 이러한 사실을 영국에서 발행되는 권위 있는 학술지 《브레인(*Brain*)》에 투고했다. 이외 『이상한 나라의 앨리스』를 쓴 영국 옥스퍼드 대학교의 루이스 캐롤(Lewis Caroll), 그리고 르네상스의 거장 이탈리아의 레오나르도 다빈치도 간혹 거울형으로 글씨를 쓴 것으로 알려졌다. 실제로 다빈치가 그린 북부 이탈리아 지도에는 일부 글씨가 거울형으로 씌어 있으며, 이것을 정확히 읽기 위해 사람들은 글씨를 거울에 비추어 봐야만 했다.

이처럼 글씨를 거울형으로 쓰는 원리는 무엇일까? 여기에 몇 가지 주장이 제기되었다. 첫째로 피아노를 배운 적이 없는 사람이 양손으로 피아노를 치면 왼손은 오른손의 반대로 쳐진다. 즉 오른손이 높은 음을 치면 왼손은 그만큼 낮은 음을 치게 된다. 그런데 거울형 글쓰기를 하는 정상인은 대부분 왼손잡이다. 따라서 글쓰기 역시 왼손잡이는 오른손과 반대로 오른쪽에서 왼쪽으로 써 내려가는 것이 원래는 더 자연스러운 것인지도 모른다. 다만 교육의 힘으로 왼손잡이들도 왼쪽에서 오른쪽으로 쓰도록 억지로 연습되었는데 뇌졸중 같은 병이 생겨 그 억제력이 풀리자 원래대로 쓰게 되었다는 주장이다. 두 번째는 원래 좌우 손의 운동은 양쪽 뇌에 서로 반대 방향으로 향하도록 되어 있다는 주장이다. 둘 중 우세한쪽을 사용해 평소 글을 쓰다가 뇌의 질병이 생기면 이것이 억제되어서 그동안 숨어 있던 반대 방향의 움직임이 나타난다는 것이다. 마지막으로 뇌가 손상되어 공간 파악 능력에 혼돈이 생겨 글씨를 거꾸로 쓰게 된다는 주장도 있다.

  주장이 여러 가지라는 것은 역설적으로 정확한 기전을 아직 모르고 있다는 뜻이 되지만, 이런 증상을 가진 뇌졸중 환자들을 보면 복잡한 생각이 든다. 어쩌면 교육은 우리의 자연적인 생리를 구속하는 억지요 굴레일 지도 모른다. 예컨대 왼손잡이에게는 글씨를 거울형으로 쓰도록 가르치는 것이 더 자연스럽지 않을까?

계산 불능증

  정신 분열증에 걸린 노벨상 수상자의 일대기를 그린 영화 「뷰티풀 마인드」에서 존 내시(러셀 크로 역)는 수학 문제를 참 잘 풀었다. 온갖 복잡한 수식을 집중해서 풀어내는 모습은 아름답기까지 하다. 하지만 존 내쉬도 로빈 윌리엄스가 주연한 「굿 윌 헌팅」에 나오는 천재 윌에게는 못 당할 것 같다. 이 영화에서 교육 한번 제대로 받은 적 없는 부랑아 소년 윌은 하버드 대학교 학생들이 포기한 난해한 문제를 술술 풀어낸다. 과장된 감이 없지 않은 영화지만, 이런 영화가 인기를 끄는 것을 보면 고등학생 시절에 수학 선생님께서 하신 "수학은 학문의 왕이다."라는 말이 맞는 것 같기도 하다.

하지만 우리 주변에는 이런 천재보다 수학에 쩔쩔 매는 사람이 훨씬 더 많다. 그렇지 않다면 『수학의 정석』이라는 참고서가 우리나라에서 그처럼 많이 팔리지 않았을 것이고, 수학 과외가 지금처럼 거대한 비즈니스로 발전하지도 않았을 것이다. 그 수학이란 녀석 때문에 학생은 학생대로 지치고, 학부모는 학부모대로 허리가 휜다. 수학이 도대체 뭐기에 이토록 사람들을 고생시키는 것일까?

수학 때문에 고생하는 학생이라면 수학을 고안한 조상들을 원망해도 될 것 같다. 우리 조상들은 사냥을 하고 잡은 것을 나누어 가질 때 셈을 했을 것이다. 부족의 인원이 모두 30명이라면 '사슴을 몇 마리 잡아야 배고픔을 면할 것인가?' 하는 문제를 풀어내는 데에서 계산이 시작됐는지도 모른다. 사회가 점점 복잡해지고 사람들이 거래를 하면서 수학 역시 점점 복잡해졌다. 물론 수학을 하는 우리의 뇌도 함께 발달했다.

수학 능력은 우리 뇌의 어떤 부분에 자리 잡았을까? 이것은 마치 미분, 적분처럼 쉽지 않은 문제다. 기본적으로 고등한 인간의 행위는 뇌의 여러 부분이 서로 연결되어 이루어지기 때문이다. 그럼에도 불구하고 수학적 행위와 밀접하게 연관된 뇌 부위는 분명히 존재한다. 의사들은 언제나 뇌가 손상된 환자의 증세를 관찰함으로써 뇌의 기능을 거꾸로 추정해 왔는데, 수학적 능력 역시 예외가 아니다.

65세 남자 환자 L의 이야기를 해 보자. 그의 뇌졸중은 그렇게 심하지 않았다. 오른쪽 팔다리가 마비되었지만 금방 회복되었다. 그의 가족들은 하나님 덕택이라고 기뻐했다. 하지만 신은 그에게 완전한 회복을 허락하지는 않았다. 뇌졸중이 생긴 후 계산하는 능력을 모두 상실한 것이다. 하필 L은 공무원 생활에서 은퇴한 후 조그만 가게를 운영하고 있었다. 평소 셈을 잘한다고 소문난 L은 3,000원짜리 물건을 사려고 10,000원을 낸 손님에게 얼마를 거슬러 주어야 하는지 전혀 알지 못했다. 뇌 MRI 사진 촬영 결과, 그의 뇌졸중은 왼쪽 두정엽을 손상시키고 있었다.

이처럼 뇌의 손상으로 인해 계산을 못하는 증세를 계산 불능증(acalculia)이라고 한다. 이미 20세기 초부터 호기심 많은 의사들이 이런 증세를 관찰하고 있었지만, '계산 불능증' 이란 단어는 1920년 헨첸(Henschen)이 처음 사용했다. 그는 뇌 손상 후 갑자기 계산을 못하게 된 환자들을 보고했는데, 전두엽의 아래쪽이 손상됐기 때문이라고 주장했다.(곧 말하겠지만 이 주장은 틀렸다.) 이러한 계산 불능증을 최초로 과학적으로 분류하려 했던 의사는 뇌파를 발견해서 유명해진 한스 버거(Hans Berger)였다. 1926년 그는 계산 불능증을 일차적 계산 불능증과 이차적 계산 불능증 두 가지로 나누었다. 전자는 계산 능력 자체를 잃어버린 증상을 말한다. 후자는 계산이 안 되기는 하지만 계산 자체를 못하는 것이 아니라 다른 부수적인 증세 때문에 못하는 현상을 말한다. 예컨대 뇌 손상 때문에 의식이 없거나, 앞을 보지 못하거나, 치매에 걸렸거나, 혹은 실어증이 생겨 다른 사람의 말을 못 알아듣는다면 그 환자는 계산을 하고 싶어도 할 수가 없다.

1961년에 헤칸(Hecaen)은 좀 더 정교하게 계산 불능증을 분류했다. 첫째는 실어증에 따른 계산 불능 상태이다. 왼쪽의 언어 중추가 손상되면 숫자 혹은 더하기, 빼기 같은 기호를 언어적으로 이해하지 못하므로 계산을 할 수 없게 된다. 둘째로는 오른쪽 두정엽 손상에 의해 공간적 구성 능력이 떨어져서 계산을 못하는 상태이다. 숫자와 기호의 공간적 상호관계가 헷갈리므로 계산을 할 수 없다. 셋째로, 기호에 대한 이해나 공간적 감각은 정상인 데도 계산 자체를 할 수 없는 경우다. 엄밀한 의미의 계산 불능증은 세 번째 상태뿐인데 왼쪽 두정엽의 아랫부분, 즉 각이랑(angular gyrus)이 손상되면 이런 증세가 나타나는 것으로 알려졌다.

두정엽의 아랫부분이 정상인보다 20퍼센트 정도 큰 기형적인 뇌를 가진 사람이 있는데, 그는 바로 상대성 원리의 발견으로 유명한 아인슈타인이다. 그는 아마 그래서 뛰어난 수학적 재능을 가졌는지도 모른다. 그런데 아인슈타인의 뇌의 전체적인 크기는 정상인과 차이가 없었다. 정상인과 동일한 크기의 뇌에서 특정한 부분이 커졌다는 이야기는 다른 부분이 상대적으로 작다는 이야기이기도 하다. 계산 중추라 할 수 있는 두정엽의 바로 앞쪽에 언어 중추가 있다. 전해지는 바에 따르면 아인슈타인은 어학 성적이 형편없었다고 한다. 발달된 수학 중추 때문에 그의 언어 중추가 상대적으로 위축된 것일까? 발명왕 에디슨 역시 1,000종이 넘는 특허권을 획득한 천재였지만, 언어를 학습함에 있어서는 커다란 곤란을 겪었다고 알려진다. 반면 「그리고 아무 말도 하지 않았다」라는 수필로 유명한 전혜린은 수학에서 영점을 맞고도 명문 법대에 들어갔다고 한다. 그녀의 뇌는 아인슈타인과 반대로 생겼을까?

한편, 수학의 단위마다 뇌가 담당하는 부위가 다르다는 주장이 최근 제기되고 있다. 뇌가 손상된 환자 중에도 곱셈은 잘하고 뺄셈은 못하는 환자가 있는가 하면 그 반대인 사람도 있다. 최근 서울 대학교 부속 병원의 이경민 교수는 정상인들을 대상으로 기능적 MRI를 사용해서 곱셈과 뺄셈을 담당하는 뇌 부위를 각각 조사해 보았다. 그 결과 곱셈을 할 때에는 왼쪽 뇌 두정엽의 각이랑 부근이 주로 활성화되고, 뺄셈을 할 때에는 양쪽 뇌의 두정엽, 전두엽, 측두엽 등 여러 곳이 활동함을 알 수 있었다.

아직 수학 문제를 푸는 기작이 뇌에서 어떻게 이루어지는지 우리는 잘 모르지만, 수학의 중요성은 누구나 잘 알고 있다. 인간은 아마도 원시 시대에 잡은 사냥감을 서로 주고받으면서 기본적인 셈을 시작했을 테지만, 이제 아인슈타인은 뛰어난 수학적 두뇌로 공간은 휘어져 있고 시간은 누구에게나 일정하게 흐르는 것이 아니라는 사실을 증명했다. 수학 능력은 언어 능력과 더불어 인간 진화의 하이라이트이며 인간이 가장 고등한 동물로 진화해 왔음을 증명한다. 이런 점에서 요즘 컴퓨터나 계산기 사용으로 학생들의 수학 실력이 저하되는 것 같아 안타깝다. 게다가 대입 수학 능력 시험의 수학 부문 출제는 점점 쉬워지고 수학을 싫어하는 학생은 늘어나는 것 같다. 이러다가 인간 진화의 하일라이트인 수학의 뇌가 퇴화되는 것이 아닌가 걱정되기도 한다.

실행증

뇌졸중에 걸린 60세 남자 환자 Y의 곁에는 보호자들이 몰려와 눈시울을 붉히고 있다. 응급실에 실려 온 후 전혀 눈을 뜨지 못하고 누워 있기에 그들은 Y가 의식이 없는, 위중한 상태라고 생각했기 때문이다. 하지만 보호자의 걱정은 괜한 것이었다. Y의 의식은 멀쩡했다. Y에게는 단지 눈꺼풀 실행증(eyelid apraxia)이라는 증세가 있었을 뿐이다.

실행증(apraxia)은 근육의 힘도 정상이고 감각 이상도 없으며, 의식이 멀쩡한데도 어떤 특정한 동작을 수행하지 못하는 상태를 말한다. 1900년 독일의 카를 리프만(Karl Liepmann)이 처음 기술했다. 당시 그는 실행증을 세 가지로 분류했다. 동작 수행에 대한 관념이 부족해 행동을 하지 못하는 '관념 실행증', 관념은 있으나 동작 수행 자체에 문제가 있는 '운동성 실행증' 그리고 둘 다 문제가 있는 '관념 운동성 실행증'이 그것이다.

실행증은 여러 형태로 나타나지만 눈꺼풀 실행증은 눈 뜨기만 못하는 증세이다. 이런 환자에게 "눈을 뜨세요." 하면, 환자는 이마에 주름을 잡으며 눈을 뜨려 안간힘을 쓴다. 그러나 결코 눈은 떠지지 않는다. 경우에 따라 환자가 눈을 뜨려고 애를 쓸수록 오히려 눈이 더욱 감기기도 한다. 이런 상태가 오래 지속된다면 곤란하겠지만, 대부분의 환자는 시간이 지나면 회복되어 눈을 뜰 수 있게 된다. 이들은 항상 눈을 감고 있으므로 보호자들은 물론 경험이 없는 의사나 간호사도 간혹 환자가 의식이 없거나 잠을 자고 있는 것으로 착각을 한다.

눈꺼풀 실행증만큼 흔한 것으로 '입 움직임 실행증'이란 것이 있다. 환자에게 "이 해 보세요.", "혀를 내밀어 보세요." 하면 이것을 전혀 수행하지 못하는 증상을 말한다. 그러나 무의식적으로 하품을 하거나, 말하거나, 밥 먹을 때에는 입과 혀를 잘 사용한다. 즉 이들의 입과 혀 근육은 실제로는 정상인 것이다. 증세가 가벼운 환자는 좀 더 복잡한 행동, 예컨대 "입술을 핥으라.", "성냥불을 불어서 꺼라." 같은 명령을 수행하지 못한다. 얼굴 이외의 근육 움직임에도 실행증 증세가 있음은 물론이다. 신경과 의사들은 실행증을 검사하기 위해 경례, 빗질하기, 한 손에는 성냥을 다른 손에는 성냥갑을 쥐고 성냥불 켜기 등 여러 가지 동작을 시켜 본다. 실행증 환자들은 팔다리가 정상인데도 이런 동작을 수행하지 못한다.

'옷 입기 실행증(dressing apraxia)'도 비교적 흔한 증세이다. 겉으로는 멀쩡해 보이는 데도 환자는 옷을 입을 줄 모른다. 증세가 심하지 않을 때에는 제대로 놓여진 옷은 입을 수 있다. 하지만 옷을 거꾸로 놓거나 혹은 소매를 안으로 집어 넣어 두면 어떻게 해야 할지 몰라 쩔쩔 맨다.

이런 실행증은 두정엽이 손상된 환자에서 발견된다. 특히 양쪽 두정엽이 모두 손상되면 마치 어린애처럼 아주 쉬운 동작조차 수행할 수 없게 된다. 따라서 거의 모든 행동을 보호자가 도와주어야만 한다. 우리가 살아가면서 배운 수많은 동작들은 뇌에 저장되어 있으며, 운동 중추, 감각 중추, 기저핵, 소뇌, 전두엽 등 많은 부위의 뇌신경들이 합작해서 이 동작을 이루어낸다. 아마도 두정엽 손상 때 실행증이 자주 보이는 이유는 두정엽이 이러한 많은 정보를 연결하는 교차로이기 때문일 것이다. 말하자면 실행증은 교차로의 신호등이 고장 나 교통이 마비된 상태라고 할 수 있다.(26쪽을 참고하라.) 혹은 두정엽은 저장된 기억을 끄집어내는 기능을 하는데 이것을 못하기 때문에 실행증이 생긴다는 주장도 있다.

하지만 두정엽이 손상되었을 때 실행증이 잘 생긴다는 사실이 알려졌을 뿐 최초 리프만이 분류한 세 가지 종류의 실행증 증세를 구분하는 해부학적 차이는 한 세기가 지난 지금까지도 확실하게 알려지지 않았다. 즉 실행증에 관한 한 의학은 별로 발전하지 못했다. 인간의 관념과 동작 행위를 이해하기에는 우리의 지식은 아직도 역부족인 것이다.

햄릿의 고민

숙부가 아버지를 죽이고 어머니와 결혼한 사실을 우연히 알게 된 햄릿은 고뇌에 찬 목소리로 외친다. "살 것이냐, 죽을 것이냐? 그것이 바로 문제로다." 영화 「소피의 선택」에서 주인공(메릴 스트립 역)은 제2차 세계 대전 와중에 독일군에게 아들과 딸 중 하나를 선택하기를 강요당한다. 선택된 아이는 수용소로 가게 되고 이것은 곧 죽음을 의미한다. 인기 가수 자두 역시 「으악새」라는 노래에서 선택의 어려움을 노래한다. "사랑을 택하자니 우정이 울고, 우정을 택하자니 사랑이 우네." 아무튼 질의 차이는 있겠지만 이럴 수도 없고 저럴 수도 없는 진퇴양난은 누구나 한번씩 경험한다. 신경과 질환을 치료하는 의사 역시 환자와 더불어 딜레마에 빠지는 경우가 종종 있다. 지금부터 그 이야기를 해 보자.

파킨슨병은 뇌에 생기는 대표적인 퇴행성 질환으로 1817년 영국의 제임스 파킨슨(James Parkinson)이 처음 기술했다. 마오쩌둥과 히틀러가 이 병을 앓았다고 전해지며, 왕년의 권투 선수 무하마드 알리와 로마 교황도 현재 이 병을 앓고 있다. 파킨슨병에 걸리면 몸동작이 서서히 느려지므로 평소 활발하던 사람도 빨리 걸을 수 없고, 두 손을 덜덜 떤다. 뿐만 아니라 근육이 점차 굳어져서 몸을 움직이기가 더욱 힘들어진다. 보통 사람들은 걸을 때 두 팔을 앞뒤로 자연스레 휘젓지만, 환자들은 이것을 흔들지 않고 걷는다. 영화「오즈의 마법사」에 나오는 양철 사나이를 연상하면 이해하기 쉬울 것이다. 얼굴 표정도 굳어 잘 웃던 사람이 마치 충격받은 사람처럼 멍한 표정을 지으며, 심지어 눈도 잘 깜박이지 않는다. 이처럼 점차 몸 움직임이 둔해지다가 몇 년이 지나면 침상에 꼼짝 못하고 눕게 되며, 결국 죽음을 맞이하게 된다. 적어도 1960년대까지는 그랬다.

그런데 1960년대 후반 미국의 조지 코지아스(George C. Cotzias, 1918~1977)에 의해 엘도파(L-dopa)라는 기적의 약이 개발되었다. 엘도파는 뻣뻣하게 근육이 굳어 꼼짝없이 죽음만을 기다리던 파킨슨병 환자에게 복음과도 같은 약이었다. 엘도파는 도대체 어떤 약인가? 우리가 팔다리를 움직이는 것은 전두엽의 뒷부분에 있는 운동 중추가 근육에 움직이라는 명령을 내리기 때문이다. 그런데 뇌는 용의주도한 장기이다. 운동 중추 하나만으로는 근육의 움직임을 정밀하고 유연하게 수행하지 못할 것 같아서 이것을 도와 근육 운동을 부드럽게 하는 장치를 몇 개 더 만들어 두었다. 운동 중추 신경이 골퍼라면 그를 도와 정확한 방향과 거리를 제시해 주는 캐디가 뇌 안에 몇 명 더 있는 것이다. 대표적인 캐디들의 이름은 소뇌와 기저핵이다.(99쪽을 보라.) 기저핵은 뇌 깊은 부분 좌우 양쪽에 뭉쳐 있는 회백질 덩어리다. 학자들이 연구한 끝에 파킨슨병은 기저핵에 도파민이라는 신경 전달 물질이 모자라서 생기는 병으로 밝혀졌다. 위에 말한 대로 기저핵이란 운동 중추에 영향을 주어 몸동작을 부드럽게 조절한다. 그 기능이 떨어지니 몸 움직임이 양철 인간처럼 뻣뻣해지고 손이 떨리게 되는 것이다. 그런데 기저핵의 도파민이 부족한 근본적인 원인은 기저핵이 아닌 다른 곳에 있었다. 기저핵의 신경 세포에 도파민을 공급해 주는 세포는 중뇌(뇌간의 일부)에 있는 흑질 세포다.(외양이 검게 보이므로 이런 이름이 붙었다.) 누구나 나이가 들면 늙지만, 파킨슨병 환자는 중뇌의 흑질 세포가 다른 부위에 비해 몇 배나 더 빨리 늙어간다. 따라서 기저핵의 도파민이 부족하게 되고 결과적으로 몸을 부드럽게 움직일 수 없게 되는 것이다.

그렇다면 부족한 도파민을 기저핵에 보충해 주면 파킨슨병 증세가 좋아지지 않을까? 여기까지 생각이 미친 학자들이 서둘러 개발한 약이 엘도파이다. 엘도파는 뇌 속으로 들어가 도파민이 된다. 파킨슨병 환자에게 이 약을 투여해 보니 과연 그들의 동작이 빨라지고 떨리는 증세도 줄어들었다. 로봇처럼 뻣뻣하던 그들은 가볍게 움직일 수 있게 되었으며 즐겁게 웃을 수도 있었다. 인류의 힘으로 불치병을 치유한 위대한 순간이었다. 엘도파는 지난 30년 동안 파킨슨병 환자에게 널리 사용되어 왔으며, 파킨슨병 환자의 평균 수명(진단 받은 후 생존 기간)을 5년에서 12년으로 늘려 주었다.

그러나 뇌 의학의 세계에서 '완전한' 치료는 드문 법이다. 엘도파가 우리에게 준 기쁨 역시 결코 완전한 것이 아니었다. 첫째, 엘도파는 기저핵에 부족한 도파민을 보충해 줄 뿐 파킨슨병의 근본 원인(중뇌의 흑질 세포가 자꾸만 없어지는 것)을 막아 주지는 못한다. 병이 점차 진행됨에 따라 기저핵의 도파민 부족증이 점차 심해지기 때문에 이것을 보충하려면 엘도파의 양을 점점 늘리지 않으면 안 된다. 결국 밑 빠진 독에 물 붓기요, 낭비벽이 심한 사람에게 돈을 빌려 주는 것과 같다.

뿐만 아니라 환자에게 오랫동안 많은 양의 엘도파를 사용하다 보니 예상치 못한 문제가 발생했다. 도파민이 기저핵의 신경 세포에 작용할 때에는 신경 세포의 대문에 해당되는 수용체를 통과해야 한다.(수용체에 관해서는 93쪽을 참고하라.) 이 수용체는 세포 안으로 들어가는 도파민의 양을 적절히 조절하는 기능이 있다. 그런데 흑질 세포에서 공급되는 도파민이 고갈되면 기저핵 신경 세포의 도파민 수용체는 평소 조절 기능을 상실해 버린다. 이렇게 되면 수용체는 이제 약의 형태로 외부에서 공급되는 도파민에 따라 수동적으로 반응할 수밖에 없다.

이해를 돕기 위해 교양 있는 사람과 교양이 전혀 없는 사람을 비교해 보겠다. 교양이 있는 사람은 누가 칭찬을 해도 금방 좋아하지 않고 욕을 해도 별로 화내지 않는다. 반면 교양이 없는 사람은 칭찬하면 금방 웃고 욕을 하면 금방 격분한다. 파킨슨병이 많이 진행된 환자의 기저핵의 신경 세포는 마치 교양이 없는 사람처럼 아무런 완충 작용을 갖지 못한다. 이런 상태에서 외부에서 주는 도파민이 가장 높은 농도에 도달했을 때(예컨대 환자가 엘도파를 복용한 후) 기저핵의 신경 세포는 지나치게 많이 흥분할 것이며, 외부의 도파민 농도가 가장 떨어졌을 때(예컨대 다음 약을 복용하기 직전) 전혀 흥분하지 못할 것이다.

기저핵의 도파민 신경 세포가 전혀 흥분하지 못하면 어떻게 될까? 답은 간단하다. 파킨슨병 증세가 악화되어 환자의 움직임은 더욱 느려져 침대에서 꼼짝도 못하게 된다. 반대로 기저핵의 신경 세포가 지나치게 흥분하면 어떻게 될까? 파킨슨병과는 반대 증세가 나타날 것이다. 근육의 움직임이 지나치게 왕성해져서 환자들은 자신의 의지와 상관없이 제멋대로 손발을 마구 내두르게 된다. 이런 증세를 무도병(마치 춤추는 것과 비슷하기 때문에 이런 이름이 붙었다.)이라고 한다. 영화 「분홍신」에서 신을 신고 끝없이 춤을 춘 소녀의 동작을 상상하면 된다.

이쯤 되면 의사든 환자든 곤란해진다. 물론 엘도파 사용을 중지하면 무도병 증세는 없어진다. 그러나 약 투여를 중단한 중증 파킨슨병 환자는 마치 뜰에 쌓아 둔 장작개비처럼 뻣뻣해진다. 이제 의사와 환자는 꼼짝 못하고 지낼 것이냐 손발을 마구 휘저을 것이냐를 두고 어쩔 수 없는 선택을 해야만 한다.

그러나 엘도파를 장기적으로 사용하고 있는 파킨슨병 환자의 문제는 이에 그치지 않는다. 이미 이야기한 대로 기저핵에서 도파민은 근육의 운동 조절 기능에 관여한다. 하지만 뇌의 다른 부위에서는 정신 활동과 밀접한 관계가 있다. 예컨대 변연계나 전두엽에서 도파민이 과다하게 상승되면 정신 분열증과 같은 정신 질환 증상이 나타난다. 파킨슨병 환자에서 엘도파를 사용하면 기저핵의 부족한 도파민은 보충이 되므로 바람직하다. 하지만 다른 뇌 부위의 도파민은 상대적으로 과다한 상태가 된다. 따라서 정신 이상 증상이 나타날 수 있다. 전형적인 증세는 시각적 환각이다. 실제로는 아무도 없는 데도 환자는 앞을 보고 소리를 지르고 무서워하고는 한다. 물론 엘도파의 투여에 따른 뇌 안의 과다한 도파민의 상승이 그 이유이다.

실제로 정신과에서는 정신병을 치료하기 위해 도파민 수용체를 차단하는 할로페리돌이란 약을 사용한다. 할로페리돌은 뇌의 도파민 기능을 억제하여 정신 증상을 완화시킨다. 이제까지 책을 주의 깊게 읽은 독자라면 분명 할로페리돌의 부작용을 예상할 수 있을 것이다. 할로페리돌은 기저핵의 도파민 기능까지 저하시킴으로써 파킨슨병 증세를 유발한다. 이런 부작용은 정신과 약을 복용하는 환자에게서 결코 드물지 않게 볼 수 있다. 이것이 정신과 병동의 환자들이 느릿느릿 걷는 중요한 이유이다.(영화 「뻐꾸기 둥지로 날아간 새」를 보라.) 결국 신경과 의사는 파킨슨병 증세와 정신 이상 증세를 저울질하며 치료해야 하는 어려움에 빠진다. 그 딜레마의 방향은 물론 서로 정반대이다.

  끝으로 내가 치료하고 있는 중년 여성 환자 C가 앓는 병은 파킨슨병도 아니고 정신 질환도 아니다. 하지만 그녀 역시 비슷한 딜레마에 빠져 있다. C는 오른쪽 하시상(subthalamus)이란 부위에 가벼운 뇌졸중이 생겼는데 이것이 그녀의 왼쪽 팔다리에 무도병을 일으켰다. 환자는 시도 때도 없이 왼쪽 손발을 춤추듯 내두르게 되었다. 환자와 보호자는 깜짝 놀랐지만 뇌졸중에 의한 무도병 증세는 치료하지 않아도 시간이 지나면 대개 좋아지므로 안심해도 좋았다. 그런데 웬일인지 C는 그렇지 않았다. 그녀의 무도병은 계속되었고 나는 약을 사용하지 않을 수 없었다. 앞서 말한 대로 무도병의 발병 원인은 과다한 도파민 신경 세포의 흥분이므로 환자에게 사용하는 약은 할로페리돌 같은 도파민 기능 억제제이다. 약을 투여한 후 C의 무도병 증세는 호전되었다. 그러나 이 약을 오랫동안 투여했더니 결국 문제가 생겼다. 도파민 기능을 억제하니 휘두르던 왼쪽 팔의 움직임이 잠잠해진 것은 좋은데 정상인 반대쪽(오른쪽) 팔다리에 파킨슨병 증세가 나타난 것이었다. 왼쪽 팔다리를 지나치게 휘두르는 반면 오른쪽 팔다리는 지나치게 안 움직이는 것이 문제가 된 것이다. 현재 나는 약의 용량을 주의 깊게 조절하면서 두 상반된 증세를 줄타기하듯 피해 가고 있다.

  이러한 어려운 딜레마를 피하는 방법이 전혀 없는 것은 아니다. 요즘 의사들은 무도병을 일으키지 않는 파킨슨병 치료약을 개발하여 사용하고 있다. 그리고 도파민 시스템에 별로 영향을 미치지 않는 정신 질환 치료제도 여러 종류 개발되었다. 이런 약들을 투여함으로써 이럴 수도 없고 저럴 수도 없는 환자를 어느 정도는 도와줄 수 있다. 하지만 아직도 파킨슨병에 가장 잘 듣는 약은 엘도파이고 정신병에 잘 듣는 약은 도파민 억제제이다. 게다가 새로 개발된 약들도 나름의 부작용을 가지고 있다. 결국 좋은 약이 개발되었음에도 파킨슨병 환자의 고통은 아직 끝나지 않은 것이다. 한편 파킨슨병의 근본 원인은 중뇌의 도파민 분비 세포의 소실에 있으므로 최근에는 도파민을 분비하는 신경 세포를 뇌에 이식해서 파킨슨병을 치료하려는 시도도 이루어지고 있다. 그러나 이러한 신경 세포 이식이 실제로 상용될지는 좀 더 두고 봐야 한다.(신경 세포 이식 치료에 관해서는 321쪽을 참고하라.)

이제껏 도파민의 지나친 상승·하강과 관계된 신경과 환자와 의사의 고민을 이야기했다. 파킨슨병 환자, 무도병 환자 그리고 정신 질환 환자들의 문제는 복잡하게 얽힌 신경 전달 물질의 불균형에서 비롯된다. 결국 인간은 신경 전달 물질이 조화롭게 균형을 이룰 때에만 정상적으로 살 수 있는 것이다. 이 주제에 관해 또 다른 재미있는 예를 소개하겠다.

미칠 것이냐 발작할 것이냐, 그것이 문제로다

나는 앞서 간질에 대한 이야기를 한 적이 있다. 간질이란 뇌의 신경 세포가 간헐적으로 과다하게 흥분하는 병이다. 이럴 때 환자는 손발을 떨고 눈을 뒤집으며 잠시 의식을 잃는 발작 증상을 보인다. 한편 측두엽 간질이란 측두엽 변연계의 뇌 세포가 과다하게 흥분하는 경우를 말한다.

내가 오래전 진찰했던 소년 환자 K는 간질 증세가 아주 심해 하루에도 여러 차례 의식을 잃고는 했다. 그런데 문제는 그뿐만이 아니었다. 그는 간혹 성격이 난폭해져서 소리를 지르기도 하고, 혼자 무언가를 중얼거리는 정신 이상 증상도 보였다. 아이 어머니는 그럴 때에는 꼭 아이가 마귀에 씐 것 같다고 말했다. 그에게 간질약을 투여했더니 발작은 많이 줄어들었다. 그런데 착실하게 약을 타가던 K와 그의 어머니는 어쩐 일인지 몇 년 동안 나를 찾아오지 않았다. 처음에 나는 그들이 집에서 가까운 병원으로 옮겨 치료를 받는 줄 알았다. 하지만 그게 아니었다. K의 어머니는 아들에게 일부러 간질약을 먹이지 않았다. 왜 그랬을까?

K처럼 많은 간질 환자는 정신 이상 증상도 함께 가지고 있다. 이런 사실은 이미 19세기에 유럽에서 알려지기 시작했다. 한 조사에 따르면 간질 환자에서 정신 이상 증세가 나타날 가능성은 정상인보다 6~12배나 더 높다고 한다. 아마도 간질 환자에 대한 사회적 편견과 이에 따른 환자의 정신적 스트레스가 그 원인일 수 있다. 그러나 간질의 원인인 뇌 손상 자체가 정신 이상 증세를 일으킬 가능성도 있다. 과연 어느 쪽이 더 중요한 요인일까? 측두엽 간질 환자들을 대상으로 면밀히 조사한 최근 연구 결과들은 간질 환자가 갖는 사회적 스트레스보다는 이들의 병든 뇌 자체가 정신 이상 증세를 초래할 가능성이 더 높다는 견해를 뒷받침해 준다. 측두엽에서 발생한 간질파가 주변 조직으로 퍼져 나가면서 환자의 정신 이상 증세를 일으킨다는 것이다.

그런데 재미있는 것은 이중 일부 환자에서 정신 이상 증상과 간질 발작이 마치 약속이나 한 듯 서로 반대로 나타난다는 사실이다. 이러한 사실은 일찍이 1931년에 글라우스(Glaus)가 간질 발작과 정신 이상 증세가 교대로 널뛰기하듯 나타나는 환자 8명의 사례를 발표하면서 알려졌다. 이런 환자의 정신 이상 증상은 간질 발작을 빈번히 일으키는 동안에는 좋아지고, 발작이 줄어들면 정신 이상 증세는 심해진다. 따라서 이들에게 간질약을 투여하면 간질 증세는 좋아지지만, 환자들의 정신 이상 증상은 오히려 악화된다.

한편 정신 질환 환자가 간질병을 함께 가지고 있을 때, 이들이 복용하는 정신병 치료약들은 정신 질환 증세를 호전시키지만 간질 발작을 악화시킨다. 이런 사실을 거꾸로 응용해 정신 분열증 치료를 위해 일부러 간질 증세를 일으키기도 한다. 이런 목적으로 개발된 것이 전기 발작 치료법(electroconvulsive therapy)이다. 영화 「뻐꾸기 둥지로 날아간 새」에서 잭 니콜슨의 충동적 행동을 고치기 위해서, 「뷰티풀 마인드」에서 러셀 크로우의 정신 분열증을 치료하기 위해 그리고 최근 영화 「레퀴엠」에서 엘렌 버스틴의 마약 중독을 치료하기 위해 각각 사용된 치료법인데 잔인해 보이지만 생각보다는 안전한 시술이다.(뇌에 전기 발작을 가하면 신경 전달 물질의 균형이 변하면서 정신 증세가 좋아지는 것으로 생각된다.)

이러한 널뛰기 현상은 측두엽의 신경 전달 물질의 균형이 깨지는 현상으로 설명한다. 즉 측두엽의 도파민이 지나치게 상승하면 정신 이상 증상, 감소하면 간질 발작이 생긴다는 견해가 유력하다. 그러나 일부 학자들은 도파민보다는 GABA 같은 신경 전달 물질의 균형 상실이 더 중요하다고 주장하기도 한다.

아무튼 이런 이유로 간질 환자에게 일부러 약을 먹이지 않는 부모들이 있으며 K의 엄마도 그랬다. 약을 이용해서 간질 발작을 줄이는 것은 좋다. 그러나 오히려 환자의 정신 이상 증상이 심해지거나 난폭해진다는 사실을 K의 엄마는 경험을 통해 깨달았던 것이다. 어른 몸집이 된 K가 고함을 지르고 문을 부수고 폭력적이 된다면, 아무리 엄마라도 겁을 먹지 않을 수 없었을 것이다. 따라서 K의 엄마는 처절한 기분으로 아들의 정신 이상 증상보다는 간질 발작 쪽을 선택했던 것이다.

이들에게 정신 증상도 없고 발작도 하지 않는다면 얼마나 좋을까? 그 양쪽을 그네타듯 왔다갔다 하는 불행한 환자들은 '미칠 것인가 발작할 것인가 그것이 문제로다.' 라는 고민을 안고 있는 것이다. 이런 환자들을 관찰하면서 뇌 속의 수없이 많은 신경 회로 사이를 흐르는 신경 전달 물질들이 중용을 지킬 때에만 비로소 우리가 정상으로 지낼 수 있음을 배운다. 물론 감정이 조석으로 바뀌는 정도야 보통 사람들 사이에도 비일비재하지만, 그래도 전체적으로 보아 정상인의 뇌 속에는 신경 전달 물질을 오묘하게 조절하는 공자님이 들어 있는 것이다. 그 메커니즘을 잃어버린 불행한 환자들을 보면서 중용의 중요성을 새삼 깨닫는다.

여자는 괴로워

출판사 편집장인 35세 L은 명랑하고 당당한 여성이다. 그녀가 하얀 치아를 모두 드러내며 활짝 웃을 때에는 뻐드렁니마저 매력적으로 보인다. 그런 그녀에게도 말 못할 고민이 한 가지 있다. 한 달에 한 번 정도 심한 두통에 시달리는 것이다. 두통 직전에는 세상이 컴컴해지고 아지랑이가 피어오르듯 아른아른해 보인다고 한다. 일단 두통이 생기면 머리가 심장이 뛰듯 두근거리는데 그럴 때마다 구토 증세도 동반된다. 두통은 보통 한나절 지속되다가 잠이 들면 나아진다. 하지만 심할 때에는 며칠씩 두통이 지속되므로, 직장에도 못 나가고 탈진 상태로 집에 누워 지내야 한다. 증세가 완화되면 L은 언제 그랬냐는 듯 평소의 명랑하고 아름다운 모습으로 돌아온다. 정말 그녀는 두통만 없다면 세상에 부러울 것이 없다.

L의 증세는 전형적인 편두통이다. 편두통은 매우 흔한 병이다. 우리나라에서는 성인 여성의 약 10퍼센트, 남성의 약 3퍼센트가 편두통을 가지고 있다. 편두통 환자의 약 15퍼센트 정도는 L처럼 두통 전에 눈앞이 캄캄해지는 것과 같은 전조 증상을 갖는데, 섬광 같은 것이 번쩍거리거나 커튼이 드리워지는 것 같다고 호소하기도 한다. L의 경우처럼 전조 증세는 대부분 시각적

이다.

　평범한 옷을 입고 다니면 다른 사람의 주의를 끌지 못하듯, 이처럼 흔한 병인 편두통은 이상하리만치 오랫동안 의학자들의 관심을 끌지 못했다. 그 이유는 이렇다. 19세기에 이르러 신경 의학의 발달을 주도한 것은 주로 유럽 학자들이었다. 이들은 신경 질환 환자를 면밀히 진찰한 후 그 소견을 자세히 기록해 두었다. 그 후 환자가 사망하면 그들의 뇌를 부검해서 어떤 이상이 있어서 환자의 증상이 생겼는지를 확인했다. 이런 식으로 쌓여진 정보 덕분에 신경 의학은 점차 발전했다.

　그런데 서양 학자들은 예나 지금이나 공통된 버릇이 있다. 그것은 눈에 보이지 않는 것은 믿지 않는다는 사실이다. 그런데 편두통 환자는 두통 증세로 사망하지도 않을뿐더러, 혹 다른 병이 들어 사망하더라도 이들의 뇌를 조사해 보면 아무런 이상도 발견할 수 없었다. 따라서 의사들은 학자적 관점에서 편두통에 흥미를 느끼지 못했다. 최근 CT나 MRI 같은 뇌 영상술이 발달해서 환자가 생존한 상태에서도 뇌 속을 볼 수 있게 되었지만 사정은 마찬가지다. 환자의 머리는 분명히 아픈 데도 뇌 사진은 언제나 정상이다. 도대체 영상술이든 부검 소견이든 보이는 것이 없고, 게다가 편두통을 앓더라도 죽거나 후유증이 생기는 것은 아니기에 편두통은 의사의 관심을 끌지 못했던 것이다. 환자와 의사의 관심의 격차가 이처럼 심한 질병도 아마 없을 것이다.

　이런 이유로 1988년이 되어서야 겨우 세계 두통 학회에서 편두통의 진단 기준을 세웠다. 사정이 이러니 기준조차 없었던 예전에는 편두통이 얼마나 흔했는지 알 도리가 없다. 그러나 분명 옛날에도 편두통 환자는 많았을 것이다. 진위는 불분명하지만, 빈센트 반 고흐가 「해바라기」나 시골 들판을 아지랑이처럼 흔들리는 그림으로 그린 것은 편두통 발작 때 나타난 시각적 전조 증세를 그린 것이라는 설이 있다. 『이상한 나라의 앨리스』를 쓴 영국의 루이스 캐럴은 거인이나 소인을 자주 그리곤 했는데 이 역시 편두통 발작 당시 물체가 크거나 작게 보이는 현상을 묘사했다는 이야기도 들린다. 니체나 프로이트도 편두통 발작으로 고생했다고 전해진다.

그렇다면 뇌 속에 아무런 이상이 없는데 머리는 왜 아픈 것일까? 어떤 사람은 일생동안 머리가 아픈 경우가 없는데 왜 나만 아픈 것일까? 아픈 원인이 존재한다면, 왜 한 달에 한두 번만 두통이 찾아오고 그 다음에는 씻은 듯 나아지는 것일까? 그리고 머리가 아프기 전에 눈앞이 캄캄해지거나 아지랑이가 보이는 이유는 무엇일까?

우선 편두통의 전조 증세는 시각적 증세가 많다는 점에 주목하자. 뇌에서 물체를 보고 알아내는 부분(시각 중추)은 후두엽이다. 후두엽에 뇌졸중이나 종양이 생기면 눈앞이 컴컴해지거나 아른거린다. 따라서 편두통 환자의 전조 증세는 후두엽의 기능 장애 때문에 나타난다고 할 수 있다. 그런데 편두통의 시각적 전조 증세는 순간적이다. 길어야 몇 분 지속될 뿐이다. 이것을 생각하면 편두통의 전조 증세는 후두엽의 혈액 순환이 잠시 멈췄다가 다시 회복되는 현상으로 볼 수 있다. 이런 점에 착안한 미국의 해럴드 울프(Harold G. Wolff) 교수는 1930년대 중반 뇌혈관의 수축과 확장이 편두통의 원인이라고 주장했다. 두통 발생 직전의 전조 증세는 혈관이 수축되어 후두엽에 산소가 부족해졌기 때문이라는 것이다. 즉 그는 편두통을 후두엽에 생기는 일종의 가벼운 뇌졸중으로 본 것이다.

그렇다면 그 후 발생하는 두통은? 이것은 한동안 수축된 혈관이 반사적으로 지나치게 확장되어 피가 너무 많이 몰려 오히려 두통을 일으킨다고 설명했다. 마치 한 끼를 거른 후 밥을 갑자기 많이 먹으면 배가 아픈 것처럼 말이다. 울프 박사의 '혈관 수축·확장 가설'은 그럴듯하다. 게다가 이 설을 지지하는 근거가 있다. 카페에르고트라는 혈관 수축 약물을 먹으면 편두통 증세가 좋아진다. 반드시 이 약이 아니더라도 혈관 수축 작용이 있는 카페인 함유 음식, 예컨대 커피를 마셔도 두통이 좀 나아지는 경우가 있다. 울프는 워낙 당대의 대가였기에 그의 이론은 별 의심 없이 받아들여졌다. 게다가 그의 이론은 의학 지식이 별로 없는 환자에게 설명해 주기도 쉬웠다.

하지만 의학의 역사란 기존의 질서가 무너지면서 발전하는 법이다. 시간이 지나면서 울프의 혈관 수축 확장 가설로는 설명이 안 되는 여러 현상들이 발견되기 시작했다. 뇌의 혈류를 검사하는 장비(단층 촬영 장치 중 하나인 SPECT 등)를 사용한 올슨(Oleson)의 혈류 연구에 따르면 혈관 수축이 지속되는데도 두통을 호소하는 환자, 혹은 혈관이 확장되는데도 두통이 사라지는 환자가 적지 않았다. 즉 울프의 가설이 반드시 옳은 것은 아니었다.

울프에 이어 편두통의 기전에 대한 또 하나의 중요한 가설인 신경성 염증설을 주창한 사람은 하버드 대학교의 모스코비치(Moskowitz) 교수였다. 머리의 통증 감각은 다섯 번째 뇌신경인 삼차 신경이 담당한다.(67쪽을 참고하라.) 이 신경을 전기나 캡사이신 같은 화학 물질로 자극하면 이 신경의 말단이 분포되어 있는 혈관 주변에 염증이 생긴다. 아마도 신경 세포의 말단에서 분비되는 여러 화학 물질들이 염증 반응을 일으키는 것으로 생각된다. 이러한 염증 작용에 따라 혈관은 이차적으로 확장된다. 그런데 이때 신경 세포 말단에서 분비되는 세로토닌과, 세로토닌 수용체(HT1b, HT1d)가 통증 매개에 중요한 역할을 한다. 즉 혈관 수축 및 확장은 이러한 신경성 염증에 따른 이차적인 현상이지 본질적인 문제는 아니라는 것이다. 현재로서는 모스코비치 교수의 가설이 옳다고 믿는 사람들이 많다. 울프는 유명한 『두통학(Headache and Other Head Pain)』이라는 책을 썼고, 그 제자들이 낸 개정판도 여전히 『울프의 두통학(Wolff's Headache and Other Head Pain)』이라는 제목을 달고 있지만 이제는 어쩔 수 없이 모스코비치의 이론을 더 많이 수용하고 있다.

그럼에도 불구하고 편두통 환자에서 왜 삼차 신경이 한 달에 한 번 자극되는지에 대해서는 아직도 명쾌한 해답이 없다. 아마도 선천적으로 삼차 신경이 예민한 사람이 주변의 자극에 과민하게 반응하는 현상일 것이다. 미국에서 연수하던 시절 나의 스승이었던 헨리 포드 병원의 마이클 웰치(Michael Welch) 박사는 마그네슘설을 주장한 바 있다. 뇌의 마그네슘 농도 차이에 따라 간헐적으로 뇌가 예민한 상태에 빠진다는 이야기다. 하지만 이것이 편두통의 근원적 이유라고 믿는 사람은 많지 않다. 한편 편두통 환자들은 가족력이 많다는 점에서 유전적 이상이 존재할 가능성도 있다. 하지만 아쉽게도 아직 편두통 환자에게 특이한 유전자 이상은 발견되지 않았다. 다만 두통과 함께 한쪽 팔다리 마비가 동반되는, 가족적으로 발생하는 일부 편두통 환자에게서 19번째 유전자 CACNLA4의 이상이 발견되었을 뿐이다.

앞에서 말한 대로 편두통 발작은 세로토닌과도 관계가 있다. 따라서 편두통 발작 치료를 위해 세로토닌 수용체를 자극하는 약물들이 개발되었다. 사실 카페에르고트는 혈관 수축제이지만 동시에 세로토닌 수용체에 영향을 미치는 약이기도 하다. 최근 개발된 세로토닌 수용체 약물 중 대표적인 것은 수마트립탄이다. 두통으로 쩔쩔매는 환자가 이 약을 복용하면 언제 그랬냐는 듯 나아진다. 수마트립탄 이외에도 졸미트립탄, 알모트립탄, 리사트립탄 등 세로토닌 계열 약물들이 계속 쏟아져 나오고 있다. 이런 약들을 생산하는 제약 회사들 간의 경쟁은 대단한데, 약 이름의 끝 글자가 '탄'이라서 그런지 편두통 전쟁이 벌어진 느낌이 든다.

여성에게는 안된 이야기지만, 편두통은 남성보다 여성에게서 2~4배 더 흔하다. 편두통 발작을 유발시키는 가장 중요한 요인은 스트레스지만 그 다음은 월경이다. 사실 편두통 환자의 약 7퍼센트는 오직 월경 때만 두통을 앓는다. 이것을 특별히 월경성 편두통(menstrual migraine)이라고도 한다. 이처럼 월경 시에 편두통이 악화되는 이유는 혈중 에스트로겐 수치가 급격히 줄어들기 때문인 것으로 생각된다. 이런 호르몬의 부조화는 세로토닌 수용체의 민감도를 변화시키는 것 같다.

월경 시에는 몸과 마음이 힘든데 구토와 함께 심한 두통까지 생기니 월경성 편두통 환자가 이 세상을 여자로 살아가기란 쉽지 않다.(월경 전에 편두통 약을 복용하거나 에스트로겐 패치를 사용하면 치료가 되긴 하지만.) 안데르센 동화의 마녀는 인어 공주에게 다리를 준 대가로 걸을 때 통증을 느끼게 했지만, 신은 월경성 편두통 환자에게 진정한 여자가 되는 대가로 두통을 준 것은 아닐까? 그런데 이렇게 말하고 보니 진짜 인어 공주의 고통을 받던 소년 환자가 생각난다. 편두통 이야기는 이 정도로 마치고 이제 그 환자의 이야기를 계속해 보자.

인어 소년 이야기

내가 환자 L을 처음 본 것은 벌써 15년 전, 대학 병원 수석 전공의 시절이었다. 그 소년이야말로 인어 공주의 고통을 몸으로 체험하고 있는 환자라고 생각했다. 소년은 오래 걷거나 뛰면 발을 바늘로 찌르는 듯한 따가운 통증을 느꼈다. 날씨가 더우면 그 통증은 더욱 심했다. 그래서 L은 학교에서 운동도 할 수 없었고 여행을 갈 수도 없었다. 그는 전생에 인어였던 것일까?

L의 병명은 패브리병이다. 아주 드문 병이어서 신경과 의사조차도 일생에 한 번 경험하기 어렵다. 나는 당시 말초 신경이나 근육을 전기적 자극을 사용해 검사하는 근전도실에서 일하고 있었는데, 중학생이던 환자 L이 검사를 받으러 방으로 들어섰다. L은 다발성 경화증(이 병에 대해서는 곧이어 설명하겠

다.)으로 진단되어 치료를 받고 있었다. 그리고 이 질병에 흔히 시행되는 유발 전위라는 검사를 받으러 검사실에 온 것이었다. 그러나 내가 보기에는 아무래도 진단이 잘못된 것 같았다. L의 대뇌나 척수보다는 말초 신경에 이상이 있을 것 같았다. 나는 L에게 말초 신경 검사를 추가로 시행해 보았는데 예상대로 다리의 말초 신경에 이상이 발견되었다. 당시만 해도 우리나라에 패브리병이 보고되지 않았기 때문에 L의 담당 의사는 다발성 경화증으로 잘못 진단했던 것이다. 나는 다리의 신경 조직을 잘라내어 병리 검사를 해 보았는데 말초 신경의 지방질 축적(패브리병의 특징적 소견)이 나타났다.

나는 L 덕분에 패브리병을 처음으로 경험하는 행운을 잡았지만 그에게도 다행스러운 일이었음은 분명하다. 패브리병의 다리 통증은 카바마제핀이란 약에 잘 듣기 때문이다. 이 약을 복용한 후 L의 다리 통증은 거짓말처럼 사라졌다. 만성 통증으로 찌푸린 그의 얼굴에 드디어 환한 미소가 떠올랐다. 그로부터 나는 15년이 넘도록 L을 치료하고 있다.

그렇다면 내가 L을 나쁜 병마로부터 구출해 낸 것일까? 유감스럽지만 그렇지 않다. 나는 그의 병을 정확히 진단하고 약을 사용해서 통증을 감소시켰을 뿐 근본적으로 치료한 것은 아니다. 통증은 없어졌지만 L의 병은 지금도 계속 진행되고 있다. 솔직히 말하자면 매번 웃는 낯으로 찾아오는 L이나 L의 어머니를 볼 때마다 나는 점점 초조해진다. 그 이유는 설명하면 이렇다.

패브리병은 유전병이다. 유전적 결함 때문에 세포 리소좀의 알파갈락토시다아제(α-galactosidase, 세포 내에서 청소부 역할을 하는 효소)라는 효소가 정상인에 비해 적다. 갈락토시다아제(galactosidase)는 알파갈락토시드라는 물질을 분해하는 효소이다. 환자의 몸에 이 효소가 부족해지면 알파갈락토시드의 대사에 이상이 생겨 '세라마이드 트리헥소시드'라고 불리는 비정상적인 지방질이 신장, 심장, 간, 혈관, 신경 등에 축적되고, 이에 따라 이런 장기들이 손상된다. L에게는 신경 세포 손상에 따른 다리 통증 이외에 아직 다른 증세는 없다. 질병은 아직 말초 신경에 국한되어 있다. 그러나 패브리병은 나이가 들어감에 따라 점차 진행되므로 결국 심근 경색, 신장병, 뇌졸중 같은 심각한 병이 발생한다. 따라서 환자는 대개 제 명을 채우지 못하고 30~50대에 사망하게 된다.

문제가 되는 갈락토시다아제 효소의 유전자는 X염색체에 존재한다. L은 남자이므로 어머니에게서 X염색체를 받았다. 그러나 그의 어머니는 아무런 증세가 없는데, 이것은 그녀가 가지고 있는 X염색체 두 개 중 한 개는 정상이기 때문이다. L은 공교롭게도 어머니로부터 고장 난 X염색체를 받았기 때문에 병을 앓고 있는 것이다. 예외가 드물게 있지만 패브리병은 남자에게만 발생한다. 한편 L의 외삼촌은 L과 동일한 X염색체 이상이 있으므로 역시 패브리병을 앓고 있다. 물론 L의 가족은 외삼촌의 병명도 내가 L의 병을 진단할 때까지 모르고 있었다. L의 외삼촌은 패브리병으로 인한 신장 손상이 심해서 혈액 투석으로 연명하고 있다.

L의 패브리병 소견을 요약하여 학회지에 보고했을 때만 해도 벌써 오래 전이다. 그 후 유전 의학이 눈부시게 발전했고 X염색체에 존재하는 알파갈락토시다아제 A의 유전자 배열이 밝혀졌다. 그리고 패브리병 환자들의 유전적 이상은 동일한 것이 아니라 무려 140가지가 넘는 다양한 양상의 돌연변이로 나타남이 알려졌다. 이 대부분은 점 돌연변이(point mutation)로서 아미노산을 코딩하는 염기 서열 중 하나가 다른 것으로 잘못 치환된 것이다. 우리가 L의 유전자 이상을 확실히 밝힌 것은 불과 몇 년 전(1999년)이다. 그의 유전자는 돌연변이로 인해 X염색체의 342번째 아미노산 아르기닌(arginine)이 정지(stop) 코돈으로 치환되어 있었다. 따라서 알파갈락토시다아제 합성에 필요한 아미노산이 더 이상 생성되지 못하는 상태였다.

고장 난 유전자를 알았으니 패브리병을 근본적으로 치료할 방법이 있을까? 최근 여러 종류의 유전병에 대한 유전자 치료법이 개발되고 있다. 유전자 치료란 바이러스의 유전자에 우리가 원하는 유전자를 붙인 후 환자의 몸에 감염시켜서 정상적 유전자를 주입하는 방법이다. 우리 몸이 바이러스의 유전자를 자기 것으로 착각하고 세포가 분열할 때마다 이것을 복제하기를 기대하는 것이다. 실제로 이런 치료가 몇몇 유전 질환에 이용되기 시작했다. 패브리병의 유전자 치료에서 걱정되는 부작용은 바이러스 감염에 따른 심각한 염증 반응이다. 하지만 유전자를 나르는 바이러스로서 아데노 연관 바이러스(adeno-associated virus)를 사용하면 인체에 병원성이 없으며 면역 반응을 별로 일으키지 않는 것으로 알려졌다. 최근 과학자들은 유전자를 조작하여 알파갈락토시다아제가 분비되지 않는 쥐, 즉 패브리병 모델을 만들었다. 이 쥐에게 갈락토시다아제 유전자 정보를 간직한 바이러스를 주입했더니 시간이 지남에 따라 여러 장기에 축적된 비정상적인 지방질의 양이 감소되었다. 그렇다면 이 방법을 환자에게 사용해 볼 수도 있을 것이다. 그러나 임상 연구는 아직 이루어지지 못하고 있다.

내가 L을 치료하기 시작한 지 벌써 15년이 흘렀다. 어린 소년이었던 그는 고등학교를 졸업하고 의대에 들어갔다. 자신의 병을 스스로 연구하기 위해서였을까? 그가 의사가 되면 아마도 이 세상 그 누구보다도 패브리병을 열심히 연구할 것이다.

그런데 문제는 시간이다. L은 곧 30세가 된다. 심근 경색이나 신장병 같은 무서운 합병증이 올 수 있는 나이에 다다른 것이다. 내가 보기에 아직 그의 심장이나 신장 기능은 정상이다. 하지만 의사들은 증상으로든 검사 결과든 심장이나 신장이 이미 많이 손상된 이후에야 사실을 알아낼 수 있다. 증상이 없을 뿐이지 그의 신장이나 심장은 이미 소리 없이 망가지고 있는지도 모른다. 그와 동일한 질병을 앓고 있는 외삼촌은 벌써부터 심각한 신장병에 시달리고 있지 않은가? 지금 이 순간도 시계 바늘은 쉴 새 없이 움직이고 있으며 그때마다 L의 병은 시시각각 나빠지고 있다. 그런데도 아직 유전자 치료의 확실한 결과는 나오지 않고 있다. 의학은 과거보다 빨리 발전하고 있지만 지금보다 더욱 빠른 속도로 발전해야만 한다. L, 그리고 그와 같은 처지의 수많은 환자들의 생명은 단 하나뿐이며, 이런 그들에게 남은 시간이 별로 없기 때문이다.*

자클린 뒤 프레의 비극

어디선가 우아한 하이든의 첼로 콘체르토 연주 소리가 들린다. 교과서처럼 정확하면서도 활기찬 소리. 자클린 뒤 프레(Jacqueline du Pre)의 것임이 틀림없다. 강렬한 터치와 완벽한 기교로 무장한 로스트로포비치, 삶의 쓸쓸함이 잔뜩 묻어 있는 가장 인간적인 첼로 음색을 내는 스타커……. 뒤 프레는 이러한 세계적 첼리스트와 나란히 해도 전혀 손색 없는 거장이라고 생각한다.

1945년 영국 옥스퍼드에서 태어난 뒤 프레는 4세 때 라디오에서 들려오는 첼로 소리에 매료되어 6세부터 첼로를 본격적으로 배우기 시작했다. 그녀는 이듬해부터 청중들 앞에서 연주를 시작해 12세에 런던 BBC 방송 악단과 협연했고, 16세 때 런던의 위그모어 홀에서 존 바비롤리 경이 지휘하는 런던 교향악단과 엘가의 협주곡을 연주하면서 세계적으로 유명해졌다. 그녀는 20세 때 미국 카네기 홀에 진출했다. 21세 때 피아니스트 겸 지휘자인 대니얼 바렌

---

* 최근 알파갈락토시다아제 효소를 안정된 상태로 주입할 수 있는 방법이 개발되어 L은 주기적으로 이 효소를 주사 맞고 있다. 그러나 이 방법도 근본적인 치료 방법은 못된다.

보임을 만나 이듬해 결혼했으며, 그와 함께 연주 생활을 시작했다. 타고난 재능, 성실한 노력, 훌륭한 남편, 게다가 뒤 프레는 명랑한 성격을 가진 늘씬한 미인이었다. 뒤 프레가 이 세상에서 바랄 것은 더 이상 없을 것 같았다.

이런 그녀를 신이 질투한 것일까? 아니면 그녀의 연주를 가까운 곳에서 듣고자 한 것일까? 뒤 프레의 찬란한 연주 생활은 1973년, 불과 28세의 나이에 돌연 중단되었다. 팔다리를 마비시키는 흉악한 병이 발병한 것이다. 증세가 좋아져 잠시 연주 생활을 재개한 적도 있었지만, 계속 재발해 팔다리가 완전하게 마비되어 휠체어를 타고 다녀야 했다. 그리고 1987년, 그녀는 42세의 안타까운 나이로 이 세상을 떠났다.

그녀를 데려가기 위해 신이 내린 병은 다발성 경화증이다. 뇌 혹은 척수가 손상되는 병인데, 질병이 어느 곳에 생기는가에 따라 그 증세가 달라진다. 척수가 손상되면 사지를 움직이는 운동 신경이 고장 나므로 팔다리가 마비된다. 시신경이 손상되면 갑자기 한쪽 눈이 안 보이게 되는 경우도 있으며, 대뇌의 운동 중추가 망가지면 반신마비가 생긴다. 문제는 이름 그대로 '다발성'이라서 한 번에 그치는 법이 없다는 사실이다. 마치 채무자에게 빚쟁이가 들리듯 여러 차례 찾아와 환자를 괴롭히는 것이 이 질환의 특징이다.

다발성 경화증에서, 주로 손상되는 부분은 신경 세포 자체라기보다는 신경 세포를 둘둘 싸고 있는 껍질(수초)이다.(수초에 관해서는 90쪽을 참고하라.) 신경 세포 입장에서 볼 때 총탄을 몸에 직접 맞은 것이 아니라 스치기만 한 것이다. 따라서 다발성 경화증은 한 번 앓더라도 회복은 비교적 잘 되는 편이다. 예컨대 안 보이던 눈이 얼마 후 다시 보이며, 움직이지 못하던 팔다리도 움직일 수 있다. 하지만 질병은 여러 차례 재발하며, 재발이 계속될수록 증세의 회복은 점점 어려워진다. 그래서 많은 환자들이 결국 휠체어에 의존해서 살게 된다.

그동안 수많은 연구가 이루어졌지만 다발성 경화증의 정확한 원인은 아직 밝혀지지 않았다. 1830년대 최초로 이 질환을 기술한 크루파일하이어 (Cruveilhier)는 땀나는 것이 억제되기 때문이라고 했지만, 지금 생각하면 어이없는 주장이다. 현재는 바이러스 감염 등 어떤 면역 상태의 변화로 인해 발생한 비정상적인 항체가 신경 세포의 껍데기를 주기적으로 손상시키는 현상으로 생각하는 학자들이 많다. 병의 원인을 정확히 모르니 이 병을 완치하는 방법도 현재로서는 없다. 그저 병이 악화되었을 때 면역 억제제인 스테로이드를 다량으로 주입해 호전을 시도해 보는 정도이다. 하지만 일시적인 호전일 뿐, 자꾸만 재발하는 질병을 예방할 수 있는 방법은 없다. 적어도 뒤 프레의 시대에는 그랬다.

하지만 1990년대에 들어서 이야기가 달라졌다. 아르나손(Arnason) 같은 학자에 의해 베타 인터페론이란 면역 억제제가 개발되었는데, 이 약을 주기적으로 주사하면 병의 재발을 어느 정도 예방할 수 있다. 하지만 이 약의 재발 방지율은 30퍼센트가 채 안 된다. 게다가 일생 동안 이틀에 한 번 비싼 주사를 맞으며 살아야 하니 여간 부담스러운 것이 아니다. 그런데 2003년 나타리주맵이란 또 다른 약이 개발되었다. 이 약은 림파구의 표면에 발현하는 알파 4 인테그린이라는 면역 관련 단백질을 무력화시키는데 한 달에 한 번만 주사하면 된다. 연구를 주도한 미국의 밀러(Miller) 박사에 따르면 이 약은 다발성 경화증의 재발을 약 50퍼센트 예방할 수 있다고 한다. 아직 폭 넓게 사용되지는 않고 있다. 최근 지방질을 낮추는 약인 스타틴도 다발성 경화증의 재발을 줄일 수 있다는 보고가 발표되기도 했지만, 그 효과에 대해서는 아직 검증이 필요한 단계이다.

명랑하고 아름다운, 그러면서도 희귀한 음악적 재능을 가진 뒤 프레를 앗아간 이 질병에 대항해서 우리는 그저 절반의 성공을 거두었다. 앞으로 다발성 경화증을 치료, 예방하는 더욱 좋은 약들이 개발될 것으로 기대되지만 무엇보다 다행인 것은 이 질병이 서양인보다는 한국인에게 훨씬 더 드물게 발병된다는 사실이다.

뚫어, 말어?

평소 고혈압이 있었지만 의욕적으로 사업을 하던 60세 남자 환자 P는 갑자기 오른쪽 팔다리가 마비되었다. 응급실에 실려 오는 도중 마비 증세는 점차 심해졌다. 게다가 말을 못하고 잉잉거리기만 했다. P는 왼쪽 뇌에 뇌졸중이 생겨 실어증을 갖게 된 것이다. P가 응급실에 도착한 것은 증세가 발생한 후 2시간이 지나서였다. 응급실에서 촬영한 뇌 CT 사진은 정상이었다.

P는 뇌졸중 중에서도 뇌경색(혈관이 막히는 뇌졸중)이 발생한 것이 틀림없었다. CT 사진상으로는 정상이었는데 어떻게 알았을까? P는 팔다리 마비와 실어증을 보였다. 그의 뇌는 손상되어 있음이 분명했다. 그렇다면 언어 중추와 운동 중추를 포함한 왼쪽 뇌가 타격을 받았을 것이다. 그런데도 CT에는 아무것도 보이지 않았다. 만일 뇌출혈(혈관이 터지는 뇌졸중)이었다면 CT에 출혈된 부위가 하얗게 보였을 것이다. 증상은 있는 데도 CT에 아무것도 안 보인다면 그것은 뇌경색을 의미한다. 혈관이 막힌 후 뇌 손상 부위가 CT에 보이려면 하루, 이틀 정도 손상된 부위가 커져야 하기 때문이다. P는 증상 발생 후 불과 2시간 만에 CT를 찍었으므로 뇌경색 부위가 안 보이는 것은 당연했다.

이제 P의 앞에는 두 갈래의 길이 나 있다. 하나는 증세가 회복되어 정상적으로 사업을 계속하는 길이요, 다른 하나는 점차 증세가 나빠져서 심한 후유증이 남거나 혹은 사망하는 길이다. P의 운명은 연락을 받고 황급히 응급실로 뛰어간 신경과 의사들의 손에 달려 있었다. 이제 이들은 P를 어떻게 치료할 것인가? 사실은 신경과 의사들 앞에도 두 가지 길이 열려 있다. '뚫을 것이냐, 말 것이냐?'

뇌경색은 뇌혈관이 피 덩어리(혈전)에 의해 막히는 병이다. 혈관이 막혀 산소를 공급할 수 없으니 뇌가 손상되는 것이다. 그렇다면 막힌 혈관을 혈전 용해제로 뚫어 버리면 된다. 의사들은 이런 생각을 일찍부터 해 왔다. 1960년대와 1970년대에는 뇌경색 환자에게 혈전 용해제를 투여하는 연구가 활발히 이루어졌다. 하지만 이 연구는 곧 중단되고 말았다. 약을 주었는 데도 아무런 효과가 없거나, 혹은 뇌출혈이 발생해 환자의 상태가 더욱 나빠지는 경우가 발생했기 때문이었다. 막힌 혈관을 뚫었는 데도 왜 결과가 나쁜 것일까?

가장 큰 이유는 혈전 용해제를 빨리 투여하지 않았기 때문이다. 혈관이 막히면 손상된 뇌 부위는 시간이 갈수록 커진다. 혈전 용해제를 너무 늦게 투여하면 이미 뇌 손상 부위가 돌이킬 수 없을 정도로 커져 있기 때문에 막힌 혈관을 뚫어도 아무런 소용이 없다. 게다가 이처럼 뇌 손상이 심한 상태에서는 혈전 용해제가 손상된 뇌 부위에 출혈을 일으키기 쉽다. 빈대 잡으려다가 초가삼간 태우는 꼴로, 혈전 용해제를 사용한 후에 뇌경색이 더욱 무서운 병인 뇌출혈로 변하는 것이다.

여러 차례의 실패를 거울삼아 이것을 깨달은 의사들은 1980년 후반부터 신속 치료 개념을 도입하기 시작했다. 증상 발생 3시간 이내에 병원을 방문한 환자에게만 혈전 용해제를 투여하기로 한 것이다. 1995년 《뉴잉글랜드 저널 오브 메디슨》에는 이런 치료에 대한 미국 학자들의 연구 결과가 실렸다. 이 논문에 따르면 이처럼 빨리 치료를 시작해도 혈전 용해제를 사용하면 출혈의 위험이 어느 정도는 증가한다. 물론 사망할 위험도 증가한다. 하지만 생존한 환자들을 3개월 후 진찰해 보면 혈전 용해제를 사용한 환자들이 그렇지 않은 환자에 비해 경과가 뚜렷이 더 좋았다. 이 사실은 통계적으로도 검증되었다. 이런 연구 결과를 바탕으로 혈전 용해제 t-PA는 1996년 미국 FDA의 승인을 받았다. 그리고 이제는 미국 및 세계 여러 나라에서 뇌졸중 치료제로 사용되고 있다. 이제 뇌경색 환자의 문제가 해결된 것인가? 사실은 그렇지 않다. 위의 논문에서 의사들은 통계를 논하고 있다. 혈전 용해 치료를 시행한 환자 수백 명과 그런 치료를 받지 않은 수백 명을 비교하면 분명 혈전 용해 치료 그룹의 치료 성적이 통계적으로 우수하다. 그러나 갑자기 쓰러져 응급실로 실려간 환자에게 통계 수치가 얼마나 의미 있을까?

다시 P의 경우로 돌아가 보자. P가 3시간 내 혈전 용해제 주사를 맞으면 그렇지 않은 경우보다 3개월 후 더 많이 회복되어 편안한 일상생활을 영위할 확률이 높다. 하지만 그렇지 않을 확률도 존재한다. 게다가 뇌출혈이 발생할 가능성은 더 높아지고 심지어 혈전 용해 치료를 받다가 죽을 수도 있다. P의 운명은 낫느냐 나빠지느냐 둘 중 하나인 것이다. P의 목숨이 여럿이라면 모르겠지만, 그의 생명은 단 하나밖에 없다. 의사 입장에서는 통계나 확률이 의미가 있겠지만, 환자 입장에서는 죽느냐 사느냐가 걸린 것이다.

혈전 용해 치료를 했을 때 환자가 좋아질 것인가 나빠질 것인가를 좀 더 정확히 예측할 수 있는 방법은 없을까? 여기에 대한 해답은 뇌 영상술의 발달에서 나왔다. 이미 말한 대로 CT에서는 뇌혈관이 막힌 후 하루 이내에는 아무것도 보이지 않는다. 정상처럼 보이는 CT 사진 속 뇌의 일부는 이미 손상되었고 다른 일부는 아직 괜찮다. 하지만 도무지 보이지 않으니 CT를 통해 뇌의 상황을 파악하는 것은 불가능하다. CT보다 정확하다는 MRI 역시 이 경우에는 도움이 안 된다. 막힌 혈관을 뚫을 것이냐 말 것이냐는 3시간 이내에 결정해야 하는데 MRI도 증상 발생 후 5~6시간은 지나야 뇌의 손상된 모습을 보여 주기 때문이다. 혈전 용해 치료에 한해서는 CT나 MRI 장비를 가지고 있더라도 우리는 그저 눈뜬 장님에 불과하다.

그런데 1990년대 후반 영상 기술의 발전으로 인해 확산 MRI와 관류 MRI 라는 것이 개발되었다. 확산 MRI는 빠른 시간 내에 손상된 뇌 부위를 보여 준다.(확산 MRI에 보이는 소견은 대체로 돌이킬 수 없는 정도의 손상이다.) 불과 10분이면 된다. 그리고 관류 MRI는 아직 손상되지는 않았지만 혈류가 부족해 앞으로 손상될 가능성이 많은 부분을 알려 준다.(즉 혈전 용해 치료를 했을 때 살릴 수 있는 부위를 나타내 준다.) 게다가 혈관 상태를 파악할 수 있는 MRA 란 장비도 개발되었다. 이제 의사들은 확산 MRI, 관류 MRI, MRA를 적절히 이용해서 3시간 이내에 응급실을 찾는 환자의 뇌와 혈관 상태에 대한 정보를 정확히 알 수 있게 되었다. 예컨대 확산 MRI에 나타난 뇌경색의 크기가 작고, 관류 MRI에 나타난 크기가 크다면 혈전 용해 효과를 기대할 수 있는 환자인 것으로 판단된다. 이런 MRI 장비들을 이용해서 혈전 용해 치료의 성공률을 높이고 있음은 물론이다. P의 경우에는 이런 검사 소견들을 종합하여 혈전 용해 치료를 하는 것이 옳은 것으로 판단됐다. 치료를 받은 후 P는 완치되었고 현재 정상인으로서 사업에 몰두하고 있다. 뇌졸중은 우리에게 여전히 무서운 병이지만, 의학 기술의 발달에 따라 점점 치료 가능한 병으로 변해가고 있는 것이다.

그러나 모든 환자가 P처럼 운이 좋은 것은 아니다. 여러 가지 이유로 많은 뇌졸중 환자는 3시간 이내에 응급실을 방문하지 못한다. 또한 일찍 내원하더라도 혈전 용해 치료를 할 수 없는 경우가 있으며, 혹은 치료를 하더라도 효과가 나타나지 않는 경우도 있다. 다시 말해서 이런 첨단 장비를 가지고도 혈전 용해 치료의 치료 효과를 정확히 예측한다는 것은 여전히 쉽지 않은 일이다. 결국 지금 이 시간에도 환자 콜을 받고 응급실로 달려온 신경과 의사들의

고뇌에 찬 질문은 아직 끝나지 않았다. '뚫어, 말어?'

어찌 할 수 없는 나의 손발

아마 1986년쯤이다. 전공의 시절 처음 본 헌팅턴병 환자 K의 모습은 아직도 생생하다. 37세 가정 주부였던 그녀는 잠을 잘 때 빼놓고는 손발을 쉴 새 없이 움직였다. 뿐만 아니라 얼굴도 계속 씰룩거렸다. 혀를 내밀어 보라 하면 3초도 가만히 두지 못하고 상하좌우로 움직였다. 그녀의 온몸의 근육은 마치 움직이고 싶어 안달하는 것처럼 보였고, 그녀는 이런 근육의 욕망을 제어할 아무런 방법이 없었다. 어찌 할 수 없는 손·발의 움직임, 즉 무도증(chorea)은 헌팅턴병의 특징이다.

헌팅턴병은 1872년 미국의 조지 헌팅턴(George Huntington)이라는 의사가 처음 발견했다. 신경계 질환의 이름 앞에 발견한 의사의 이름이 붙는 경우는 많지만 연구 업적이 많은 대학 교수가 아닌 시골 개업의의 이름이 붙은 경우는 희귀하다. 미국 롱아일랜드의 이스트 햄프턴이란 시골 마을의 평범한 의사였던 헌팅턴이 이 질병을 기술하여 유명해진 연유는 이렇다. 헌팅턴의 아버지, 그리고 할아버지는 같은 마을에서 대대로 개업을 하던 의사 가문이었다. 그런데 헌팅턴병은 멘델의 유전 법칙을 따라 우성으로 유전되는 유전병이다. 따라서 환자의 어머니나 아버지 중 한 명은 반드시 이 병에 걸려 있다. 그리고 할머니나 할아버지 중 한 명도 역시 이 병에 걸려 있다. 헌팅턴이 기술했던 가족들도 대대로 이스트 햄프턴에 살았으며 그 가족들은 그의 할아버지 대부터 진찰받고 있었다. 따라서 할아버지, 그리고 아버지가 기록한 가족의 질병을 참조하며 헌팅턴은 이 질병이 우성 유전되는 특징이 있음을 쉽게 알게 되었다. 이 환자들의 조상은 1630년 영국의 서리(Surrey)란 지방으로부터 미국으로 이주한 것으로 알려졌으므로 유럽의 조상들 역시 그 병에 걸려 있었던 것으로 생각된다. 중세 유럽에서는 손발을 마구 움직이는 사람은 악마에 씌인 것으로 생각하여 화형에 처했는데, 이들 중 일부는 분명 헌팅턴병 환자였을 것이다. 서두에 이야기한 환자 K 역시 5남매 중 2명, 그리고 아버지가 이 병에 걸렸다. 물론 우리가 K를 진단할 때까지 가족들의 병명 역시 알려지지 않았다.

헌팅턴병 환자는 왜 이처럼 손발을 제멋대로 움직일까? 기저핵이 손상되어 근육의 움직임이 잘 조절되지 않으므로 지나치게 많이 움직이는 것이다. 앞에서 파킨슨병 환자들은 근육을 너무 움직이지 않아서 문제였다. 그런 의미에서 헌팅턴병은 파킨슨병의 반대말이라 할 수도 있다. 둘 다 기저핵의 질환이지만 운동 중추에 대한 조절 실패는 정반대 방향으로 나타나는 것이다. 헌팅턴병은 이와 같이 근육을 지나치게 많이 움직이는 병이지만 문제는 이것으로 그치지 않는다. 이 환자들에게는 정신 이상 증세도 함께 나타난다. 기억력 저하, 치매, 난폭한 행동 같은 증세들이 환자와 그 가족을 괴롭힌다.

하지만 이런 사실들을 제외하면 이 병에 대해 알려진 바는 최근까지 거의 없었다. 우선 가장 궁금한 것은 '유전자의 어디에 잘못된 유전 정보가 존재하는가?' 이며, 또 다른 한 가지는 '유전병인 데도 왜 그 증세가 비교적 늦게 나타나는가?' 였다. 헌팅턴병은 다른 유전 질환과 달리 30~40대 들어 증세가 나타난다. 가족 입장에서 이것은 불행한 일이다. 30~40대가 되기 전까지는 그 병에 걸렸는지를 알 수가 없으므로 환자는 결혼을 하고 아이를 낳는다. 이렇게 함으로써 그 병이 계속 전달되는 것이다.

의사들이 헌팅턴병을 일으키는 원인 유전자를 찾기 시작한 것은 1970년 후반부터였다. 하지만 당시 기술로 이것을 찾는 것은 건초 더미에서 바늘 찾기보다 더 어려웠다. 그러나 끈질긴 학자들은 1993년 드디어 문제의 유전자를 찾아냈다. 그 유전자는 4번 염색체의 짧은 팔 끝에 숨어 있었다. 그곳은 '헌팅틴'이라는 단백질을 만드는 공장이다. 하지만 헌팅틴이 우리 몸에 왜 필요한지는 아직까지도 알려지지 않았다. 헌팅턴병 환자에서 이 유전자는 어떻게 잘못되어 있는 것일까? 유전자란 일종의 언어인데 그 언어는 염기의 배열로 이루어진다. 예컨대 'ㄱ', 'ㅣ', 'ㅁ'을 조합하면 '김'이라는 글자가 되는 것처럼, 염기가 3개 모이면 어떤 아미노산을 의미하는 단어가 된다. 학자들이 헌팅틴 유전자를 살펴보니 중간쯤에 C(시토신, cytosine), A(아데닌, adenine), G(구아닌, guanine)라는 염기가 계속 반복되는 곳이 있었다. CAG는 글루타민이라는 아미노산을 의미하는 기호이다. CAG는 정상적으로 8~36회 반복된다. 즉 정상적인 헌팅틴 단백질에는 여러 개의 글루타민이 사슬처럼 이어져 있다. 그런데 헌팅턴병 환자에게는 CAG 염기가 정상인보다 훨씬 더 길게 반복되어 있다. 즉 CAG염기가 39번 이상 반복되면 그 사람은 질병에 걸리는 것이다. 그런데 재미있는 것은 그 반복이 길수록 증세가 이른 나이에 시작된다는 점이다. 예컨대 40~50개의 반복을 가진 사람은 중년에 증세가 나타나지만 60개 이상인 사람은 어릴 때부터 증세가 나타난다. 이런 사실을 볼 때 글루타민이 잔뜩 모여 만들어진 비정상적인 단백질(글루타민 다량체)이 세포 안에 축적되고, 이것이 어느 이상 증가하면 신경 세포를 손상시키기 시작하는 것으로 생각된다. 하지만 글루타민 다량체가 어떤 방식으로 뇌 세포를 죽이는지, 그리고 왜 기저핵과 같은 특정한 부위만 손상되는지 대해서는 아직 정확히 모르고 있다.

그런데 알고 보니 CAG 반복의 길이가 지나치게 길어져 생기는 질환은 헌팅턴병뿐만이 아니었다. 이외에도 질환이 5개나 더 있었다. 헌팅턴병을 제외하면 이들 대부분의 질환은 기저핵이 아닌 소뇌의 기능 이상으로 나타난다.

이런 질환들을 뭉뚱그려 글루타민 다량체(polyglutamine) 질환이라고 부르기도 한다. CAG 반복이 증가한 것은 동일한데 왜 뇌의 다른 곳이 손상되는지는 확실치 않다. 아마도 이런 반복이 일어나는 곳이 4번 염색체가 아닌 다른 곳이기 때문일지도 모른다. 최근에는 CAG 이외에 CTG, CCG 등 다른 염기 조합이 반복되어 발생하는 질환도 속속들이 알려지고 있다.

이런 염기 반복 질환은 앞으로도 더 많이 밝혀질 것이지만 어떻게 해서 염기 복제의 실수가 일어나는지 우리는 잘 모른다. 이에 앞서 정상적인 유전자에도 왜 39개 이하의 CAG 반복이 있어야 하는지도 모른다. 일부 학자들은 이러한 긴 유전자 사슬은 인간에게 돌연변이를 쉽게 일어나도록 만들어 급변하는 환경에 더욱 빠르게 적응하게 하기 위한 진화적 전략이라고 주장한다. 만일 이것이 사실이라면 헌팅턴병 환자들은 지나치게 빠른 인간 진화의 희생양일 수도 있다. 이런 의구심을 증폭시키는 또 한 가지 사실은 이러한 염기 반복 질환은 언제나 인간에서 가장 발달한 뇌만을 선택적으로 손상시킨다는 점이다. 아쉽게도 우리는 헌팅턴병의 유전적 지식을 얻었을 뿐 아직 치료 방법은 모른다. 슬프지만 이런 병들은 어쩔 수 없이 진단으로 그쳐야 하는 질환들로 남아 있다. 태아의 유전자를 검사해서 미래의 환자들을 미리 낙태시킬 수는 있는데, 아직은 이 정도가 의사들이 가족들에게 해 줄 수 있는 전부이다.

그러나 이 어려운 질병도 가까운 미래에 치료될 가능성이 보이고 있다. 프랑스 프레더릭 병원의 필리페 레니(Philippe Reny) 연구팀은 유산된 태아의 기저핵 세포를 환자의 뇌에 이식시켜 증세가 좋아진 경우를 보고했다. 물론 파킨슨병의 경우와 마찬가지로 태아의 신경 세포 이식이 일반적인 치료 방법으로 자리 잡기에는 여러 가지 어려운 점이 있다. 그런데 최근 이보다 더욱 좋은 소식이 발표되었다. 앞서 말했듯 헌팅턴병에는 글투타민 다량체의 형성이 발병 기전에 중요한 역할을 한다. 최근 일본 이화학 연구소 부설 뇌 연구소의 모토마사 다나카(田中元雅) 연구팀은 여러 종류의 이탄당(disaccharide)이 글루타민 다량체 생성을 억제한다는 사실을 밝혔다. 이중 가장 효과가 좋은 트레할로스(trehalose)를 헌팅턴병 모델 쥐에 주입하니 뇌와 간에 존재했던 글루타민 다량체의 양이 줄어들며 쥐의 신경학적 증상도 호전되었다. 그러나 아직 쥐에서의 이야기이므로 이러한 치료가 실제로 환자에게 도움이 될지는 좀 더 많은 연구를 통해 밝혀져야 한다.

꼬이는 인생, 꼬이는 손발

밑바닥 인생을 살아가는 한 남자와 불치병으로 고생하는 여자의 사랑을 그린 영화 「오아시스」는 무엇보다도 배우의 연기가 일품이었다. 종두 역을 맡은 설경구의 연기가 뛰어났음에도 공주 역의 문소리가 연기상을 수상한 것은 온몸의 근육이 비비 꼬이는 환자의 모습을 나 같은 전문가조차 진짜 환자와 구분할 수 없을 정도로 잘 연기했기 때문일 것이다. 이처럼 온몸의 근육이 비틀리는 증세를 의학적으로는 근 긴장 이상증(dystonia)이라고 한다. 이런 증세는 왜 생기는 것일까?

뇌의 깊은 곳에 좌우 하나씩 있는 회백질 덩어리인 기저핵에 대해서는 파킨슨병과 헌팅턴병을 이야기할 때 이미 언급했다. 기저핵은 운동 중추에 영향을 주어 우리의 움직임을 조절한다. 그런데 그 조절 방법은 여러 가지이며, 따라서 기저핵 손상에 의한 증세 역시 여러 가지로 나타난다. 파킨슨병에서는 지나치게 손발을 안 움직이는 것이, 헌팅턴병에서는 너무나 많이 움직이는 것이 문제다. 이외 기저핵 기능 장애의 또 다른 증세가 바로 근 긴장 이상증이다. 이쯤 되면 얼마 전 작고한 영국의 신경과 의사 마스덴(Marsden)이 기저핵을 "신비한 장기"라고 부른 이유를 이해할 것도 같다.

기저핵이 하는 일 중 하나는 근육의 긴장 조절이다. 지금 당신의 손을 한 번 바라보라. 그 손의 손가락은 분명 손가락 마디를 중심으로 약간씩 구부려져 있을 것이다. 그 이유는 이런 자세가 우리에게 편하고 실용적이기 때문이다. 평소 손가락을 위로 올리는 근육에 비해 손가락을 아래로 구부리는 근육이 더 많이 '긴장'하고 있다. 이러한 각 근육의 긴장을 누가 조절하는가? 바로 기저핵이다.

근 긴장 이상증에 걸리면 기저핵의 기능이 떨어져서 근육의 긴장 정도가 비정상이 된다. 예컨대 엄지손가락과 집게손가락으로 향하는 정보가 잘못되어 이 두 손가락을 위로 올리는 근육의 긴장이 더 강해졌다고 가정해 보자. 그렇다면 이 두 손가락만 위로 올라가고 나머지 세 손가락은 아래로 내려갈 것이다. 당사자는 원하지 않는 데도 그의 손은 언제나 가위바위보를 할 때의 가위를 하고 있을 것이다.

「오아시스」의 한공주의 경우 얼굴 근육, 눈동자 움직이는 근육을 포함한 온몸의 근육이 모두 이런 식으로 잘못된 근육 긴장 정보를 받고 있다. 따라서 그녀의 얼굴은 일그러지고, 눈동자는 다른 곳을 향하고 또한 온몸이 뒤틀리는 것이다. 그녀가 말을 제대로 하지 못한 이유는 얼굴, 혀, 그리고 목구멍 근육에도 긴장 이상 증세가 있기 때문이다. 종두가 강간범의 누명을 쓰고 조사를 받을 때 공주의 몸이 더욱 틀어지고 목소리를 내지 못했던 이유는 이런 근 긴장 이상증 환자는 정신적으로 불안할 때, 그리고 의식적으로 몸을 움직이려 할 때 증세가 더 악화되기 때문이다. 그러고 보니 불교 최초의 경전이라는 『숫타니파타』에는 이런 말이 있다. "모든 괴로움은 움직임으로 인해 생긴다. 움직임이 없어지면 괴로움도 생기지 않는다."

한공주는 왜 기저핵의 기능 저하를 갖게 되었을까? 영화에는 나오지 않지만 조산이나 난산으로 출산 시에 뇌가 저산소증에 빠져 기저핵 기능이 손상되었을 것으로 추정된다. 신경과 병동에서는 뇌졸중이 기저핵을 손상시켰을 때 이런 증세를 가진 환자를 볼 수 있는데 이때에는 손상된 뇌의 반대쪽 손발에만 긴장 이상 증세가 생긴다. 한편 윌슨병(Wilson disease), 할러보르덴스파츠병(Jallervorden-Spatz disease) 등과 같은 대사 장애 질환에서도 기저핵이 손상되어 근 긴장 이상 증세가 나타날 수 있다. 그러나 가장 심한 전신적인 근 긴장 이상은 유전병인 근 긴장 부전증(dystonia musculorum deformans)이라는 병에서 볼 수 있다.

이 특이한 병은 1908년 독일의 슈발베(Schwalbe)가 처음 보고했지만 '근 긴장 부전증'이라는 진단명은 오펜하이머(Oppenheimer)가 붙였다. 우리나라에서는 이 병이 매우 드물지만 근친 결혼을 자주하는 동유럽의 아슈케나지(Ashkennazi) 유대인 그룹에서는 별로 드물지 않다. 아슈케나지 유대인들에게 많은 대표적 유전병 중 하나로 테이삭스병(Tay-Sachs disease)이 있는데, 이 병에 걸리면 점차 뇌가 손상되어 어린 나이에 사망한다. 근 긴장 부전증 환자는 일찍 죽지 않는다는 점에서 테이삭스병 환자보다는 운이 좋다. 하지만 온몸의 근육이 긴장되어 꼬여 버리니 도무지 몸을 제대로 움직일 수 없는 것이 문제다. 보통 소년기에 몸의 일부 근육이 긴장되는 증세로 나타나는데, 그 증세는 점차 진행되어 결국은 한공주처럼 전신 근육이 뒤틀린다. 내가 오래전에 진찰했던 소년은 손발이 꼬이는 것은 물론이고 마치 낙타처럼 등이 구부러져 있었다. 등 근육의 긴장 이상 때문이었다. 그런데 이런 환자들의 지능은 떨어지지 않는다. 어쩐 일인지 유대인 환자들은 보통 사람보다도 지능이 더 높다고 한다. 현재 이 병은 아홉 번째 염색체에 위치한 DYT유전자 이상 때문에 생기는 것으로 알려졌다.

이러한 근 긴장 이상증을 치료할 수 있을까? 증세가 심하지 않을 때에는 항콜린성 약제를 사용하면 어느 정도 좋아진다. 근 긴장 이상 증세가 몇몇 근육에 국한된다면 보톡스 주사를 사용해 볼 수도 있다.(여기에 대해서는 곧 이야기하겠다.) 하지만 「오아시스」의 한공주처럼, 혹은 근 긴장 부전증 환자처럼 증상이 심하며, 증세가 전신에 나타날 경우에는 약제의 효과를 별로 기대하기 어렵다. 즉 이런 질환은 최근까지도 치료하기 어려운 난치병이었다. 그러나 이런 어려운 근 긴장 이상증의 치료에도 서광이 비치기 시작했다. 최근 학자들은 전신적인 근 긴장 이상증 환자의 기저핵의 일부(담창구, globus pallidus라고 부른다.)에서 비정상적인 파장을 일으키는 부분이 존재함을 발견했다. 이 부분을 도려내는 수술을 하거나 혹은 전극을 집어 넣어 새로운 파장을 인공적으로 일으켜 주면 근 긴장 이상 증세가 호전될 수도 있다. 아직 이런 방법으로 치료된 환자의 수가 많지는 않지만 DYT유전자 이상에 따른 근 긴장 부전증 환자는 대부분 좋은 결과를 나타낸다. 하지만 한공주처럼 뇌 손상에 기인한 근 긴장 이상증의 경우는 좀 더 많은 환자를 대상으로 수술의 효과가 검증되어야 하는 상태이다.

아쉽게도 우리나라에는 수술비가 비싸 이런 치료를 받지 못하는 환자가 많다. 「오아시스」를 보면서 참된 사랑의 의미를 되새겨 보는 것도 좋지만 치료가 어려운 이러한 환자들에게도 관심을 가졌으면 한다.

보톡스의 용도 변경

"보톡스로 주름살을 제거합시다." 요즘 성형외과나 피부과 선전에 흔히 사용되는 문구다. 광고를 많이 해서인지 우리나라 사람들이 정보에 밝은 탓인지 어느새 보톡스란 이름은 일반인에게 널리 알려졌다. 하지만 보톡스가 사실은 심각한 중독증을 초래하는 무서운 독이라는 사실을 사람들은 모르는 것 같다. 보톡스가 원래 주름살을 펴는 약이 아니라, 사실은 신경계 질환을 치료하기 위해 개발된 약이라는 사실을 알고 있을까?

보톡스는 혐기성 세균인 클로스트리디움 보툴리눔(Clostridium botulinum)의 독을 순수 결정체로 분리한 약품이다. 보툴리눔 독에는 A, B, C, D, E, F, G로, 7가지 형태가 있다. 이중 A, B, E, F가 사람에게 중독증을 일으킨다. C와 D는 포유류와 새에서 병을 유발한다. 보톡스로 개발되어 치료에 사용되는 독은 A형이다.

독이라는 것이 대개 그렇듯 보툴리눔 독소는 신경 마비 물질이다. 신경 세포는 다른 신경 세포 혹은 근육에 정보를 전할 때 말단에서 신경 전달 물질을 분비한다.(93쪽을 참고하라.) 그런데 분비되기 전의 신경 전달 물질은 신경 세포의 끝 부분에서 주머니에 싸여 있다. 이 물질이 밖으로 분비되기 위해서는 이 주머니가 신경 세포의 맨 끝으로 이동한 후, 주머니 벽이 신경 세포의 벽에 달라붙어야 한다. 그 후에야 신경 전달 물질은 밖으로 분출되어 나간다. 보툴리눔 독소는 신경 전달 물질을 담은 주머니가 신경 세포의 벽에 붙는 마지막 과정을 방해함으로써 이러한 과정을 억제한다.

어느 곳이나 우두머리의 명령이 없으면 일이 되지 않는 법이다. 신경 전달 물질의 분비가 안 되면 그 신경의 지배를 받는 근육 역시 움직일 수 없게 된다. 즉 보툴리눔에 중독된 사람은 근육이 마비되어 제대로 힘을 쓰지 못한다.

삼킬 수 있는 힘을 가진 근육도 거의 마비되므로, 환자는 음식물을 삼킬 수도 없다. 이보다 더 큰 문제는 호흡 근육의 마비이다. 호흡 근육이 마비되면 사망할 수도 있다. 치료로는 보툴리눔균의 해독제를 사용하지만, 숨쉬기 어려운 중환자의 경우 호흡 상태를 잘 유지시키는 것이 무엇보다 중요하다.

실제로 인공호흡기가 없었던 예전에 비해 보툴리눔 중독 사망률은 5분의 1 정도에 그치고 있다.

1897년 벨기에의 반 에르멩겜(van Ermengem)이라는 사람에 의해 처음으로 발병 경로가 밝혀진 바 있는 보툴리눔 중독은 대개 보관이 잘못된 깡통에 들어 있는 음식을 섭취할 때 발생한다. 보툴루스(botulus)라는 말은 원래 '소시지'를 의미하는 라틴 어이다. 깡통에 든 소시지를 먹고 이 병에 걸린 경우가 많아 유럽 사람들이 '소시지 중독증' 이란 이름을 붙인 것이다. 보툴리눔 균은 인간에게는 강하지만 박테리아의 세계에서는 약한 편이다. 만일 깡통 안에 다른 박테리아가 존재한다면 보툴리눔 균은 번식할 수 없다. 하지만 깡통을 살균 처리해서 박테리아를 없애면 오히려 보툴리눔 균이 번성하게 된다. 물론 보툴리눔 균은 열에 약하므로 익히거나 끓여 먹으면 아무 일 없지만 균이 존재하는 깡통 음식을 날로 먹었을 때 문제가 생긴다.

그런데 영리한 학자들은 이런 보툴리눔 독소를 응용해 거꾸로 신경계 질환을 치료하려는 생각을 했다. 근육 마비 효과가 있는 보툴리눔 독, 그리고 이것을 치료용으로 만든 보톡스가 효과를 발휘할 수 있는 병에는 어떤 것이 있을까? 바로 근육에 지나치게 힘이 주어지는 병, 즉 근 긴장 이상증이다.

앞에서 나는 오아시스 영화의 공주 예를 들면서 전신의 근육에 긴장 이상이 생기는 병들을 이야기했다. 하지만 보톡스를 온몸에 맞을 수는 없다. 이보다는 몸의 근육 중 일부에만 긴장이 심해지는 국소성 긴장 이상증(실은 국소성 긴장이상증이 전신성 긴장 이상증 보다 훨씬 더 흔하다.)의 치료에 보톡스가 요긴하게 사용될 수 있다. 국소적 근 긴장 이상증 중에는 반쪽 얼굴 근육에 저절로 힘이 주어지는 안면 경련, 저절로 양쪽 눈이 꽉 감기는 안검 연축, 그리고 목 근육에 힘이 주어져 한쪽으로 목이 돌아가는 사경 같은 병들이 있다. 이처럼 부분적으로 긴장이 심해지면 긴장이 증가된 근육에 보톡스를 주사해 일부 근육을 마비시키면 증세가 좋아진다. 하지만 한 번 주사로 치료가 끝나는 것은 아니다. 보톡스 주사 효과는 몇 달밖에 지속되지 못하므로 주기적으로 주사를 맞아야 한다.

나는 1990년 우리나라에서 처음으로 사경 환자에게 보톡스 치료를 시도한 적이 있다. 하지만 사경보다는 안면 경련이나 안검 연축이 보톡스 치료에 더 잘 반응한다. 지나친 근 긴장을 조절하는 것이 물론 신경과에서만 필요한 것은 아니다. 나이가 들면 방광 괄약근이 지나치게 수축되어 소변보기가 어려워지는 경향이 있는데, 요즘 비뇨기과에서는 보톡스를 주사해서 괄약근의 긴장을 풀어 주는 시술을 하고 있다. 안과에서도 지나친 안구 운동 근육의 긴장을 보톡스 주사로 조절하여 사시 환자를 치료하고 있다.

그런데 요즘 사람들은 보톡스가 근 긴장 이상증을 치료하는 약이라는 사실은 모르고, 주름살 펴는 약인 줄로만 알고 있다. 사실 보톡스가 주름살 펴는 데 사용된 것도 안면 경련으로 보톡스 주사를 맞은 사람에게서 주름살이 펴진다는 사실이 알려졌기 때문이다. 신경과 의사 입장에서는 주객이 전도된 느낌을 갖지 않을 수 없다. 보툴리눔 자체도 잊혀져 가고 있음은 물론이다. 보툴리눔은 일찍이 19세기 알려진 신경을 마비시키는 균이며, 그 독소는 1995년 동경 지하철에서 살포되었던 사린보다도 최소 1만 배 이상 강력한, 아마 자연계에서 존재하는 가장 강력한 독이다.

그러나 요즘 우리는 다시 보툴리눔균의 위력을 걱정하게 됐다. 제3세계에서 개발하고 있는 무서운 생화학 무기의 하나인 것으로 알려져 그 잔인한 명성을 되찾게 된 것이다. 인간의 지혜와 전쟁의 욕구 때문에 보툴리눔의 명성도 이에 따라 출렁이게 된 것이다.

루스벨트 대통령의 오진?

새천년을 앞둔 1999년 9월 미국인들은 20세기 최고의 대통령으로 프랭클린 루스벨트 대통령(32대)을 꼽았다. 월스트리트 저널과 NBC 방송의 공동 여론 조사를 통해서 나타난 이 결과는 미국인들이 루스벨트를 진정한 영웅으로 생각하고 있음을 보여 준다. 소아마비(poliomyelitis)를 앓아 지팡이를 짚고 절뚝거리며 다니던 모습은 더욱 루스벨트를 역경을 딛고 훌륭한 업적을 이룬 모습으로 만들었던 것이다.

루스벨트가 활동하던 시절만 해도 소아마비는 영구적인 신경 장애를 일으키는 심각한 질환이었다. 소아마비란 무엇인가? 바이러스가 척수의 신경을 손상시키는 병이다. 우리의 근육을 지배하는 운동 신경은 뇌의 운동 중추에서 시작, 척수를 따라 내려온다. 운동 신경은 척수에서 다음 주자에게 그 정보를 전달한다. 척수에 있는 제2주자는 척수의 앞 쪽에 뿔 모양의 구조를 이루고 있으므로 이 세포를 전각 세포(anterior horn cell)라고 부른다. 이 전각세포는 말단 근육에까지 가지를 뻗어 근육 운동을 직접 조절한다. 이 전각 세포가 손상되면 어떤 증세가 일어날까? 근육 운동이 불가능해지니 당연히 근육이 약해지고 감소하게 된다. 소아마비 바이러스(polio virus)는 바로 이 전각 세포를 손상시킨다. 따라서 소아마비에 걸리면 팔다리가 마르고 힘이 없어진다. 그리고 후유증으로 절뚝거리며 걷게 된다.

질병은 1921년 루스벨트의 나이 39세에 시작됐다. 그의 양쪽 다리에 대칭적으로 마비가 시작되었고, 10~13일 계속 악화되는 중에 양손 및 얼굴까지 마비되었다. 그의 양다리에는 감각 장애가 있었다. 이후 그의 마비된 다리는 서서히 회복되었으나 후유증이 남아 절뚝거리며 걷게 되었다. 하지만 소아마비균에 감염되었다고 모든 환자가 루스벨트처럼 되는 것은 아니다. 실은 감염자 중 90퍼센트 이상은 증상이 없거나 혹은 열이 잠시 나는 정도의 경미한 증세로 지나간다. 다리의 마비 증상을 가진 경우는 감염자의 1퍼센트 이하이다. 그러나 일단 마비 증세가 생기면 50퍼센트 이상이 후유증을 남긴다.

하지만 이제 소아마비는 걱정할 병이 아니다. 효과적인 백신이 개발된 후 전 세계적으로 환자 발생이 급격하게 줄어들었다. 1949년 바이러스의 조직 배양이 가능해졌고, 1955년 소크(Salk)에 의해 주사용 불활성화 백신이 개발되었다. 5년 후에는 사빈(Sabin)에 의해 경구용 생백신이 개발되었고 1978년에는 반 베젤(van Wezel)이 개발한 주사용 개량 사백신은 항원의 양을 증가시켜 항체 형성 능력을 향상시켰다. 현재는 경구용 생백신(OPV), 주사용 사백신(IPV), 개량 사백신(eIPV)과 같이 세 가지 종류의 백신이 사용되고 있다. 소아마비 백신의 개발에는 물론 이런 분들이 주된 공로자들이지만 루스벨트의 공도 적지 않다. 자신이 걸린 질병인 소아마비에 관심을 가진 그는 백신 개발 프로젝트에 금전적 지원을 아끼지 않았던 것이다.

그런데 최근 미국 소아 면역학 전문가인 아몬드 골드먼(Armond Goldman) 박사는 루스벨트가 걸린 병은 소아마비가 아니라고 주장하고 나섰다. 루스벨트의 병은 소아마비가 아닌 길랭바레 증후군인데 이제껏 오진되었다는 것이다. 길랭바레 증후군이란 무엇인가? 이 병은 전각 세포가 아니라 말초 신경에 생기는 병이다. 그 원인이 정확히 알려진 것은 아니지만 감염 질환 이후에 신체의 면역반응이 과도하게 증가하며, 이때 생성된 항체가 신경 세포의 수초 (말초 신경을 둘러싸는 절연 물질. 제1장의 83쪽 참고)를 공격하여 생기는 병으로 알려지고 있다. 길랭바레 증후군의 경우 양쪽 다리부터 대칭적으로 마비가 시작하여 팔·얼굴 쪽으로 올라가며, 마비 증세는 1주에서 2주까지 계속 진행된다. 약 50퍼센트 정도는 얼굴 근육도 마비되며, 증세가 심한 경우에는 호흡 곤란까지 경험한다. 길랭바레 증후군은 말초신경 질환이므로 근육 마비 이외에 감각 장애도 흔히 동반된다. 어느 나이에나 발병할 수 있지만 주로 청·장년기에 발생한다. 반면 소아마비는 어린이에게서 주로 나타나며 다리의 마비는 3~5일에 걸쳐 악화된다. 운동 마비는 비대칭적인 경우가 많다. 운동 신경인 전각 세포가 손상되므로 감각 장애가 없고, 얼굴이 마비되는 경우도 거의 없다.

소아마비, 길랭바레 증후군의 증상 그리고 앞에 이야기한 루스벨트의 증세를 자세히 읽은 독자라면 그의 증상은 소아마비보다는 길랭바레 증후군에 더 가깝다는 사실을 쉽게 알 수 있을 것이다. 단 한가지 길랭바레 증후군의 경우는 후유증이 약 15퍼센트 정도만 발생하며, 그 정도도 경미하다. 루스벨트의 후유증은 일반적으로 보는 길랭바레 증후군 치고는 심하게 나타났지만, 이 점을 제외하면 모든 점에서 그의 증세는 길랭바레 증후군에 더 가깝다는 것이 골드먼의 주장이다. 이 두 가지 병의 정확한 감별을 위해서 요즘 의사들은 척수액 검사와 신경전도 검사를 시행한다. 그러나 루스벨트가 활동하던 시절에는 이런 검사를 할 수 없었다.

골드먼의 의견에 누구나 동의하는 것은 아니다. 하지만 오진이든 아니든 루스벨트는 소아마비에 관심을 갖게 되었고, 이에 따라 소아마비 백신 개발 프로그램이 가능해졌다. 그 덕분에 소아마비는 지구상에서 나날이 감소하고 있다. 세계보건기구(WHO)는 1988년 제8차 총회에서 2005년까지 지구상에서 소아마비 박멸을 결의했다. WHO의 집계에 따르면 2002년 전 세계 소아마비 발병 건수는 7개국 1,919건이다. WHO 사무총장인 이종욱 박사는 앞으로 수년 내에 소아마비가 사라질 것이라 장담한다. 우리나라도 1960년대에 해마다 1,000~2,000명의 환자가 발생하였으나 소아마비 정기예방접종으로 환자가 점차 줄어들어 1984년 이후 환자 발생이 없다. 루스벨트의 오진에 감사하지 않을 수 없다.

장님 코끼리 만지기

"뱀같이 생겼는데."

"가오리처럼 생겼는데."

"아니야. 기둥처럼 생겼어."

"천만에. 밧줄처럼 생겼어."

코끼리의 코, 귀, 다리, 꼬리를 만져 본 장님은 각각 이렇게 주장한다. 모두 모여 각자의 조각을 서로 맞춰 봐야지만 어렴풋이 코끼리의 모습을 상상할 수 있을 것이다. 알츠하이머병이 이와 같다.

　알츠하이머병은 대표적인 치매 질환이다. 기억력이 떨어지는 것으로 시작하지만, 시간이 갈수록 치매 증세가 진행되어 성격이 변하고, 사람을 몰라보고 횡설수설한다. 결국은 똥오줌도 가리지 못하고 가족들을 괴롭히다가 침상에 누워 죽어가는 병이다. 얼마 전「내 머리 속의 지우개」라는 영화에서 수진(손예진 역)이라는 여주인공이 가련한 알츠하이머병 환자로 나와 사람들의 심금을 울렸다. 하지만 이 영화에는 서서 소변을 볼 정도로(전두엽 기능이 손상되어 소변 조절이 제대로 안 되는 것이다.) 증세가 심한 환자가 감동적인 편지를 쓴다든지(감정 조절이나 적절한 언어 선택은 정상적인 전두엽이 존재할 때 가능한다.), 질병을 진단한 의사가 걸어둔 뇌 CT 사진에 뇌출혈 부위가 보이는 등(알츠하이머병 환자의 CT는 뇌 위축 소견이 있을 뿐 다른 이상은 나타나지 않는다.) 실제 알츠하이머병과는 거리가 먼 여러 장면들이 나온다. 주디 덴치가 알츠하이머병 환자로 열연한 영화「아이리스」의 연출력이 그립지만, 그래도「내 머리 속의 지우개」에서 이 병은 사랑의 무한함과 영원에 관해 생각케 하는 소재로서의 역할은 충분히 했다고 생각된다.

알츠하이머병은 분명 예전에도 존재했을 것이다. 하지만 그 수는 많지 않았다. 왜냐하면 이 병은(「내 머리 속의 지우개」의 주인공과는 달리) 대부분 60세가 넘은 노인에게 생기고, 예전에는 평균 수명이 짧았기 때문이다. 선진국에서도 평균 수명이 50세를 넘은 것은 20세기 이후의 일이다. 따라서 알츠하이머병이 20세기 들어서 처음 발견된 것은 그리 놀라운 일이 아니다.

1902년 독일 프랑크푸르트의 한 신경 정신 병원에서 근무하던 알츠하이머는 아우구스테(Auguste)라는 이름의 51세 여자 환자를 진찰하고 있었다. 환자는 치매 증세를 앓고 있었는데 그 증세는 계속 악화되었다. 1906년 그녀가 사망하자 당시 뮌헨에 있던 알츠하이머는 그녀의 뇌를 부검해 보았다. 뇌는 신경 세포의 손상 때문에 오래된 호두처럼 많이 쭈그러들어 있었다. 뇌 조직을 잘라 현미경으로 자세히 들여다보니 난생 처음 보는 괴상한 반흔이 여기저기 흩어져 있었다. 알츠하이머는 이 반흔 때문에 자신의 이름이 이토록 유명해질 것이라고는 상상도 못했을 것이다. 그는 자신의 관찰을 요약해 짧은 논문으로 보고했다. 알츠하이머가 관찰한 반흔은 현재 노인성 반(senile plaque) 혹은 아밀로이드반(amyloid plaque)이라 불리는데 지금까지도 알츠하이머병을 진단하는 데 반드시 필요한 징후이다.

요즘 '알츠하이머'라는 이름은 모르는 사람이 없을 정도로 유명하다. 하지만 이것은 제자의 업적을 가로채지 않은 알츠하이머의 스승 에밀 크레펠린(Emil Krepelin)이 있었기에 가능했다. 크레펠린은 당시 명성이 자자했던 정신 질환의 대가이다. '정신 분열증'이란 병명도 그가 만들어 낸 말이다. 그는 1910년 제자가 발표한 이 치매 질환을 제자의 이름을 따서 '알츠하이머병'이라고 명명하기를 주장했다. 역시 뛰어난 사람은 너그럽기도 한 법인가 보다. 그 후 알츠하이머는 몇 가지 신경 병리학적 업적을 남기고 51세의 이른 나이에 심장병으로 사망했다.

그러나 당시는 결핵이나 폐렴 같은 감염 질환이 유럽에서 가장 골치 아픈 문제였다. 노인병인 알츠하이머병은 환자 수가 많지 않아서 의학계의 흥미를 끌지 못했다. 더군다나 두 차례의 세계 대전이 일어나 의학 연구가 위축될 수밖에 없었기에 사람들의 관심에서 멀어져 갔다. 알츠하이머병이 다시 본격적으로 연구되기 시작한 것은 항생제 개발로 감염 질환의 위험이 줄어들고 인간의 수명이 많이 늘어난 1970년대에 들어서였다.

우선 생화학의 발달로 알츠하이머병 환자의 뇌에는 아세틸콜린이라는 신경 전달 물질이 적다는 사실이 밝혀졌다. 이 물질이 줄어든 이유는 무엇일까? 알츠하이머병에 걸리면 뇌의 거의 대부분이 손상된다. 하지만 대체로 해마 근처에 있는 메이너트 핵(nucleus Meynert)이 제일 먼저, 그리고 가장 심하게 손상된다. 그런데 이 부분의 세포는 아세틸콜린이라는 신경 전달 물질을 만들어 뇌의 각 부분으로 전달한다. 따라서 알츠하이머병 환자의 뇌에서는 다른 신경 전달 물질에 비해 아세틸콜린이 가장 심각하게 저하되는 것이다.

학자들은 '뇌 안의 아세틸콜린의 양을 보충해 주면 치매 증세가 좋아지지 않을까?' 라는 생각을 하고 아세틸콜린을 증가시키는 방법을 고안했다. 뇌의 아세틸콜린이 분해되어 사라지는 데에는 아세틸콜린에스테라아제(acetylcholinesterase)라는 효소가 필요하다. 따라서 이 효소의 활동을 억제 시키면 뇌의 아세틸콜린 양을 늘릴 수 있을 것이다. 이런 생각을 가지고 그들은 아세틸콜린을 증가시키는 여러 약제(아세틸콜린에스테라아제 억제제)들을 개발했다. 이런 약들은 지금까지도 계속 개발 중인데 현재 도네피질, 엑셀론, 갈란타민 등과 같은 여러 약제가 임상에서 사용되고 있다. 학자들의 판단은 옳았다. 이런 약을 사용해서 뇌 안의 아세틸콜린 양을 증가시키면 알츠하이머병 환자의 증세가 좋아진다. 기억력도 눈에 띄게 좋아지고, 횡설수설하던 사람이 똘똘해진다. 하지만 이 약들은 부족한 신경 전달 물질을 보충해 줄 뿐 기본적인 알츠하이머병의 진행을 막지는 못한다. 결국 시간이 지남에 따라 치매가 진행될 수밖에 없으며, 환자의 증세는 다시 악화된다.

그렇다면 좀 더 근본적인 문제로 되돌아가야 하지 않을까? 알츠하이머병에서 뇌가 손상되는 근본 원인은 무엇인가? 알츠하이머가 발견한 뇌 조직의 아밀로이드반은 아밀로이드란 물질로 만들어져 있다. 학자들은 그 물질을 분석해 보았다. 그 물질은 정상적으로 뇌 세포 막에 다리처럼 걸쳐 있는 커다란 단백질 아밀로이드 전구 단백질(amyloid precursor protein, APP)이 잘라진 작은 조각으로 이루어져 있다. 원래 APP가 잘라지는 것은 정상적인 생리 현상이다. 다만 알츠하이머병 환자에서는 웬일인지 APP가 비정상적인 곳에서 잘라진다. 마치 요리사가 재료를 잘못 썰 듯, 잘못 잘라진 APP의 조각들이 아밀로이드반을 형성하여 결국 뇌신경 세포를 죽이는 것 같다.

APP가 잘못 잘라지는 이유는 무엇일까? 그 비밀은 아마도 APP를 잘라내는 효소에 있는 것 같다. APP를 자르는 효소는 세크레타아제(secretase)인데 이 효소에는 몇 가지 형태가 있다. 최근 연구에 따르면 알츠하이머병 환자에서는 베타와 감마 세크레타아제가 유난히 활발하기 때문에 APP가 이상한 곳에서 잘라진다고 한다. 이것을 응용하면 알츠하이머병을 치료할 수 있을지도 모른다. 얼마 전 학자들은 유전적 조작을 가해 뇌에 아밀로이드반이 만들어지는 알츠하이머병 모델 쥐를 만들었다. 이 쥐에서 베타 세크레타아제가 생성되지 못하도록 유전적 조작을 가하니 아밀로이드 단백질이 생성되지 않았다. 따라서 미래에는 베타, 감마 세크레타아제를 억제하는 방법이 개발되어 알츠하이머병 환자 치료에 사용될 가능성이 높다.

한편 알츠하이머병 치료법 발견에 사활을 건 몇몇 의사들은 알츠하이머병의 백신 치료를 시도하고 있다. 우리는 홍역, 디프테리아, 발진티푸스 같은 감염 질환을 예방하기 위해 어릴 때 백신 주사를 맞는다. 독감 예방 백신은 나이가 들어서도 때때로 맞는다. 마찬가지로 우리 몸 안에 아밀로이드 단백질에 대한 항체를 만들고자 하는 시도가 이루어지고 있는 것이다. 1999년 샌프란시스코 대학교의 센크(Schenk) 교수 팀은 알츠하이머병을 가진 쥐에게 아밀로이드 단백질을 여러 번 주입하니 뇌의 아밀로이드반이 많이 감소되었다고 보고했다. 1년 후 하버드 대학교의 와이너(Weiner) 교수 팀은 아밀로이드 단백질을 쥐의 코를 통해 여러 차례 주입해도 동일한 효과가 있다고 주장했다. 아밀로이드 단백질을 조금씩 주입하면 몸 안에 여기에 대한 항체가 생길 것이고 이것이 이미 뇌에 생성되어 있는 아밀로이드를 파괴하여 감소시킨다는 것이 이들의 주장이다. 아밀로이드반은 병균이 아닌 데도 이런 효과가 있다는 것은 놀라운 사실이다. 그러나 실험은 쥐를 가지고 한 것이며, 인간에게도 이런 효과가 있는지는 좀 더 두고 봐야 한다. 임상 실험의 경우 이제 막 시작 단계인데, 아쉽게도 동물 실험에서 탁월한 효과를 입증했던 AN-1792 백신은 임상 실험 중 뇌염 부작용을 일으켜 2002년 봄에 실험이 중단되었다. 게다가 동물 실험에서 백신이 뇌출혈을 일으켰다는 불길한 소식도 들린다. 그러나 앞으로 많은 연구를 통해 부작용이 없는 백신이 실용화될 가능성이 없지는 않다.

최근 아밀로이드반 형성에 염증 세포의 역할이 중요하다는 주장에 무게가 실리고 있다. 실제로 관절염이 있어 만성적으로 소염제를 복용하는 사람은 알츠하이머병에 걸릴 확률이 줄어든다. 따라서 염증 반응을 조절할 수 있는 소염제가 알츠하이머병 환자의 치료 혹은 예방 목적으로 사용될 가능성이 있다. 한편 콜레스테롤을 낮추는 약물인 스타틴 계통 약물이 알츠하이머병에 효과가 있다는 주장도 있으며, 구리나 아연을 제거하는 클리오퀴놀(clioquinol)이 아밀로이드 단백질을 용해시킨다는 보고도 있다.

알츠하이머병은 유전자와는 관계가 없을까? 일찍이 학자들은 21번째 염색체를 세 개 가지고 있는 다운 증후군 환자의 뇌가 알츠하이머병 환자의 것과 거의 비슷하다는 사실에 주목했다. 그리고 1980년대 후반에 21번째 염색체에 APP 단백질을 합성하는 유전자가 있다는 사실을 밝혀냈다. 1991년에는 영국의 하디(Hardy)가 APP 유전자의 돌연변이로 알츠하이머병에 걸린 한 가족을 발견했다. 드디어 알츠하이머병의 원인을 찾은 것인가?

하지만 문제는 쉽게 풀리지 않았다. APP 유전자의 돌연변이로 인한 알츠하이머병은 전체 환자 중 지극히 일부일 뿐이었다. 대부분 알츠하이머병 환자는 가족력이 없으며 APP 유전자와는 아무런 상관이 없다. 가족력이 없는 알츠하이머병 환자에서 유전자 돌연변이보다도 더욱 중요한 사실은 유전자의 대립 형질이다. 예컨대 Apo E4 유전자를 두 벌 가지고 있는 사람은 다른 (Apo E2, 혹은 Apo E3) 유전자를 가진 사람에 비해 알츠하이머병에 걸릴 가능성이 두 배 높으며, 평균 20년 빠르게 알츠하이머병에 걸린다고 알려졌다. 즉 Apo E 유전자 검사를 시행함으로써 우리는 자신의 미래를 어느 정도 예측할 수 있는 것이다.

그렇다면 자칫 어두울지도 모르는 자신의 미래를 알려주기 위해 Apo E4 유전자 검사를 정상인에게 시행해야 할까? 유전학자, 생명과학자, 의사의 반대 때문에 아직 이런 검사가 정상인에게 시행되고 있지는 않다. 왜냐하면 Apo E4가 썩 정확한 점쟁이는 아니기 때문이다. 이것이 두 벌 있다고 해서 반드시 알츠하이머병에 걸리는 것은 아니다. 게다가 그 검사 정보를 직장 또는 보험 회사에서 각 개인에게 불리한 방향으로 사용할 가능성이 높다. 또한 자신의 운명을 미리 알았음에도 이것을 어찌 할 수 없었던 오이디푸스처럼, 자신의 어두운 미래를 안다고 해서 현재로서는 그 운명을 바꿀 방법이 없다. 그럼에도 불구하고 '환자의 알 권리'를 외치며 검사를 시행해야 한다고 주장하는 사람들도 많다.

아무튼 21세기에 인류가 당면한 커다란 문제로 자리 잡은 알츠하이머병은 아직도 우리에게 그 모습을 드러내지 않고 있다. 다만 의사들은 숨 가쁘게 코끼리의 코, 꼬리 그리고 네 다리를 만지고 있을 뿐이다. 언젠가는 이 어려운 질병의 완전한 모습을 찾을 것을 기대하면서.

인간 광우병

2000년대 초는 나에게 있어 잊을 수 없는 영광스러운 날들이었다. 2001년 서울 대학교 의과 대학 동창회에서 주는 함춘 의학상을 받았고 이듬해 대한 의학 협회에서 연구 업적이 우수한 20명의 의학자를 선정해서 주는 우수 의과학자상을 받았다. 그 다음해 나는 우리나라 의학상 중 가장 권위 있는 상이라는 분쉬 의학상을 받게 되었다.

물론 상을 준다니 기쁘기는 했다. 후배 녀석 하나는 "나쁜 일은 연이어 생기는 법이지만 좋은 일이 연거푸 생기는 것은 드문데?" 하며 놀리기도 했다. 내게 우수 의과학자상을 준 분들은 노벨 생리 의학상을 받을 가능성이 높은 사람에게 상을 수여한다고 덧붙였다. 하지만 내가 노벨상을 받을 것 같지는 않다. 겸손해서 하는 말이 아니라, 노벨상은 나 같은 임상 의학자가 아닌 기초 과학자가 받는 것이기 때문이다. 이것은 그 연구 업적이 여러 분야에 응용되어야 하는 것에서 기인한다. 반면 나 같은 임상의가 쓰는 논문은 좁은 임상 의학 분야에 종사하는 사람만이 읽는다. 하지만 예외가 아주 없는 것은 아니다. 1997년은 신경과 의사 입장에서는 특별한 해였다. 임상 신경의학자가 처음으로 노벨상을 받았기 때문이다. 바로 샌프란시스코 대학교의 신경과 교수 프루시너(Prusiner)였다. 그는 뇌를 손상시키는 병인 프리온 질환에 대한 연구 업적으로 상을 받았다. 그런데 신경과 의사는 아니지만 이와 거의 동일한 주제로 1978년 이미 노벨상을 받은 사람이 있었다. 그는 현재 미국 국립 보건원에서 일하는 대니얼 칼턴 가이듀섹(Daniel Carleton Gajdusek)이다. 하지만 이들이 연구한 질환인 프리온병은 지극히 드문 질환이다. 100만 명에 1명 있을까 말까 하니 솔직히 말하자면 신경과 의사들조차 거의 보기 힘든 병이다. 희귀한 프리온 질환의 역사는 이러하다.

지금으로부터 약 200년 전, 당시 유럽에서는 동물에게 발생하는 일련의 비슷한 질환들이 알려지기 시작했다. 이 병에 걸린 동물들은 비정상적인 행동을 보이며, 중심을 잡지 못해 자꾸 쓰러지고 결국은 1년이 못되어 죽어 버린다. 사망한 동물의 뇌는 쭈그러들어 있었다. 현미경으로 조사해 보니 정상적인 신경 세포는 별로 안 남아 있고 신경 세포가 없어진 부분이 마치 빈 방처럼 비어 있었다. 이처럼 뇌에 빈 방이 많아지면 뇌는 스펀지처럼 말랑말랑해진다. 따라서 학자들은 이런 질환을 '스펀지형 뇌병증(spongiform encephalopathy)'이라고 불렀다.

이 괴상한 질환은 유럽의 양과 염소에게서 처음 발견되었는데, 이런 동물에서는 이 병을 '스크래피(scrapie)'라고 부른다. 그러나 이 병은 양과 염소에만 국한된 것이 아니었다. 비슷한 병이 밍크, 사슴 등에서도 관찰되었다. 하지만 1980년대 들어서야 이 질환은 비로소 사람들의 관심을 끌기 시작했다. 당시 영국 소에서 이 질병이 발견되었는데 이것이 바로 우리가 알고 있는 광우병(mad cow disease)이다. 정식 병명은 '소의 스펀지형 뇌병증(bovine spongiform encephalopathy)'이다. 이 병으로 사망하는 소의 숫자는 1980년대 후반까지 급격히 증가했다.

영국 사람들은 광우병이 갑자기 증가하는 원인을 곰곰이 생각해 보았다.

그리고 1970년대에 스크래피에 걸려 죽은 양의 뼈를 갈아 만든 사료를 사용한 것이 그 원인일지도 모른다는 생각에 도달했다. 이런 가정 하에 1980년대 중반부터 양의 뼛가루를 소 사료로 사용하는 것을 중단해 보았다. 그러자 정말 광우병은 점차 줄어들었다. 그러면 이제 모든 문제가 해결된 것일까? 하지만 이것은 더 큰 문제의 시작에 불과했다. 1990년대부터 광우병에 걸린 소를 먹은 인간이 스펀지형 뇌병증에 걸리기 시작했기 때문이다. 이 병은 변종 크로이츠펠트야콥병인데, 신문에 '인간 광우병'이라고 표현되고는 한다. 하지만 변종 크로이츠펠트야콥병이 발견되기 훨씬 이전부터 인간에서 스펀지형 뇌병증은 이미 여러 형태로 나타나고 있었다. 적어도 네 가지 이상의 질병이 알려졌는데 이중 '쿠루(kuru)'라는 병은 독자 여러분은 걸릴 리 없겠지만 알아둘 만하다.

1950년대 혈기 왕성한 미국의 가이듀섹 박사는 '쿠루'라는 질환을 연구하기 위해 뉴기니에 머물고 있었다. 쿠루는 다른 나라에는 없으며 파푸아 뉴기니 고원 지대 원주민에서 집단으로 발생하는 질병이다. 이 병에 걸리면 치매 증세가 점차 심해지고, 걸음걸이가 이상해지며, 언어 장애 증세가 진행된다. 그러다가 발병 후 1년 이내에 모두 사망하고 마는 무서운 병으로, 병리적으로는 전형적인 스펀지형 뇌병증 양상을 보인다. 하지만 병의 원인에 대해서는 그때까지 아무도 답을 찾지 못했다.

가이듀섹은 이 종족에게 사망한 부모의 뇌를 먹는 습관이 있음에 주목했다. 안소니 홉킨스와 줄리안 무어가 주연한 영화 「한니발」의 마지막 장면이 생각나는 대목이지만, 이것은 돌아가신 부모를 기리기 위한 그들만의 장례 습관이었다. 가이듀섹은 쿠루가 이런 습관 때문에 전염되는 것으로 추정했다. 그래서 뉴기니 정부의 도움을 얻어 이런 의식을 금했더니 과연 그 질환이 거의 사라졌다. 즉 쿠루는 인간이 인간의 뇌를 먹어 감염되는 질환이었던 것이다. 또한 그는 쿠루병에 걸린 환자의 뇌 조직을 침팬지의 뇌에 주입해 보았다. 그러자 침팬지 역시 쿠루와 비슷한 증상을 보이며 죽어 갔다. 이런 스펀지형 뇌병증은 종의 한계를 뛰어넘어 전염될 수 있음이 밝혀진 것이다. 쿠루병의 발병 경로를 밝히고 이것을 예방한 공로로 가이듀섹은 노벨상을 수상했다. 그가 뉴기니에서 영웅 대접을 받은 것은 말할 것도 없다.

하지만 가이듀섹 박사가 발견한 것은 병의 발병 경로였지 진정한 원인은 아니었다. 그는 쿠루병을 일으키는 원인이 뇌에 존재하는 바이러스인 것으로 생각했다. 하지만 원인이 바이러스라고 생각하기에는 곤란한 여러 가지 문제가 있었다. 첫째, 이러한 질환들은 분명히 전염성이 있으나 다른 전염성 질환에 비해 잠복기가 너무나 길다. 예컨대 감기 바이러스는 감염된 후 수일 만에 증세를 일으키는 데 반해 쿠루병은 조상의 뇌를 먹은 후 몇 년이 지난 후에야 증세가 나타난다. 둘째, 분명한 전염성 질환인 데도 조직에 염증·면역 반응이 일어나지 않는다. 염증이 생겼다면 손상된 뇌 주변에 백혈구가 모이는 것이 보통인데 이런 현상이 전혀 관찰되지 않는다. 셋째, 대체로 바이러스나 박테리아는 종 사이의 벽이 있다. 소의 병은 소끼리, 사람의 병은 사람끼리 전염되는 것이 보통이다. 하지만 광우병은 양에서 소로, 쿠루는 인간에서 침팬지로 마음대로 전염되어 종 사이의 벽을 뛰어넘는다. 넷째, 바이러스를 죽일 수 있는 일반적인 방법(끓이거나, 자외선, 포르말린 처리 등)을 사용해도 전염을 막을 수 없다.

따라서 가이듀섹은 질환을 일으키는 병원체가 보통 바이러스가 아니라는 점을 부각시키기 위해 '느린 바이러스(slow virus)' 혹은 '비전형적 바이러스(un-conventional virus)'라는 말을 사용했다. 그러나 수십 년이 지난 현재까지도 전자 현미경을 사용한 연구에서 바이러스는 발견되지 않았다. 현재 이 질환의 감염 경로는 보통 바이러스이든 이상한 바이러스이든, 바이러스는 아닌 것으로 생각하는 견해가 우세하다. 그렇다면 이 괴상한 질병의 원인은 무엇이며 도대체 어떻게 감염되는 것일까?

소가 미친 것인가, 인간이 미친 것인가

서두에 말한 신경과 의사 프루시너 박사는 그의 동료들과 함께 스펀지형 뇌병증을 일으킨 동물과 사람의 뇌를 연구했다. 그들의 머릿속에는 이런 질문이 언제나 떠나지 않았다. '질병은 분명 뇌 조직에 의해 감염이 되는데, 바이러스도 아니고 박테리아도 아니라면 도대체 감염을 일으키는 원인은 무엇인가?' 그러던 어느 날 그들은 감염된 뇌 조직에서 27~30kDa(생화학에서 단백질의 무게를 나타낼 때 사용하는 단위) 크기의 이상한 단백질 구조물을 발견했다. 이 구조물은 보통 단백질과는 달리 단백질 분해 효소(proteinase K)에 의해 분해되지 않았다. 게다가 높은 감염력을 가지고 있었다. 따라서 그들은 스펀지형 뇌병증은 바이러스가 아니라 바로 이 단백질 자체가 옮기는 것으로 생각했다. 그리고 이 단백질을 '프리온(prion, proteinaeous infectious only의 준말) 단백질'이라고 명명했다.

사실 프리온 단백질은 새로운 단백질이 아니다. 이것은 스무 번째 염색체의 짧은 팔에서 코딩되는 정상 단백질과 거의 동일하다. 다만 32KDa의 정상 단백질은 단백질 분해 효소로 완전히 분해되지만, 감염 뇌 조직에서 추출된 프리온 단백질은 5KDa이 짧아질 뿐 27KDa 크기의 단백질 분획은 그대로 남는다. 정상 프리온 단백질과 비정상적 단백질을 만들어 내는 유전자의 염기 서열, 메신저 RNA 등에는 아무런 차이가 없다. 그렇다면 이 두 가지 단백질에는 도대체 무슨 차이가 있기에 둘 중 한 녀석만 흉악한 질병을 일으키는 것일까? 그 차이는 바로 단백질의 삼차원적인 구조에 있었다. 정상 프리온 단백질은 거의 알파 헬릭스(α-helix) 형태로 둘둘 감겨 있다. 반면 감염성이 있는 비정상 프리온 단백질은 43퍼센트가 베타시트(β-sheet) 구조로 평행으로 펴져 있다. 프루시너 교수는 뇌에 존재하는 정상 단백질이 외부에서 들어온 비정상적 프리온 단백질을 만나면 자신도 구조가 바뀌어 비정상적인 프리온 단백질로 변하며, 이런 과정이 계속 반복되어 뇌에 비정상 프리온 단백질이 많아지는 것으로 생각했다. 뇌 세포 안에 비정상적 프리온 단백질이 어느 한도를 넘어서면 이것이 궁극적으로 뇌신경 세포를 손상시킨다는 것이다. 프루시너의 이러한 이론을 '프리온 설'이라고 하는데, 아무튼 '악화는 양화를 구축한다'는 이론이 경제학에서만 사용되는 것은 아닌 것 같다.

하지만 비정상적인 프리온 단백질이 많아지면 어떤 방식으로 주위의 신경 세포를 손상시키는지에 관해서는 아직 확실히 밝혀지지 않았다. 다만 세포 자살 기전의 유도, 해로운 유리 산소기의 증가, 미토콘드리아 기능 저하 등의 증거들이 발견되는 중이다. 아무튼 이제까지 누구도 생각해 본 적이 없는 질병의 발병 원리를 신선하게 제시했다는 이유로 프루시너는 노벨상을 받았다. 그 설이 아직 완전히 증명된 것도 아닌데 말이다. 프루시너가 프리온 설을 주창한 이래 스펀지형 뇌병증은 '프리온 질환'으로 불리기 시작했다.

독자 여러분이 어려운 의학 용어에 머리가 아픈 것을 조금만 더 참아 준다면, 나는 이제 쿠루 이외의 대표적인 인간 프리온 질환인 크로이츠펠트야콥병(Creutzfeld-Jackob disease, 이하 CJD로 약함)을 이야기하려 한다. CJD는 1920년대에 독일의 크로이츠펠트(Creutzfeldt)가 1명, 야콥(Jakob)이 3명의 환자를 기술해서 세상에 알려진 병이다. 크로이츠펠트는 바로 알츠하이머병을 발견한 알츠하이머의 제자이다. CJD는 인간에게 나타나는 스펀지형 뇌병증 중에서는 가장 흔하다. 하지만 가장 흔하다고 해도 고작 매년 100만 명에 1명

정도 발병하는 정도이다. 일부는 CJD 병에 걸린 환자의 각막이나 뇌막을 이식한 후 발병하기도 하지만 대부분 환자의 발병 원인은 정확히 알려지지 않았다.

이 병은 50~70대 남녀 구분 없이 발생하며, 마치 알츠하이머병처럼 치매 증세로 시작한다. 하지만 알츠하이머병과는 달리 그 증세가 빨리 진행된다. 어제 멀쩡하던 사람이 오늘 기억력이 떨어지고 몇 주일 지나면 사람을 몰라본다. 몇 달이 지나면 벌써 침상에 누워 지낸다. 게다가 무엇에 놀란 사람처럼 손발을 와들와들 떨기도 한다. 병은 신속히 진행되어 환자의 80퍼센트 이상은 1년 이내에 사망한다. 증상, 뇌파, 뇌 MRI 촬영 등으로 진단하지만 뇌 조직 검사를 하기 전에는 완전한 진단을 내릴 수 없다. 뇌 조직을 보면 뇌가 스펀지처럼 말랑말랑하며, 현미경으로 관찰하면 아밀로이드반(295쪽 참고)이 관찰된다.

크로이츠펠트야콥병은 치료가 불가능한 병이다. 최근 독일 게오르크아우쿠스트 대학교의 오토(M Otto) 교수 팀은 13명의 크로이츠펠트야콥병 환자에게 진통제인 플루피르틴(flupirtine)을 투여하니 증세의 악화를 막을 수 있었다고 주장했다. 이 약제는 세포 자살 기전을 막고, 해로운 유리 산소를 중화시키는 기능이 있는 것으로 알려져 있으므로 이 약이 환자의 치료에 사용될 가능성은 존재한다. 그러나 질병의 궁극적인 악화를 막을 수는 없을 것이다.

그런데 매스컴에서 광우병과 함께 소개하는 병은 CJD가 아니라 변종 CJD (CJD variant)이다. 변종 CJD는 CJD보다도 더욱 드물다. 환자는 1994년부터 영국에서 발견되어 현재까지 140명 남짓 확인되었다. 변종 CJD는 CJD와 거의 비슷하지만 젊은 나이에 발병한다는 점에서 다르다. 병에 걸리는 평균 나이는 30세 정도이다. 그리고 치매보다는 정신 이상 증세를 주로 나타낸다. 아직 한국에서 변종 CJD가 발견된 적은 없다.

앞에서 말한 대로 영국에서 광우병이 급속히 증가하기 시작한 1980년대 말에서 10년이 지난 1990년대부터 이와 비슷한 양상으로 인간의 변종 CJD가 증가하고 있다. 따라서 변종 CJD는 마치 스크래피에 걸린 양을 먹은 소가 광우병에 걸렸듯, 광우병 걸린 소를 먹은 인간에게 10년 정도의 잠복기를 거쳐 발생하는 것으로 생각된다. 바로 이러한 사실이 매스컴에서 연일 경종을 울리고 있는 이유이다. 그러나 아직 과학적으로 이런 감염 경로가 확실히 증명된 것은 아니다.

결국 양, 소, 사람, 침팬지 등에서 발견되는 일련의 이상한 질병들은 가이듀섹, 프루시너 등의 연구 결과에 힘입어 하나의 프리온 질환으로 정립되었다. 그런데 프리온 질환에 대한 이해는 우리에게 왜 중요한가?

첫째, 이제 인간의 DNA 염기 서열은 모두 밝혀졌다. 그렇다고 우리가 인간을 완전히 이해한 것은 아니다. DNA와 메신저 RNA를 통해 단백질이 만들어지며 그 단백질의 변화에 따라 인간은 규정된다. 이러한 단백질의 변화 혹은 변화를 일으키는 기전에 관한 지식은 아직도 매우 부족하다. 프리온 설에 따르면 DNA와 RNA가 똑같더라도, 마지막 산물인 단백질의 모양이 조금 바뀌면 심각한 질병이 생길 수 있다. 즉 프루시너의 프리온 설은 DNA나 RNA 뿐 아니라 단백질의 변화 역시 우리에게 중요하다는 사실을 일깨워 준다.

둘째, 인간은 감염 질환을 극복하고 이제 오래 살게 되었다. 평균 수명은 현재도 계속 늘어나고 있다. 하지만 오래 살면 살수록 증가하는 퇴행성 뇌 질환에 대한 대비책이 아직도 없다. 대표적인 퇴행성 뇌 질환은 알츠하이머병인데, 만일 독자 여러분이 90세까지 산다면 이 병에 걸릴 확률은 무려 40퍼센트에 이른다. 그런데 프리온 질환과 알츠하이머병은 여러 모로 비슷하다. 우선 두 질환 모두 다른 장기는 놔두고 대뇌에만 심각한 손상을 일으킨다. 둘 다 심각한 치매 증세를 일으키며 결국은 사람을 사망케 한다. 더욱 흥미 있는 것은 CJD나 변종 CJD 환자의 뇌에는 아밀로이드반이라는 병변이 발견되는데 이것은 알츠하이머병 환자의 뇌에도 똑같이 나타난다. 게다가 비정상적 프리온 단백질이 뇌 세포를 죽이는 기전들은 알츠하이머병에서 뇌신경 세포가 손상되는 원리(세포 자살 기전의 유도, 몸에 해로운 유리 산소기의 증가, 미토콘드리아 기능의 상실)와 같다. 따라서 프리온 질환을 연구하면 알츠하이머병 또는 파킨슨병 같은 불치의 병의 원리를 밝히고 치료법을 개발할 길이 열릴지도 모른다.

셋째, 프리온 질환은 인간의 오류에 대한 자연의 경고이다. 광우병은 인간이 소를 살찌우려고 염소 뼈를 먹인 데서 기인한다. 자연계에서는 소가 양을 먹을 리 없기 때문에 이런 일이 일어날 수가 없다. 자신의 지식을 과신한 인간의 행위 때문에 광우병이 발생했고 결국은 변종 CJD가 생겨 인간의 생명까지 위협하는 것이다. 인간은 하나밖에 없는 지구를 파괴하고, 동식물을 멸종시키고, 공기를 오염시키고 있다. 그러면서도 이러한 행동이 자신에게 미칠 영향에 대해서는 별로 아는 것이 없다. 인간 광우병 소동은 인간의 어리석음에 대한 자연의 경고로 겸허하게 받아들여야 할 것이다.

인간 광우병(변종 CJD) 환자는 전 세계에 불과 140명 정도 있다. 그리고 CJD는 100만 명에 1명이 걸리는 희귀병이다. 그럼에도 불구하고 이러한 프리온 질환을 연구하는 학자 중 두 명이나 노벨상을 받은 것은 이 질환의 중요성을 사람들이 인식하고 있기 때문이다. 우리나라에서는 아직 광우병에 걸린 소가 발견된 적이 없다. 환자로 말하자면 CJD 환자는 있으나 변종 CJD 환자는 발견되지 않았다. 그런데도 정부는 어쩔 줄 몰라 당황하고 언론은 흥분해서 과잉 보도를 일삼는다. 광우병 이야기가 한창이던 2001년 1~4월까지 조선, 중앙, 동아일보에 실린 광우병 관련 기사는 무려 242편이다. 그 후 관련 기사를 눈 씻고 찾아보려 해도 찾을 수 없다가 2003년 말 미국에서 광우병에 걸린 소가 발견되자 다시 대문짝만 하게 나타났고, 곧 다시 잠잠해 졌다. 광우병과 CJD도 문제이고 인간 광우병도 문제지만, 광우병 때문에 이처럼 조령모개로 행동한 우리 역시 약간은 미쳐 있는 것이 아닐까?

풀려가는 히프노스의 비밀

잠의 신 히프노스의 장난이 심한 탓인지 세상에는 수면 장애 환자들이 퍽 많다. 그중 불면증 환자가 가장 많은데, 말하자면 그들은 히프노스가 좀처럼 자신의 나라로 데려가지 않은 사람들이다. 불면증은 괴로운 증세이지만 신체적으로 위험한 것은 아니다.

그러나 수면 무호흡증은 다르다. 수면 무호흡증은 수면 중에 숨을 가끔 안 쉬는 병인데 대체로 뚱뚱하고 코를 많이 고는 사람들에게 볼 수 있다. 잠을 자는 동안 목구멍 근육의 긴장이 풀리면서 숨쉬는 통로를 막는 것이 그 원인이 된다. 돌아가신 아버지도 수면 무호흡증을 앓으셨는데 코를 드르렁거리면서 잘 주무시다가도 갑자기 숨을 멈추고는 하셨다. 그리고 얼마쯤 시간이 지나면 다시 "휴" 하고 숨을 내쉬셨다.

수면 무호흡은 그 자체가 심각한 병은 아니지만, 뇌에 산소가 제대로 도달되지 않아 깊은 잠을 이룰 수 없다는 게 문제이다. 앞서 1장에서 말한 대로 수면은 5단계까지 이루어져야 하는데, 수면 무호흡증에서는 그럴 수가 없다. 이 때문에 밤에 잠을 잔다 하더라도 실제로는 제대로 자지 못한다. 따라서 수면 무호흡 환자들은 낮에 몹시 졸리게 된다.

벌써 수십 년 전의 이야기지만 누님이 미국으로 유학을 갔을 때 미국에 사시던 외삼촌이 바로 수면 무호흡증 환자였다. 차를 가지고 공항에 마중 나온 외삼촌은 고개를 끄덕끄덕거리며 운전을 하셨다. 그런데 가만히 바라보니 졸고 계셨다고 한다. 차가 제 방향으로 가지 못하고 한쪽으로 기울어지면 그제서야 잠시 깨서 제대로 방향을 잡곤 하셨다는 것이다! 누님은 의아하고 불안했지만 그때만 해도 한국에 자가용이 없던 시절이라서 원래 미국에서는 운전을 이런 식으로 하나 보다 생각했다고 한다.

수면 무호흡은 이처럼 낮에 집중 부족을 초래하고, 교통사고를 유발한다. 만성 두통을 일으키기도 한다. 그뿐 아니라 수면 무호흡은 뇌졸중, 심장병 등의 심각한 질환의 위험을 증가시킨다. 요즈음에는 행동 요법, 호흡 요법, 수술 요법 등으로 이런 환자들을 치료한다. 그러나 나는 수면 무호흡을 말하려고 이 글을 시작한 것은 아니다. 수면 무호흡은 지금부터 내가 말하고자 하는 놀랍고도 괴이한 질병의 서론에 불과하다.

고등학교 남학생인 환자 M은 참으로 곤란한 병을 가지고 있었다. 그는 시도 때도 없이 아무 때나 갑작스럽게 잠에 빠졌다. 물론 사람이 고단하거나 전날 잠을 잘 못 잤다면 낮잠을 잘 수는 있다. 하지만 M은 달랐다. 그는 수업 중에 잠을 자고, 놀다가도 잠에 빠진다. 아무리 잠을 자지 않으려 애를 써도 소용이 없다. 대개 몇 분 지나면 깨지만 심할 때에는 하루에도 여러 차례 잠의 신 히프노스가 그를 데려갔다. M의 이상한 증세는 이에 그치지 않았다. 갑작스럽게 온몸의 힘이 빠진 양 털썩 쓰러져 버리기도 했다. 이런 증세는 아무 때나 생기지만 주로 그가 웃거나 화를 낼 때 발생했다.

이처럼 발작적으로 잠에 빠지는 병을 기면증(narcolepsy)이라고 한다. 1880년 프랑스 의사 젤리노(Gelineau)가 처음 기술했다. 발작적으로 근육의 힘이 빠져, 무릎이 꺾이며 쓰러지는 현상은 탄력 발작(cataplexy)이라고 하는데 M처럼 두 가지 증세가 함께 나타나는 경우가 흔하다. 미국에는 약 15만 명의 기면증 환자가 있는 것으로 추정되나 우리나라는 정확한 통계가 보고

되어 있지 않다. 영화를 좋아하는 독자라면 롭 슈나이더(Rob Schneider)가 주연한 코메디 영화 「두스비갈로」에서 이런 환자를 봤을 것이다. 실수로 부잣집 수족관을 깨뜨린 주인공은 6,000달러를 벌기 위해 어쩔 수 없이 남자 접대부 일을 자청한다. 그런데 그가 상대하는 여성 중 한 명은 아무 때나 정신 없이 잠의 발작에 빠진다. 기면증 환자임이 틀림없다. 눈물 없이는 읽을 수 없는 박서원의 자전 소설 『천년의 겨울을 건너온 여자』에서도 기면증 환자의 고뇌를 읽을 수 있다. 어릴 적에 아버지를 여의고, 성폭행, 자살 미수 등 온갖 세파에 시달린 그녀는 수시로 자신을 잠에 빠뜨리는 기면증 때문에 더욱 고통받았다.

그동안 이 괴상한 질환에 관해 많은 연구가 이루어져 이런 환자들의 수면 도중 뇌파 소견, 그리고 척수액의 신경 전달 물질이 정상인과 다르다는 사실이 밝혀졌다. 무엇보다도 흥미로운 것은 렘수면은 원래 수면 시작부터 90분 쯤 후에 나타나는 게 정상인데(1장을 참고하라.) 이런 환자들에게는 잠든 지 얼마 지나지 않아 렘수면이 나타난다는 사실이다. 그러나 100년이 넘도록 의학자들은 기면증의 정확한 원인을 찾아낼 수 없었다. 이것은 잠의 신 히프노스가 만들어 낸 참으로 풀기 어려운 문제였다.

그런데 최근 기면증의 비밀이 조금씩이지만 빠르게 밝혀지고 있다. 비밀을 푸는 데 도움을 준 주역은 동물이었다. 인간의 기면증과 비슷한 증세를 가진 동물이 있는데, 개, 고양이 혹은 말 중에도 대낮에 발작적으로 잠에 빠지거나 쓰러지는 녀석들이 있다. 아는 게 병인지라 언젠가 제주도에서 조랑말을 타고 가파른 산길을 오른 적이 있었는데, 혹시 내가 탄 말이 그런 증세를 갖고 있지는 않을까 걱정한 적이 있다.

기면증의 비밀은 대낮에 곯아떨어지는 도베르만의 뇌에서 풀리기 시작했다. 1998년 스크립스 연구소의 설클리프(Sulcliffe) 박사는 뇌의 시상 하부에 있는 특정한 두 종류의 비슷한 신경 세포군을 발견하고 이것을 각각 히포크레틴(hypocretin) 1과 2라고 명명했다. 그런데 공교롭게도 이와 거의 동시에 텍사스 대학교의 야나기사와(Yanagisawa)도 똑같은 세포를 발견하고 이것을 오렉신(orexin) 1과 오렉신 2라고 이름 붙였다. 이들이 서로 짜고 한 것은 분명히 아닌데 100년이 넘도록 풀리지 않던 비밀이 일순간에 서로 다른 두 연구진에 의해 동시에 밝혀지기 시작한 것이다. 히포크레틴과 오렉신은 시상하부에 있는 똑같은 세포의 각기 다른 이름인데 여기서는 히포크레틴을 사용하겠다.

이왕 비밀스러운 부분을 들켰으니 나머지 모습도 아예 보여 주기로 작정한 것일까? 기면증의 비밀은 그 후로 빠르게 풀려갔다. 바로 이듬해인 1999년 린(Lin)과 그 동료들은 기면증 증상이 있는 개에게 히포크레틴의 수용체에 돌연변이가 있음을 발견했다. 한편 케멜리(Chemelli)는 실험쥐의 히포크레틴 수용체에 인공적으로 돌연변이를 일으켜 봤더니 그 실험쥐가 탄력 발작 증세를 나타낸다고 보고하였다. 인간의 끝도 없는 탐구심 때문에 잠에 곯아떨어지는 짐승의 종류가 하나 더 늘어난 것이다.

결국 동물에서는 히포크레틴 수용체의 유전적 이상이 기면증 증세를 일으킨다고 할 수 있다. 그렇다면 인간의 뇌에도 이런 변화가 있을까? 아쉽게도 페이론(Peyron)의 조사에 따르면 대부분의 환자에게는 히포크레틴 수용체의 돌연변이가 없었다. 그렇다면 이야기가 이것으로 끝난 것인가? 그렇지는 않다. 미국 스탠퍼드 대학교의 마이그놋(Mignot) 같은 학자의 꾸준한 연구로 인해 기면증을 앓고 있는 환자의 뇌 히포크레틴 신경 세포의 숫자가 정상인에 비해 적다는 사실이 밝혀졌다. 환자의 척수액을 검사해 보아도 기면증 환자의 히포크레틴 농도는 정상인에 비해 뚜렷이 낮다. 기면증 환자에게 있어서 세포의 돌연변이는 없더라도 히포크레틴의 절대량 부족은 역시 문제가 되는 것이다.(그러나 모든 기면증 환자가 히포크레틴 이상이 있는 것은 아니다.) 그렇다면 기면증 환자의 뇌는 어떻게 해서 히포크레틴의 양이 부족해진 것일까? 여기에 대해서는 아직 아무도 모르고 있지만, 자가 면역 질환의 경우처럼 히포크레틴 세포에 대한 항체가 지나치게 증가되어 세포가 손상된다는 주장이 설득력을 가지고 있다.

1장에서 말했듯이 히포크레틴은 잠과 각성 상태를 조절한다. 특히 렘수면과 비렘수면이 교대로 나타나도록 조절한다. 기면증 환자는 뇌의 히포크레틴의 기능 저하 때문에 수면 조절이 안 돼서 밤낮을 구분 못하고 곯아떨어지는 것이다. 정상인과는 달리 렘수면이 잠의 초기부터 나타나는 이유 역시 히포크레틴의 조절 기능이 없기 때문일 것이다.

결국 100년이 넘도록 지속됐던 비밀이 불과 몇 년 사이에 거의 풀려 가고 있다. 그렇다면 학자들이 이제까지 숨 가쁘게 밝혀낸 지식이 기면증 환자를 치료하는 데 도움이 될까? 그동안 기면증 환자에게는 암페타민과 같은 각성제가 흔히 사용되었지만, 이 약은 부작용과 습관성 때문에 늘 문제가 되었다. 다행히 히포크레틴 신경 세포를 활성화시키는 프로비질이란 약이 개발되었다. 얼마 전 미국 보스턴 레이 클리닉의 폴 그로스(Paul T. Gross) 박사가 이끄는 연구팀은 이 약을 사용하면 기면증 환자의 발작이 개선된다는 사실을 밝혀냈다.(그러나 이 효과가 히포크레틴 활성화 때문인지는 아직 정확하지 않다.) 게다가 이 약은 부작용이 거의 없다. 이런 결과에 힘입어 이제 불치병이었던 기면증은 치료 가능한 질병으로 변하고 있다. 시시때때로 잠에 빠져버리는 환자들이 이 약을 사용한 후 좋아지는 것을 보고 있노라면, '세상은 과연 좋아지고 있구나.' 라는 희망찬 생각이 절로 든다.

앞으로 히포크레틴 기능을 활성화 시키는 더 좋은 약들이 개발될 것이다. 또한 기면증 환자들이 히포크레틴 기능이 저하되어 잠에 빠지는 것이라면,

그 반대로 지나치게 잠을 이루지 못하는 사람, 즉 불면증 환자들에게 히포크레틴 기능을 일부러 저하시킴으로써 잠을 잘 수 있도록 유도할 수도 있을 것이다. 마이그놋 교수는 앞으로 우리가 이런 방법을 사용해 불면증으로 고생하는 수많은 사람들을 도와줄 수 있을 것으로 전망한다. 과연 그렇게 될지는 좀 더 지켜봐야 하겠지만, 아무튼 오랫동안 숨겨 둔 히프노스의 최대의 수수께끼인 기면증의 비밀은 뇌 의학과 유전학 지식으로 무장한 의학자들에 의해 숨가쁘게 풀려 가고 있는 중이다.

뇌 이식

회사에 다니는 한 중년 남자는 직장 일이 너무 바빠 정신이 없다. 매일같이 아침부터 저녁 늦게까지 일을 해야 한다. 게다가 중요한 회식도 잦다. 이럴 때에는 집안에 남아 청소, 빨래를 하고 아이도 봐 주는 아내가 고맙기만 하다. 하지만 어느 날 갑자기 아내가 자기도 바깥에 나가 일을 하겠다고 한다. 이것을 도대체 어떻게 해결해야 하나. 난감해진 그는 때마침 알게 된 과학자의 도움을 받아 자신을 복제하는 데 성공한다. 이제 회사에서 일하는 동안 복제 인간은 집에서 집안일을 할 수 있게 되었다. 모든 문제가 일거에 해결된 것이다. 마이클 키튼이 주연한 영화 「멀티플리시티」에 나오는 이야기다.

1996년 스코틀랜드의 로슬린 연구소에서는 핵을 제거한 양의 난자에 그 양의 유방 세포를 융합한 후 이것을 자궁에 착상시켜 복제양 돌리를 만들었다. 그리고 1998년 일본에서는 복제 소, 미국에서는 복제 쥐가 태어났다. 1999년에는 복제 염소, 2000년에는 복제 돼지, 그리고 2002년에는 복제 고양이와 토끼가 각각 태어났다. 우리나라에서도 1999년 복제 젖소, 2002년 복제 돼지를 만들어 냈다. 2003년 1월 미국의 다국적 종교 집단 라엘리언, 그리고 이의 자회사 클로네이드는 복제 인간을 만들었다고 주장했다. 이것이 정말 복제 아이인지 혹은 종교 집단의 선전용 허구인지는 확실히 밝혀지지 않았다.

그런데 클로네이드의 주장에 따르면 그들은 궁극적으로 뇌 복제를 목적으로 한다고 했다. 즉 똑같은 인간을 여럿 만들겠다는 이야기다. 만일 복제 인간의 뇌가 그 유전자를 공여한 자의 것과 동일하다면 어떻게 될까? 서두에 말한 영화를 다시 생각해 보자. 영화 속에서 복제된 인간은 자신이 진짜 마이클 키튼이라고 주장한다. 이럴 경우를 대비해서 과학자는 오리지널 마이클 키튼의 몸에 표시를 해 두었지만 복제 인간의 정체성 혼돈은 계속된다. 게다가 뇌가 동일한 복제 인간은 아내를 똑같이 사랑한다. 복제 인간이 아내와 함께 누워있는 것을 보고 그들 간의 갈등은 시작된다. 아마도 복사기를 사용해 책을 복사하듯 인간을 복사할 수 있다면 이런 일도 가능할 것이다. 하지만 현실적으로는 생각할 수 없는 이야기다.

클로네이드사가 무슨 속셈을 가지고 있는지는 알 수 없지만 현재 기술로 똑같은 뇌를 만드는 것은 불가능하다. 물론 복제된 인간은 그 유전자의 주인과 똑같은 유전자를 갖고 있다. 하지만 그 모습은 조금 다르며, 그들의 뇌는 더욱 다르다. 이것은 일란성 쌍둥이를 생각하면 쉽게 이해된다. 복제 인간은 말하자면 그 유전자의 주인과 일란성 쌍둥이의 관계이다. 어른과 갓난아이를 보고 형제라 생각하기는 쉽지 않겠지만 그래도 그들은 정확한 쌍둥이 형제이다. 일란성 쌍둥이의 경우 유전자는 동일하지만 그들의 성격이나 지능이 같은 것은 아니다. 뇌의 발달은 환경의 영향을 많이 받기 때문이다. 우리가 자라면서 세상을 경험하는 동안 뇌의 신경 세포들은 서로 연결해 가면서 새로운 네트워크를 생성해 간다. 이로써 우리성격이 형성된다. 즉 환경의 변화에 따라 유연하게 변화하는 것이 바로 우리의 뇌인 것이다.

결국 우리가 아무리 복제를 잘해도 두개골 속에 있는 뇌의 기능조차 똑같게 만드는 것은 불가능하다. 게다가 엄밀히 말하면 복제 인간은 일란성 쌍둥이보다도 닮지 않았다. 일란성 쌍둥이의 경우와는 달리 복제 인간과 그 유전자 공여자는 자궁 내 환경이 다른 상태에서 태어났기 때문이다. 따라서 악당들이 복제 인간을 대량 생산해서 지구 정복을 도모하는 것은 당분간 영화에서나 볼 수 있을 것이다.

그런데 인간 복제와는 조금 다른 이야기지만 복제 기술을 이용한 뇌신경 세포 이식은 현재 의학계에서 매우 활발히 연구되고 있는 주제이다. 이런 기술을 응용하면 우리는 불치의 뇌 질환을 치료할 수 있을지도 모른다. 이 이야기를 끝으로 제4장을 마치려 한다.

2004년 초 우리나라의 황우석 교수는 인간배아를 복제해 줄기 세포(stem cell)를 배양하는 데 성공했다고 발표했다. 신문 지상에 이런 내용이 발표되자 뇌졸중 환자들의 문의가 쇄도한다. "내 고장 난 뇌에 줄기 세포 좀 이식할 수 없을까요?" 황 교수 덕택에 내 입만 아프게 됐는데, 물론 현재로서는 불가능하다. 하지만 미래에는 가능할지도 모른다. 어쩌면 세포 이식은 난치성 뇌 질환 치료의 마지막 희망일 수도 있다.

우선 줄기 세포란 무엇인가부터 이야기하자. 정자와 난자가 만난 수정란은 어머니의 자궁 속에서 세포 분열을 거듭하여 점차 심장, 간, 뇌 같은 장기로 세분화된다. 우리는 모두 이런 식으로 만들어진다. 줄기 세포는 이런 각 장기로 분화하기 전의 기본적인 세포를 말한다. 이론적으로 줄기 세포는 어느 세포로든 분화해 자라날 수 있다.

1998년 위스콘신 대학교의 제임스 톰슨(James Tomsen) 교수는 인간의 배아에서 줄기 세포를 배양하는 데 성공했다. 줄기 세포는 어느 세포로든 분화할 수 있기 때문에 이것을 이용하면 심장이든, 간이든 손상된 장기의 세포를 보충하는 데 사용할 수 있을 것이다. 이런 기대 속에 학자들은 줄기 세포의 연구에 매달렸다. 그러나 타인의 세포를 자신의 장기에 이식하면 거부 반응이 일어나므로 이것을 사용하기는 어렵다. 따라서 자기 자신의 세포를 복제하여 만든 줄기 세포를 사용하는 것이 가장 이상적인 방법으로 생각된다. 그러나 이것을 실용화하기에는 수많은 난제가 기다리고 있다.

　우선 인간의 배아를 복제하는 것 자체가 쉬운 일이 아니다. 2001년 오랜 노력 끝에 비로소 미국의 ACT 회사에서 인간 배아 복제에 성공했다. 핵을 제거한 난자에 자신의 난구 세포를 삽입한 후 이것을 자궁에 착상시켜 배아를 만들어 낸 것이다. 그러나 이 배아는 몇 번 분열하다가 죽어 버리기 때문에 이로부터 줄기 세포를 배양할 수 없었다. 여러 번의 시도가 이루어 졌지만 인간 배아에서 줄기 세포를 배양하는 것은 거의 불가능한 일로 보였다. 심지어 미국 피츠버그 대학교의 장기 이식 팀은 영장류는 복제 과정에서 난자의 핵을 제거할 때 세포 분열에 필수적인 방추체가 손상되므로 배아가 더이상 분화하지 못하는 것이라고 주장하기도 했다.

　황우석 교수의 실험 결과는 학계에 팽배한 이런 회의론을 뒤집었다는 것에 의미가 있다. 그의 실험을 통해 복제된 인간 배아에서 줄기 세포를 배양하는 것이 비로소 가능해진 것이다. 하지만 이런 기술이 실제로 환자에게 사용되려면 아직도 머나먼 길을 가야 한다. 아마도 인간 배아에서 추출한 줄기 세포는 복잡한 뇌 질환보다는 이보다 비교적 단순한 질병, 예컨대 췌장의 베타 세포의 손상으로 인해 생기는 당뇨병, 관절 세포의 퇴행성 소실로 인한 관절염 같은 질병에 사용될 가능성이 있다. 그러나 이런 질병에 대한 치료 역시 몇 가지 어려운 난제를 극복해야 한다.

첫째, 황 교수 팀은 무려 242개의 난자를 사용한 실험에서 단 한 건의 성공을 거두었다. 인간의 난자를 얻는다는 것 자체가 힘든 일인 사실을 생각해 본다면 현재의 줄기 세포 배양 기술은 너무나 미숙한 것이다. 이런 난점을 극복하기 위해 어떤 학자들은 체세포를 사람의 것이 아닌 돼지의 난자에 이식하는 이종 간 기술을 사용하자고 주장한다. 하지만 로빈 쿡의 소설 『복제 인간』에 적나라하게 그려져 있듯, 여기에는 심각한 윤리적 문제가 걸림돌이 되고 있다.

둘째, 줄기 세포를 얻었다고 해도 이것을 췌장이나 관절에 그대로 이식할 수는 없다. 줄기 세포가 어떤 세포로 자랄지 알 수 없기 때문이다. 따라서 줄기 세포를 췌장의 베타 세포나 관절 세포로 정확히 분화시키는 기술이 발달해야 한다.

셋째, 줄기 세포가 다른 장기에 이식되어 자라는 동안 암세포로 변하지 말라는 보장이 없다. 따라서 이에 대한 안전성이 수많은 실험 결과를 통해 확립되어야 한다.

넷째, 배아 복제는 체세포와 난자를 결합하여 이루어지므로 아직까지는 여성에게서만 가능하다. 만일 난치병을 줄기 세포로 치료할 수 있는 길이 열린다고 해도 남성은 예외인 것이다. 어쩌면 남성은 유사 이래 가장 불평등한 상태에 놓인 것인지도 모른다.

하나같이 난제인 이런 문제들 이외에 줄기 세포를 신경계 질환에 사용하는 데에는 또 다른 문제들이 도사리고 있다. 뇌 속에서 신경 세포는 혼자 일하는 것이 아니다. 여러 세포들과 연결되어 네트워크를 이루어 기능을 한다. 과연 뇌에 이식된 신경 세포가 다른 세포들과 함께 정보를 주고받으며 일할 수가 있을까?

이런 점에서 아마도 신경 질환 가운데 줄기 세포가 치료 목적으로 사용될 가능성이 가장 높은 병은 그 원인이 비교적 단순한 파킨슨병일 것이다. 256쪽에 이미 언급한 대로 파킨슨병은 중뇌의 도파민 생성 세포의 소실 때문에 생긴다. 즉 필요한 세포가 무엇인지 우리는 정확히 알고 있다. 따라서 줄기 세포에서 도파민 생성 세포를 유도해 낼 수 있다면 이것을 뇌에 이식해 볼 수 있을 것이다. 이미 태아의 중뇌 조직은 이런 방식으로 파킨슨병 환자의 치료에 사용된 바가 있다. 다만 한 환자의 치료에 많은 태아의 뇌 조직이 필요하므로 실제로 이런 치료가 행해지기는 매우 어렵다. 우리가 배양된 줄기 세포를 사용할 수 있다면 이런 어려움을 극복할 수 있을 것이다.

알츠하이머병에서 줄기 세포 치료의 전망은 그리 밝지 못하다. 알츠하이머병 환자는 광범위한 뇌 손상으로 인해 치매(기억 소실, 성격 변화 등) 증세를 가진다. 그런데 신경 세포로 분화된 줄기 세포를 뇌에 이식한다고 해서 예전의 성격이나 잃어버린 기억을 되찾을 것으로 생각되지는 않는다. 이식된 세포가 병에 걸리기 전에 신경 세포들이 이루었던 네트워크를 같은 방식으로 만들어 내지는 못할 것이기 때문이다.

뇌졸중이나 척수 손상에 대한 치료 전망은 그 중간 정도이다. 최근 의학자들은 줄기 세포 혹은 태아의 뇌 세포를 실험적으로 뇌졸중을 일으킨 쥐의 뇌에 주입해 보니 그곳에서 가지를 치며 살아가는 것을 확인했다. 그러나 이런 이식 세포들이 제대로 기능을 할지, 그리고 얼마나 오래 살아남을지는 아직 풀리지 않은 의문으로 남아 있다.

과연 줄기 세포를 이용한 이러한 세포 이식술이 난치성 신경 질환의 치료에 사용될 수 있을까? 앞으로 10년 이내에 우리는 그 해답을 알 수 있을 것이다.

벗겨지는 뇌의 신비

"검은 구름의 터진 틈으로, 언뜻언뜻 보이는 푸른 하늘은 누구의 얼굴입니까?" 한용운의 시 「알 수 없어요」에 나오는 구절이다. 뇌의 기능은 언제나 신비에 싸여 있기에, 의사들은 예로부터 뇌의 비밀을 알고 싶어 했다. 그러나 이것은 늘 쉽지 않아서 마치 구름 속에 숨어 조금씩 얼굴을 보여 주는 푸른 하늘과도 같았다.

마치 그림자를 보고 실물을 상상하듯, 오랫동안 의사들은 뇌가 일부 손상된 환자를 통해 손상된 뇌의 부위가 평소 어떤 기능을 하고 있었는지 미루어 짐작해 왔다. 예컨대 전쟁 중 머리에 총탄을 맞은 군인이 팔다리가 마비되었다고 가정하자. 이 병사가 사망한다면 뇌를 부검하여 손상된 뇌 부위를 알아낼 수 있으며, 이것을 통해 뇌의 어느 부분이 이 사람의 팔다리 움직임을 담당했는지 알아낼 수 있다. 하지만 뇌 손상이 가벼운 경우 환자가 사망하는 일은 드물기 때문에, 뇌를 부검하여 이런 지식을 알아내기는 매우 어려운 일이었다. 환자가 생존해 있는 동안에 검사를 하여 뇌의 상태를 알아낼 수 있는 기술이 절대적으로 필요했다.

이런 기술을 처음으로 발견한 사람은 유명한 독일의 한스 베르거(Hans Berger)였다. 1929년 그는 두피에 전극을 붙여 뇌에서 나오는 전기 신호를 기록하는 데 성공했다. 뇌에서 나오는 이런 전기파를 뇌파(electroencephalogram)라고 부른다. 깨어 있는 동안 뇌는 1초에 8번 가량의 진동을 가진 파장을 내보낸다.(이것을 알파파라고 한다.) 자는 동안은 뇌의 파장이 느려지는데 잠이 깊이 들수록 그 파장은 점점 더 느려진다. 만일 환자가 깨어있는 데도 뇌의 파장이 느리다면 이것은 뇌가 손상되었음을 의미한다. 뇌파는 처음으로 살아있는 인간의 뇌의 신호를 기록했다는 점에서도 굉장한 발견이었지만, 특히 간질 환자의 진단에 많은 도움을 주었다. 간질이란 손상된 뇌신경 세포가 발작적으로, 비정상적인 과도 흥분을 일으키는 질환이다. 이때 환자는 손발을 갑자기 떨며 의식을 잃어버린다. 이런 환자의 뇌파를 찍어 보면 신경 세포의 과도한 흥분 때문에 뇌파의 파장이 비정상적으로 뾰족해지는 것을 볼 수 있다. 뇌파는 아직까지도 간질 환자, 수면 질환 환자의 진단에 널리 사용되고 있다.

이처럼 뇌파는 환자가 살아 있는 상태에서 뇌의 이상을 우리에게 알려 주지만, 그 손상 부위가 정확히 어느 곳인지, 그리고 손상된 원인이 무엇인지를 밝혀 주지는 못한다. 이런 점에서 1970년대의 CT와 1980년대의 MRI 발명은 신경 과학의 혁명이었다. 컴퓨터 촬영을 이용해 뇌의 단면을 여러 컷 찍어 내어 환자가 생존해 있는 상태에서 뇌 손상 부위를 정확히 알아낼 수 있게 된 것이다. 예를 들어 실어증에 걸린 환자의 뇌를 MRI로 찍어 보면 손상된 언어 중추를 정확히 찾을 수 있다. CT 나 MRI의 정확성은 뇌파에 비교할 수 없다. 뇌파가 화살이라면 CT, MRI를 가진 현대 신경과학자들은 이제 총으로 무장하고 있다고 비유할 수 있다.

그런데 1990년대부터는 또 다른 차원의 연구가 가능해졌다. CT나 MRI가 뇌의 구조를 보는 장비라면 양전자 방출 단층 촬영(PET, positron emission tomography)은 뇌의 활동 상태를 측정할 수 있는 장비이다. 활동하고 있는 뇌의 부위에는 혈액이나 포도당이 증가한다. 이때 어떤 종류의 물질에 동위 원소를 붙여 정맥에 주입한 후 뇌 사진을 찍으면 뇌의 혈류나 대사가 증가된 곳이 밝게 빛나게 된다. 이것을 영상화하면 활동을 하고 있는 뇌의 모습을 볼 수 있다. 또한 기능적 MRI(functional MRI)라는 것도 개발되었는데 이것은 헤모글로빈이 방출하는 미세한 신호를 영상화함으로써 혈류가 증가한 곳을 찾아내도록 한다. PET와 마찬가지로 인간이 어떤 기능을 수행할 때 활성하는 뇌의 부위를 찾아낼 수 있는 기법이지만, 동위원소를 주사할 필요가 없다는 점과 그리고 활성화된 부위의 위치 파악이 더 정확하다는 점이 PET보다 유리한 점이다.

　PET나 기능적 MRI보다 더욱 미세한 뇌의 신호를 잡아낼 수 있는 장비로 MEG(magnetoencephalography)라는 것도 개발되었다. 뇌 세포가 일으키는 자기장을 감지하여 영상화하는 장비인데 말하자면 '첨단화된 뇌파'라고 할 수도 있겠다. 그러나 MEG은 뇌파와 마찬가지로 두뇌 표피의 신호를 감지할 뿐 뇌의 깊숙한 곳에서 일어나는 현상을 포착하는 데에는 많은 취약점을 보인다. 따라서 PET나 MRI만큼 많이 이용되지는 못하고 있다. 아무튼 이런 첨단 장비의 발달에 따라 오랫동안 숨겨져 있던 뇌의 비밀이 조금씩 풀리고 있다. 예컨대 손가락을 계속 움직이면서 기능적 MRI나 PET를 찍으면 그 손을 움직이게 하는 뇌의 부위를 정확히 찾아낼 수 있다. 뿐만 아니라 남을 사랑하거나 증오하는 복잡한 뇌 활동에 대한 연구도 이런 장비를 사용하여 활발히 이루어지고 있다. 2장과 3장에서 이미 이런 연구의 결과들을 여러분께 소개했다.

　일반적으로 PET는 뇌의 대사 상태를 파악하는 데에 유리하며, MRI는 활동하는 뇌의 정확한 부위를 파악하는 데 유리하다. 이런 장점들을 살려, 최근에는 PET로 얻은 영상을 MRI에 접착시켜 대사 활동이 일어나는 부위를 보다 정밀하게 파악하는 것이 가능해졌다. 두 마리 토끼를 한 번에 잡을 수 있게 된 것이다. 게다가 요즘은 날이 갈수록 다양한 종류의 화학적 변화를 영상화하는 데 성공하고 있다. 분자 영상학(molecular imaging)이라 이름 지어진 학문의 발달에 힘입어 이제 뇌의 다양한 대사상태 파악이 가능해진 것이다. MRI와 PET개발에 커다란 역할을 한 가천 의대의 조장희 박사는 이러한 기술적인 발달에 고무되어 21세기 초가 뇌 연구에 관한 '마지막 도전(the last frontier)'의 시대인 것이라 주장한 바 있다.

　일리가 있는 말이다. 그러나 설령 이러한 연구가 가능해졌다 하더라도 우리의 복잡한 지적 행위는 뇌의 특정 부위의 활성화이기보다는 여러 곳의 유기적인 협동으로 이루어지는 경우가 많다. 따라서 검사에서 나타난 현상을 해석하기란 늘 쉽지 않다. 게다가 아직도 PET나 기능적 MRI는 뇌의 아주 미세한 신호를 포착하는 데에는 한계가 있다. 이보다 더욱 큰 문제는 인간의 행동을 연구하기 위한 실험 모델이 실제 인간의 행위를 반영하기에는 아직 너무나 단순하다는 점이다. 2장과 3장에서 보았듯 연구 대상자들은 MRI나 PET기계 속에 누워 꼼짝하지 않고 검사를 해야만 한다. 이것은 우리가 사진을 찍을 때 움직이지 말아야 하는 원리와 같다. 아무리 기계의 성능이 좋아진다 해도 어두운 통 속에 들어가 눈앞의 화면을 꼼짝 않고 보는 상황에서만 비로소 검사가 이루어질 수 있다면 인간의 변화무쌍한 마음과 행동을 연구하는 데에는 엄연한 한계가 있는 것이다.

　인간은 복잡한 동물이다. 예컨대 어떤 사람이 당신을 보고 웃고 있을 때 당신이 좋아서 그럴 수도 있고, 속으로는 그렇지 않지만 겉으로만 웃고 있는 것일 수도 있다. 1000억 개나 되는 뇌신경 세포, 100조 개로 추측되는 뇌신경의 결합이 이루어내는 복잡하고 다양한 인간의 행위를 도대체 어떻게 연구할 것인가. 이처럼 망망대해와도 같은 인간의 마음을 항해하기 위해, 우리는 이제 막 초라한 지식과 장비를 갖춘 배를 띄웠을 뿐이다. 이런 점에서 나는 MRI와 PET로 무장한 요즘 시대를 뇌에 관한 '마지막 도전'이 아닌 '도전의 시작'이라 표현하고 싶다. 우리가 만든 기계를 사용해 뇌의 활동하는 모습을 바라볼 수 있게 된 것은 대단한 일이다. 하지만 여전히 뇌는 숨겨진 오묘한 비밀을 우리에게 모두 보여 주지 않고 언뜻 비춰 주고 있을 뿐이다.

― 글을 마치며 ―

뇌의 미래

우리의 뇌는 정교하고 또한 풍요롭다. 한마디로 매혹적이다. 인간은 다른 것은 모두 희생하고 뇌를 가장 크고 아름답게 발전시킨 동물인 것이다. 그렇다면 뇌는 앞으로도 더욱 커지고 더욱 발달할까?

현재도 쉴새 없이 머리를 쓰고 있는 것을 생각해 보면 그럴 것 같기도 하다. 하지만 일부 학자들은 인간의 뇌는 이미 신체에 비해 기형적일 정도로 커져 있기 때문에 더 이상은 커질 수 없을 것으로 생각한다. 이미 뇌는 몸이 사용하는 산소량의 무려 20퍼센트를 가져가고 있다. 그런데 우리의 뇌가 앞으로 작아질 가능성은 없는 것일까? 아무도 답을 알 수 없는 질문이지만, 친근한 동물인 개의 경우를 살펴보고 우리의 미래에 대해 생각해 보는 것도 나쁘지 않을 것 같다.

인간과 개는 어떻게 함께 살게 되었을까? 수백만 년 전 나무 위에 살다가 들판으로 뛰어나온 우리 조상과 들개는 여러 모로 비슷한 점이 많았다. 표범이나 사자 같은 고양잇과 동물의 힘도 없고 그렇다고 초식 동물의 민첩함도 갖추지 못했다. 그래서 그들은 어쩔 수 없이 함께 뭉쳐 살아야 했다. 그 당시 원시인들은 말은 못했겠지만 마음속으로는 이승만 대통령의 "뭉치면 살고 흩어지면 죽는다."라는 구호를 늘 외쳤을 것이다. 함께 뭉쳐 살다 보니 협동심이 생기고 사람들 간의 서열이 생겼다. 들개 역시 같은 이유로 뭉쳐 지내며 협동심과 서열 감각을 키웠다. 아리스토텔레스는 일찍이 완전한 고독은 신과 짐승만이 가질 수 있다고 했지만 여기서 들개는 제외되었어야 옳다.

비슷한 사람끼리 쉽게 친구가 되듯 이런 이유로 두 동물은 쉽게 친구가 된 것일까? 물론 야생 성견은 쉽사리 길들여지지는 않았겠지만 이들을 새끼 때부터 사육함으로써 인간은 점차 개의 주인이 되었다. 그리고 개는 자기 무리의 우두머리에게 취하는 복종적인 태도, 즉 목을 낮추거나 꼬리를 흔들거나 혀로 얼굴을 핥는 행동을 보이기 시작했다. 인간이 들개와 함께 지내기 시작한 것은 약 13만 5000년 전인데, 이즈음부터 개의 뼈가 인간의 거주지에서 발견되었다. 개는 월등한 후각과 청각으로 인간의 사냥을 도왔고 또한 밤중에 파수병 노릇도 해 주었다. 개 역시 인간과 함께 있는 것이 이익이었다. 인간과 함께 사냥하면 인간의 뛰어난 두뇌와 발달된 무기 덕택에 성공률을 높일 수 있었으며 큰 짐승을 사냥할 수도 있었다. 또한 다른 천적들로부터 보호되었기 때문에 새끼들을 더욱 많이 낳아 안전하게 기를 수 있었다.

이처럼 오랫동안 우리와 함께 살면서 개는 특이하게 진화해 갔다. 대부분의 집개는 야생 늑대에 비해 털이 짧고, 머리가 동그랗고, 코가 뭉툭하며 꼬리가 말려 있다. 이것은 들개 또는 늑대의 경우 유아기에나 볼 수 있는 특징이다. 즉 개는 나이를 먹어도 여전히 어릴 적의 귀여운 모습을 하고 주인을 유혹한다. 이러한 진화 과정은 식용으로 사육되었던 소나 돼지에서는 일어나지 않았다.

그렇다면 개의 뇌는 어떻게 되었을까? 사람들은 영리한 개의 뇌가 들개나 늑대의 뇌보다 더 클 것으로 생각하지만, 사실은 그렇지 않다. 개의 뇌 무게는 같은 체중 늑대의 4분의 3 정도밖에 안된다. 개는 인간의 필요에 따라 진화되고 개량되어 나름대로 전문성을 갖게 되었다. 그러나 그 대신 필요 없는 부분은 퇴화되고 말았다. 들개는 짐승을 몰래 쫓아가다가 때가 되면 직접 사냥을 한다. 그러나 콜리 같은 양치는 개는 양을 쫓는 성질을 갖고 있지만 실제로 양을 잡아먹지는 않는다. 그런 노력을 하지 않아도 주인이 먹이를 주기 때문이다. 그렇기 때문에 콜리는 들개의 성질 중 일부만을 가지고 있는 것이다. 따라서 들개의 뇌 중에서 필요 없어진 일부 부위는 퇴화해 버렸다. 이것은 집고양이 눈의 망막 신경절(ganglion) 세포의 수가 야생 고양이의 40퍼센트 정도밖에 안 된다는 사실과 상응한다.

그렇다면 인간은 어떨까? 사실 개처럼 현대인의 뇌도 네안데르탈인에 비하면 줄어들었다. 3만 5000년 전 원시인의 뇌 무게는 1,450그램인데 비해 오늘날은 1,200~1,300그램밖에 안 된다. 우리의 뇌가 퇴화된 것일까? 그렇지는 않다. 현대인의 몸무게가 원시인보다 더욱 작아졌기 때문에 뇌의 절대적 무게는 줄었어도 상대적 무게는 더 커진 것이다. 하지만 또 다른 풀리지 않는 의문이 남는다. 그렇다면 왜 몸의 크기는 원시인에 비해 줄어든 것일까? 거친 환경에서의 사냥을 끝내고 만든 편한 농경 사회에 맞추어 체격이 퇴화된 것은 아닐까?

야생 동물을 필요에 맞게 가축으로 삼았듯이 인간은 어쩌면 자신을 가축화하고 있는지도 모른다. 그러나 아직까지는 다행이다. 지구상에 인구가 지나치게 많아 살아남기 위한 경쟁은 매우 치열하다. 따라서 우리는 누구나 뇌를 열심히 사용하고 있다. 그러나 과학의 발달로 컴퓨터나 로봇이 인간의 머리를 쓸 일조차 대신하게 된다면 인간 역시 가축처럼 작은 뇌를 가진 머리 나쁜 동물로 전락해 버릴 가능성도 없는 것은 아니다. 역설적이지만 뇌를 위해서는 우리에게 진정한 평화가 찾아와서는 안 된다.

뇌 질환 이름은 왜 어려운가

이제 글을 마칠 때가 되었다. 내가 의도했던 대로 독자 여러분이 매혹적인 뇌의 세계에 흠뻑 빠져들었는지 궁금하다. 글을 읽는 도중 전문적인 용어가 자주 나와 어렵게 읽힌 부분도 있었을 것이다. 아마도 뇌 질환들이 초래하는 수많은 불협화음에 관한 부분이 가장 어려웠을 텐데, 질병의 이름이나 증상에 괴상한 서양 사람들의 이름이 붙어 있기에 더욱 그랬을 것이다.

프랑스 혁명, 산업 혁명을 겪으며 고양된 민주적 시민 정신과 과학적 사고 방식은 유럽에 의학의 진보를 가져왔다. 특히 19세기 후반부터 20세기 초에 독일, 프랑스, 영국을 중심으로 의학은 폭발적으로 발전했다. 이때 수많은 질병의 이름이 탄생했다. 물론 그 질병들이 그때 갑자기 생긴 것은 아니다. 그들은 이미 오래전부터 인간을 괴롭혀 왔다. 다만 유럽 사람들이 최초로 체계적으로 증례를 수집·분석하면서 질병의 특색이 밝혀지기 시작한 것이다. 마치 신대륙을 발견한 유럽 인들이 드넓은 벌판 이곳저곳에 땅 이름을 붙였듯 그 병이나 증상 앞에는 그 질환을 연구한 의사의 이름이 붙여졌다.

질병 이름에 유럽 인의 이름 대신 김, 이, 박 등이 붙었다면 이 땅의 학생들이 훨씬 쉽게 의학 공부를 했으리라. 그리고 독자들도 내 글을 좀 더 편하게 읽었으리라. 하지만 독일의 뮌헨 학파와 빈 학파가 치열한 논리를 전개하며 경쟁적으로 학문을 발전시키고 있을 때 한국인들은 동학 혁명, 을사조약 그리고 한일 합방이라는 험난한 정치적 시련 속에서 살아가고 있었다. 실은 지금도 이런 상황에서 완전히 벗어났다고 생각되지는 않지만, 이제 나라의 위상도 어느 정도 높아졌으니 앞으로는 우리나라 의사들이 세계 의학 발전에 좀 더 많은 역할을 해 줄 것으로 기대한다.

일찍이 유럽 사람들은 주로 특징적인 질병의 증상과 병리 소견에 근거하여 뇌 질환을 구분했다. 그렇다고 이 병들의 원인이 전부 밝혀진 것은 아니다. 오히려 뇌 질환 중에는 아직까지도 원인을 알 수 없는 괴질이 많다. 원인을 모르니 물론 근본 치료도 안된다. 이런 불치의 뇌 질환들은 인간의 평균 수명이 늘어난 요즈음 인류를 위협하는 가장 심각한 문제로 대두되고 있다. 알츠하이머병, 파킨슨병을 비롯한 퇴행성 뇌 질환이 점차 늘어나고 있는 것이다. 게다가 최근에는 에이즈나 인간 광우병 같은 무서운 질환들도 번지고 있다. 한편 서구의 육식 문화 습관이 전 세계에 퍼지면서 고혈압, 당뇨병, 비만과 같은 질병이 늘고 이에 따라 뇌졸중 같은 뇌 혈관 질환은 우리의 주요 사망 원인으로 자리 잡았다.

하지만 이런 어려운 병들도 최근 뇌 영상술, 약리학, 유전학의 진보로 인해 그 원인 규명과 치료에 서광이 비치고 있다. 앞에 적은 '기면증' 같은 질환에서 보았듯 100년 동안 이름만 붙어 있던 괴질들의 정체가 이제 하나둘 드러나고 있다. 불치병으로만 생각했던 뇌졸중도 영상술과 혈전 용해제의 개발로 치료 가능한 병으로 바뀌고 있다. 그리고 최근의 줄기 세포 이식 연구는 난치성 뇌 질환 치료에 대한 또 다른 희망을 품게 해 주고 있다. 아직도 가야 할 길은 멀지만 인간 진화의 끝에서 일그러진 우리의 뇌를 구출할 가능성은 과거 어느 때보다 높아진 것이다.

춤추는 뇌

　노벨상을 받은 동물행동학자 콘라트 로렌츠는 호숫가의 갈대밭에 둥지를 만들어 알을 품고 있는 회색기러기를 관찰한 후 유명한 '알 굴리기' 행동을 기술했다. 여러 가지 이유로 알이 둥지 밖으로 굴러 나오면 어미 기러기는 떨어져 나온 알이 있는 방향으로 고개를 돌린다. 그리고 자리에서 벌떡 일어나 알이 있는 곳으로 걸어간 후, 알의 바깥쪽, 아래쪽에 부리를 걸고 목을 구부리는 동작을 취함으로써 알을 둥지 쪽으로 굴린다. 이런 동작을 반복해 기러기는 무사히 둥지로 알을 가져올 수 있다. 그런데 흥미로운 점은 알 굴리기를 시작한 상태에서 사람이 알을 빼앗아가도 그들은 아무 상관도 없다는 듯이 알 굴리기 동작을 계속하는 것이다. 실제로는 알이 없는 데도 말이다! 왜 그럴까? 둥지에서 떨어진 알을 둥지 쪽으로 굴리는 일련의 행위는 회색기러기의 뇌 속에 프로그램화되어 있다. 그런데 그들의 뇌에는 변하는 상황에 따라 이 프로그램을 바꾸는 유연성이 없는 것이다.
　그렇다면 우리가 집에서 기르는 고양이는 이런 새들보다 더 똑똑할까? 아마도 파울 레이하우젠(Paul Leyhausen)이란 학자가 관찰한 결과를 보면 생각을 바꾸게 될 것이다. 집 고양이가 새끼 여럿을 데려가는 도중 한 마리가 돌에 부딪혀 뒤쳐지고 말았다. 어미 고양이는 3미터쯤 떨어진 곳에 앉아 다른 새끼들을 품에 안고 있다. 벌거벗고 아직 눈도 뜨지 못한, 뒤처진 새끼를 구하러 어미가 취한 행동은 무엇일까? 가련한 새끼가 한 번 짧은 소리를 질렀다. 그 순간 어미는 움찔했지만 그래도 꼼짝 않고 누워 있었다. 두 번째 소리를 지르자 어미는 몸을 조금 일으켰지만 다시 쪼그리고 앉았다. 세 번째 소리가 들려오자 어미는 몸을 높이 일으켰지만 다리를 살짝 구부린 채 그 자세로 멈춰 있었다. 새끼가 네 번째 소리를 지르자 그제야 어미는 몸을 완전히 일으켜 새끼를 입에 물어 집으로 데려왔다. 고양이 뇌의 변연계 프로그램은 새끼의 부름이 반복되어야 비로소 작동하는 것이다. 이것이 기러기와 고양이의 따스한 모정 뒤에 숨어 있는 냉정한 메커니즘이다.

그렇다면 어머니의 극진한 자식 사랑 역시 아기의 신호에 의해 작동하는 반사적인 반응에 불과한 것일까? 물론 우리는 인간이 기러기니 고양이와는 다르기를 소망한다. 영화 「포트리스」에 나오는 인간들처럼, 누군가에게 기계적으로 조종당하고 싶지는 않다. 하지만 인간을 포함한 모든 동물은 예외 없이 뇌의 프로그램에 따라 행동한다. 따라서 우리 역시 본질적으로 동물과 다를 수가 없다. 이미 여러 차례 언급했듯, 뇌 회로 역시 적자생존과 성 선택의 진화적 압력을 받으며 설계되었다. 우리는 기러기나 고양이보다 훨씬 더 복잡한 행동을 하므로 이것이 쉽게 이해되지 않을 뿐이다. 하지만 만일 우리보다 더 뇌가 발달한 외계인이 찾아와 인간을 관찰한다면 우리를 본능에 따라 행동하는 하등 동물로 볼지도 모른다. 지금 이 순간에도 점차 증가하는 핵 확산의 공포, 인구 증가, 인종 갈등, 빈부 격차 그리고 날로 심각해지는 자연 환경의 파괴 이런 것들을 생각하면서 인간의 어리석고 유치한 행동에 혀를 찰지도 모를 일이다.

우리는 진정 뇌에 의해 조종되는 단순한 로보트인가? 하지만 실망하기 전에 한 번 이런 생각을 해 보자. 만일 어떤 동물의 뇌에 신경 세포가 두 개 있다고 가정해 보자. 그러면 이 둘을 연결하는 회로는 단 한 개뿐이다. 세포가 다섯 개 있는 경우 가능한 연결은 $_5C_2=10$개이다. 세포의 수는 다섯 배이지만 연결 회로는 10배가 된다. 만일 세포 수가 100개인 동물이라면 $_{100}C_2=4,950$개 이다. 다섯 개인 동물에 비해 세포 수는 20배이지만 연결 회로는 무려 495배 더 많아진다. 지구상의 어느 동물보다도 발달한 우리 인간의 뇌 신경 세포는 약 1000억 개로 추정된다. 이쯤 되면 세포의 연결 회로는 우리의 상상을 초월할 정도가 된다.

뿐만 아니라. 동물의 행동의 차이를 규정하는 것은 신경 회로의 숫자만이 아니다. 이러한 뇌신경 회로는 고정된 것이 아니라 변하는 환경 및 교육에 따라 유연하게 작용하기 때문이다. 신경 전달 물질, 유전자 발현, 수용체의 변이 등이 여기에 복잡하게 관여한다. 이미 앞에서 이야기한 대로, 이런 이유로 우리는 유전자 복제를 해도 똑같은 뇌를 가질 수 없고 따라서 똑같은 인간을 만들어 낼 수 없다. 이런 점에서 인간은 뇌의 회로에 따라 규정되지만 동시에 그렇지 않다고 말할 수도 있다. 인간의 행위를 설명하는데 있어 본능과 자유 의지가 각각 얼마나 중요한가에 대해서는 아직도 논란이 많지만 우리가 가지고 있는 엄청난 수의 뇌 세포, 그리고 신경 세포의 유연성을 생각해 본다면 이런 논란 자체가 무의미한 것임을 알 수 있다. 우리 머릿속의 수많은 신경 세포는 불을 켜고 우두커니 서 있는 길가의 가로등과는 다르다. 그들은 변화무쌍한 상황에 맞추어 자유롭고 유연하게 춤을 추고 있는 것이다.

1장에서 나는 미술이나 음악과 같은 예술도 기본적으로는 진화적 전략으로부터 비롯된 행위라고 썼다. 2장에서는 남녀의 사랑, 심지어 어머니의 사랑조차도 이런 식으로 해석했으며, 변연계의 활성화로 풀어 이야기했다. 행위의 근저에 적자생존 및 성 선택의 원리가 놓여 있는 것은 엄연한 사실이다. 그럼에도 불구하고 우리의 뇌는 변연계와 신피질의 수많은 신경 회로를 종횡무진 사용하며 복잡하지만 아름다운 변주곡을 이루어 내는 것이다. 그래서 인간은 다른 동물들과는 달리 복잡한 언어를 구사하고, 철학, 수학을 하고 예술을 논한다. 그리고 무엇보다도 희생적인 사랑을 하는 존재이다.

기술이 발달하면서 이제 기계를 사용해 이러한 뇌 활동의 일부를 엿볼 수 있게 되었다. 하지만 인간의 마음을 전부 안다는 것은 결코 불가능하다. 아무리 과학이 발달하고 세상이 변해도, 아기를 바라보는 어머니의 그윽한 눈

빛, 사랑하는 사람을 생각하는 설레이는 마음은 언제까지나 신비한 모습으로 남을 것이다. 깊은 곳에서 우러나는 용기와 신념, 남을 위해 희생하고자 하는 알 수 없는 마음도 영원한 우리의 자산으로 남을 것이다. 나는 믿는다. 인류에게 앞으로 수많은 위기가 닥칠 것이지만, 이제까지 그래 왔듯 우리는 모든 어려움을 극복하고 번영을 누릴 수 있을 것이다. 여러분들 각자가 머릿속에 소중히 간직한 매혹적인, 춤추는 뇌가 있는 한 말이다.

이제 독자 여러분께 작별 인사를 할 때가 되었다. 밤도 늦었으니 따끈한 우유나 한 잔 마셔야겠다. 끝까지 책을 읽어 주신 여러분께 감사드린다. 뇌에 관한 여러 이야기를 함께 나누면서 나의 전두엽과 더불어 변연계에도 발갛게 불이 지펴진 것은 오직 독자 여러분의 관심과 사랑 때문이었다. 책을 펴 내는 데 수고해 주신 (주)사이언스북스 편집부 여러분께도 감사드린다. 독자 여러분과 다음 저서를 통해 다시 만날 수 있기를 기대한다.

2005년 초봄

김종성

참고 문헌

제러드 다이아몬드, 김정흠 옮김, 『제3의 침팬지』, 문학사상사, 1996.

리처드 도킨스, 이용철 옮김, 『이기적 유전자』, 동아출판사, 1992.

비투스 드뢰셔, 이영희 옮김, 『휴머니즘의 동물학』, 이마고, 2003.

리처드 랭햄 · 데일 피터슨, 이명희 옮김, 『악마 같은 남성』, 사이언스북스, 1998.

제레미 리프킨, 신현승 옮김, 『육식의 종말』, 시공사, 2002.

안톤 반아메롱겐 · 피트 브론 · 한스 데브리스, 이인철 옮김, 『냄새, 그 은밀한 유혹』, 까치글방, 2000.

낸시 에트코프, 이기문 옮김, 『미, 가장 예쁜 유전자만 살아남는다』, 살림, 2000.

로베르 주르뎅, 채현경 · 최재천 옮김, 『음악은 왜 우리를 사로잡는가』, 궁리, 2002.

헬렌 피셔, 정명진 옮김, 『제1의 성』, 생각의 나무, 2000.

Fisher, Helen, *Why We Love*, Henry Holt and Company, 2004.

Aharon, I., Etcoff, N., Ariely, D., Chabris, CF., O'Connor, E., Breiter, HC. Beautiful faces have variable reward values: fMRI and behavioral evidence. *Neuron*. 2001;32:537~551.

Arnold, AP. The gender of the voice within: the neural origin of sex differences in the brain. *Current Opinion in Neurobiology*. 2003;13:759~764.

Arnow, BA., Desmond, JE., Banner, LL., Glover, GH., Solomon, A., Plan, ML., Lue, TF., Atlas, SW. Brain activation and sexual arousal in healthy., heterosexual males. *Brain*. 2002;125:1014~1023.

Bartels, A., Zeki, S. The neural basis of romantic love. *Neuroreport*. 2000;11:3829~3834.

Blood, AJ., Zatorre, RJ., Bermudez, P., Evans, AC. Emotional responses to pleasant and unpleasant music correlate with activity in paralimbic bran regions. *Nature Neuroscience*. 1999;2:382~387.

Blood, AJ., Zatorre, RJ. Intensely pleasurable responses to music correlate with activity in brain regions impilcated in reward and emotion. *PNAS*. 2001;98:11818~11823.

Breiter, HC., Gollub, RL., Weisskoff, RM., Kennedy, DN., Makris, N., Berke, JD., Goodman, JM., Kantor, HL., Gastfriend, DR., Riorden, JP., Mat, RT., Rosen, BR., Hyman, SE. Acute effects of cocaine on human brain activity and emotion. *Neuron*. 1997;19:591~611.

Bremner, JD. Does Stress Damage the Brain? *Biological Psychiatry*. 1999;45:797~805.

Carter, CS. Neuroendocrine perspectives on social attachment and love. *Psychoneuroendocrinology*. 1998;23:779~818.

Caldji, C., Tannenbaum, B., Sharma, S., Francis, D., Plotsky, PM., Meaney, MJ. Maternal care during infancy regulates the development of neural systems mediating the expression of fearfulness in the rat. *Neurobiology*. 1998;95:5335~5340.

Chemelli, RM., Willie, JT., Sinton, CM. Narcolepsy in orexin knockout mice: molecular genetics of sleep regulation. *Cell*. 1999;98:437~451.

Cotzias, GC., Papavasiliou, PS., Gellene, R. Modification of Parkinsonism— Chronic treatment with L-dopa. *New England Journal of Medicine*. 1969;280:337~345.

de Bono, M., Bargmann, CI. Natural variation in a neuropeptide Y receptor homolog modifies social behavior and food response in C. elegans. *Cell*. 1998;94:679~689.

de Lacoste-Utamsing, C., Hollowat, RL. Sexual dimorphism in the human corpus callosum. *Science*. 1982;216:1431~1432

Devinsky, O., Morrell, MJ., Vogt, BA. Contributions of anterior cingulate cortex to behavior. *Brain*. 1995;118:279~306.

Duchaine, B., Cosmides, L., Tooby, J. Evolutionary psychology and the brain. *Current Opinion in Neurobiology*. 2001;11:225~230.

Duncan, J. Intelligence Tests Predict Brain Response to Demanding Task

Events. *Nature Neuroscience*. 2003;6:207~208.

Duncan, J., Seitz, RJ., Kolodny, J., Bor, D., Herzog, H., Ahmed, A., Newell, FN., Emslie, H. A neural basis for general intelligence. *Science*. 2000;289:457~460.

Elliott, R., Newman, JL., Longe, OA., William Deakin, JF. Differential response patterns in the striatum and orbitofrontal cortex to financial reward in humans: A parametric functional magnetic resonance imaging study. *Journal of Neuroscience*. 2003;23:303~307.

Ferguson, JN., Young, LJ., Hearn, EF., Matzuk, MM., Insel, TR., Winslow, JT. Social amnesia in mice lacking the oxytocine gene. *Nature Genetics*. 2000;25:284~288.

Francis, S., Rolls, ET., Bowtell, R., McGlone, F., Doherty, JO., Browning, A., Clare, S., Smith, E. The representation of pleasant touch in the brain and its relationship with taste and olfactory areas. *Neuroreport*. 1999;10:453~459.

Gahr, M. Male Japanese quails with female brains do not show male sexual behaviors. *PNAS*. 2003;100:7959~7964.

Gajdusek, DC., Gibbs, CJ., Alpers, M. Experimental transmission of a kuru-like syndrome to Chimpanzees. *Nature*. 1966;209:794~796.

George, MS., Ketter, TA., Parekh, PI., Herscovitch, P., Post, RM. Gender

Differences in Regional Cerebral Blood Flow during Transient Self-Induced Sadness or Happiness. *Bio Psychiatry*. 1996;40:859~871.

George, MS., Ketter, TA., Parekh, PI., Horwitz, B., Herscovitch, P., Post, RM. Brain activity during transient sadness and happiness in healthy women. *American Journal of Psychiatry*. 1995;152:341~351.

George, N., Dolan, RJ., Fink, GR., Baylis, GC., Russell, C., Driver, J. Contrast polarity and face recognition in the human fusiform gyrus. *Nature Neuroscience*. 1999;2:574~580.

Gray, JR., Chabris, CF., Braver, T. Neural Mechanisms of general fluid intelligence. *Nature neuroscience*. 2003;6:316~322.

Insel, TR., Young, LJ. The neurobiology of attachment. *Neuroscience*. 2:129~136.

Insel, TR., Young, LJ. Neuropeptides and the evolution of social behavior. *Current Opinion in Neurobiology*. 2000;10:784~789.

Iversen, L. Cannabis and the brain. Brain 2003;126:1252~1270.

Karama, S., Lecours, AR., Leroux, JM., Bourgouin, P., Beaudoin, G., Joubert, S., Beauregard, M. Areas of brain activation in males and females during viewing of erotic film excerpts. *Human Brain Mapping*. 2002;16:1~13.

Kim JS. Pathological laughter and crying in unilateral stroke. *Stroke*. 1997;

28:2321.

Kim JS, Choi-Kwon S. Post-stroke depression and emotional incontinence: correlation with lesion location. *Neurology*. 2000;54:1805~1810.

Kim JS. Post-stroke emotional incontinence after small lenticulocapular stroke: correlation with lesion location. *Journal of Neurology*. 2002;249:805~810.

Kim JS, Choi S, Kwon SU, Seo YS. Inability to control anger or aggression after stroke. *Neurology*. 58;1106~1108., 2002.

Kim MS, Park JY, Namkoong C, Jang PG, Ryu JW, Song HS, Yun JY, Namgoong IS, Ha J, Park IS, Lee IK, Viollet, B., Youn JH, Lee HK, Lee KU. Anti-obesity effects of alpha-lipoic acid mediated by suppression of hypothalamic AMP-activated protein kinase. *Nature Medicine*. 2004;10:727~733.

Kimchi, T., Terkel, J. Seeing and not seeing. *Current Opinion in Neurobiology*. 2002;12:728~734.

Kravitz, EA., Huber, R. Aggression in invertebrates. *Current Opinion in Neurobiology*. 2003;13:736~743.

Kreiman, G., Koch, C., Fried, I. Category-specific visual responses of single neurons in the human medial temporal lobe. *Nature neuroscience*. 2000;3:946~953.

Lane, RD., Reiman, EM., Bradley, MM., Lang, PJ., Ahern, GL., Davidson, RJ., Schwartz, GE. Neuroanatomical correlates of pleasant and unpleasant emotion. *Neuropsychologia*. 1997;35:1437~1444.

Lin, L., Garacho, J., Li, R. et al. The sleep disorder canine narcolepsy is cuased by a mutation in the hypocretin (orexin) receptor 2 gene. *Cell*. 1999;98:365~376.

Lonstein, JS., Stern, JM. Site and behavioral specificity of periaqueductal gray lesions on postpartum sexual, maternal, and aggressive behaviors in rats. *Brain Research*. 1998;804:21~35.

Lorberbaum, JP., Newman, JD., Dubno, JR., Horwitz, AR., Nahas, Z., Teneback, CC., Bloomer, CW., Bohning, DE., Vincent, D., Johnson, MR., Emmanuel, N., Brawman-Mintzer, O., Book, SW., Lydiard, RB., Ballenger, JC., George, MS. Feasibility of using fMRI to study mothers responding to infant cries. *Depression and Anxiety*. 1999;10:99~104.

Lorberbaum, JP., Newman, JD., Horwitz, AR., Dubno, JR., Bruce Lydiard, R., Hammer, MB., Bohning, DE., George, MS. A potential role for thalamocingulate circuitry in human maternal behavior. *Biological Psychiatry*. 2002;51:431~445.

MacLean, PD. Brain evolution relating to family, play, and the separation call. *Archives of General Psychiatry*. 1985;42:405~417

MacLean, PD., Newman, JD. Role of midline frontolimbic cortex in production of the isolation call of squirrel monkeys. *Brain Research*. 1988;450:111~123.

Maddock, RJ. The retrosplenial cortex and emotion: new insights from functional neuroimaging of the human brain. *Trends in Neuroscience*. 1999;22:310~316.

MacLean, PD., Newman, JD. Role of midline frontolimbic cortex in production of the isolation call of squirrel monkeys. *Brain Research*. 1988;450:111~123

Monks, DA., Lonstein, JS., Breedlove, SM. Got milk? Oxytocin triggers hippocampal plasticity. *Nature neuroscience*. 2003;6:327~328.

Nakamura, K., Kawashima, R., Ito, K., Sugiura, M., Kato, T., Nakamura, A., Hatano, K., Nagumo, S., Kubota, K., Fukuda, H., Kojima, S. Activation of the right inferior frontal cortex during assessment of facial emotion. *Journal of Neurophysiology*. 1999;82:1610~1614.

NINDS r-tPA Stroke Study Group. Tissue plasminogen activator for acute ischemic stroke. *New England Journal of Medicine*. 1995;333:581~587.

Nishino, S., Ripley, B., Overeem, S., Nevsimalova, S., Lammers, GJ.,

Vankova, J., Okun, M., Rogers, W., Brooks, S., Mignot, E. Low cerebrospinal fulid hypocretin (orexin) and altered energy homeostasis in human narcolepsy. *Annals of Neurology*. 2001;50:381~388.

Nitschke, JB., Nelson, EE., Rusch, BD., Fox, AS., Oakes, TR., Davidson, RJ. Orbitofrontal cortex tracks positive mood in mothers viewing pictures of their newborn infants. *Neuroimage*. 2004;21:583~592.

Ohnishi, T., Matsuda, H., Asada, T., Aruga, M., Hirakatea, M., Nishikawa, M., Katoh, A., Imabayashi, E. Functional anatomy of musical perception in musicians. *Cerebral Cortex*. 2001;11:754~760.

Peyron, C., Faraco, J., Rogers, W., Ripley, B., Overeem, S., Charnay, Y., Nevsimalova, S., Aldrich, M., Reynolds, D., Albin, R., Li, R., Hungs, M., Pedrazzoli, M., Padigaru, M., Kucherlapati, M., Fan, J., Maki, R., Lammers, GJ., Bouras, C., Kucherlapati, R., Nishino, S., Mignot, E. A mutation in a case of early onset narcolepsy and a generalized absence of hypocretin peptides in human narcoleptic brains. *Nature Medicine*. 2000;6:991~997.

Penton-Voak, IS., Perrett, DI., Castles, DL., Kobayashi, T., Burt, DM., Murray, LK., Minamisawa, R. Menstrual cycle alters face preference. *Nature*. 1999;399:741~742.

Perrett, DI., Lee, KJ., Penton-Voak, I., Rowland, D., Yoshikawa, S., Burt,

DM., Henzi, SP., Castles, DL., Akamatsu, S. Effects of sexual dimorphism on facial attractiveness. *Nature*. 1998;394:884~887.

Pietrini, P., Guazzelli, M., Basso, G., Jaffe, K., Grafman, J. Neural correlates of imaginal aggressive behavior assessed by positron emission tomography in healthy subjects. *American Journal of Psychiatry*. 2000;157:1772~1781.

Plum, F., Swanson, AG. Central neurogenic hyperventilation. *Archives of Neurology and Psychiatry*. 1959;81:535~549.

Prusiner, SB. Prion disease and the BSE crisis. *Science*. 1997;278:245~251.

Shima, K., Tanji, J. Role for cingulated motor area cells in voluntary movement selection based on reward. *Science*. 1998;282:1335~1338.

Stoleru, S., Gregoire, MC., Gerard, D., Decety, J., Lafarge, E., Cinotti, L., Lavenne, F., Bars, DL., Vernet-Maury, E., Rada, H., Collet, C., Mazoyer, B., Forest, MG., Magnin, F., Spira, A., Comar, D. Neuroanatomical correlates of visually evoked sexual arousal in human males. *Archives of Sexual Behavior*. 1999;28:1~21.

Tanaka, M., Machida, Y., Niu, S., Ikeda, T., Jana, NR., Doi, H., Kurosawa, M., Nekooki, M., Nuking, N. Trehalose alleviates polyglutamine-mediated pathology in a mouse model of Huntington disease. *Nature medicine*. 2004;10:148~154.

Taylor, SF., Phan, KL., Decker, LR., Liberzon, I. Subjective rating of emotionally salient stimuli modulates neural activity. *Neuroimage*. 2003; 18:650~659.

The IFN beta Multiple Sclerosis Study Group. Interferon beta-1b is effective in relapsing remitting multiple sclerosis. *Neurology*. 1993;43;655~661

Thomas, JH. Social life and the single nucleotide: Foraging behavior in C. elegans. *Cell*. 1998;94:549~550.

Tomizawa, K., Iga, N., Lu, YF., Moriwaki, A., Matsushita, M., Li, ST., Miyamoto, O., Itano, T., Matsui, H. Oxytocin improves long-lasting spatial memory during motherhood through MAP kinase cascade. *Nature Neuroscience*. 20036:384~390.

US Modafinil in Narcolepy Multicenter Study Group. Randomized trial of modafinil as a treatment for the excessive daytime somnolence of narcolepsy. *Neurology*. 2000;54:1166~1175.

Witt, DM. Oxytocin and rodent sociosexual responses: From behavior to gene expression. *Neuroscience and Biobehavioral Reviews*. 1995;19:315~324.

Young, LJ., Wang, Z., Insel, TR. Neuroendocrine bases of monogamy. *Trends in Neuroscience*. 1998;21:71~75.

Young, LJ., Nilsen, R., Waymire, KG., MacGregor, GR., Insel, TR.

Increased affiliative response to vasopressin in mice expressing the V1a receptor from a monogamous vole. *Nature*. 1999;400:766~768.

Zatorre, RJ. Absolute pitch: a model for understanding the influence of genes and development on neural and cognitive function. *Nature Neurosciences*. 2003;6:692~695.

찾아보기

ㄱ

각이랑 255
간질 108~109, 126, 166, 265
　측두엽 간질 108~109, 127, 201~203, 265
갈락토시다아제 273~275
감각 15, 107, 110
　감각 신경 20, 95, 97, 122, 248
　감각 중추 20, 30, 68, 95~96, 101, 248
감각성 실어증(베르니케 실어증) 235, 237
감정 24, 29, 31, 35, 46, 54, 110, 158
　감정 조절 장애 206
　감정 중추 123
거울형 글쓰기 251
건망증 171, 176~177, 183
　노인성 건망증 180
계산 불능증 254
계산적 협동 152
계절 우울증 43
골상학 216
공격성 213~214, 216, 218
과오종 36
광우병(소의 스펀지형 뇌병증) 304
근 긴장 이상증 287~288, 290, 292
글루타민 172
기능적 MRI 36, 83, 130, 132, 134, 136, 145, 154, 157, 190, 324, 325, 326
기면증 313, 314, 315

기억 24, 31, 46, 54, 166, 168, 183~184, 186, 188
　기억 회로 225
　단기 기억 167, 170~171
　순간 기억 169
　서술 기억 166
　절차 기억 166~167
　장기 기억 170~171
　집중 행위 170
기억에 관한 가설 172
　신경 전달 물질설 172~173
　신경 세포 연결설 173
기저핵 98~101, 133, 206, 260, 285, 288, 290
길랭바레 증후군 91, 295~296

ㄴ

남녀 뇌 구조의 차이 157
뇌 영상술 281~282
뇌 이식 317
　뇌신경 세포 이식 319
뇌간 15~20, 22, 33~36, 41, 48~49, 51, 76, 87~88, 100, 131, 137
뇌경색 279~281
뇌량 29, 157, 247, 248
뇌량 절단 증후군 247~249
뇌사 48
뇌신경 20, 51~52, 54, 87, 89, 95
　뇌신경 세포 108, 161, 182

뇌의 무게　27
뇌의 주름　28
뇌졸중　37, 48~49, 69, 76, 78, 84, 88, 93,
　　186, 198, 205~206, 227, 231~233, 237,
　　241, 252, 279
뇌출혈　279~281
뇌하수체　147

ㄷ

다발성 경화증　91, 272, 277
　　베타 인터페론　278
대뇌　15~19, 21, 26~28, 35~36, 48, 151
대뇌 피질　158
대상회　68, 132, 133, 144, 146, 154
대인기피증　185~186
도파민　93, 130~131, 155, 260, 262
도피질　67~68, 132~133, 182
동시 실인증　240
동정심 유발　144
두정엽　30, 64~65, 98, 234, 255
　　두정엽의 손상　258
두통　267, 269, 270

ㄹ

랑비에 결절　90
렘수면　41~42, 45, 316
루빈스타인데이비 증후군　175

ㅁ

말초 신경　123, 129, 272~273
　　말초 신경 질환　98
맛 중추　68, 70, 155
망각　184, 186~188
망상체　16, 20, 33
멘델의 유전 법칙　283
멜라토닌　43, 44
무도병　262~264
무시 현상　244
미로 찾기　179
미상핵　68, 130, 132~133, 154~156

ㅂ

바소프레신　137, 195~197, 218
반고리관　86
반쪽 무시 현상　238
반향 언어증　237
변연계　21~24, 26, 105~106, 108~110, 118~119,
　　123, 127, 133, 135~137, 144, 155, 165, 187,
　　196, 203
　　포유류의 뇌　135
　　변연계 사랑　34
　　변연계의 과도한 활성화　127
병적 울음　204
병적 웃음　37, 204
보톡스　290~292
복측 피개　130~131

비렘수면 41~42, 45, 317

ㅅ

사회적 동질성 152
삼차 신경 270
상교차핵 40
색깔 실인증 240
색깔 인식 59
색깔 인식 불능증 58
샤워실의 바보 16
설엽 68
세로토닌 43, 45, 93, 205~210, 218, 270
세로토닌 수용체 206, 219, 270~271
소뇌 19, 98~101, 132, 260
소아마비 294~296
속귀 86~87
송과선 43
수면 무호흡증 312~313
수면 중추 43
수상 돌기 92
수용체 93
수초 90
스크래피 304
스트레스 147~149, 180, 186, 265, 271
스펀지형 뇌병증 304, 307
시각 122
　시각 공간 실인증 240
　시각 사냥꾼 설 61
　적당한 가지 찾기 설 62
　부주의적 장님 64, 66
　변화적 장님 64
시각 정보 57
시각 중추 31, 57, 64~65, 107, 169, 239
시교차 57
시냅스 172
시상 41
시상 하부 34, 36, 40~41, 72, 74, 137, 158, 195, 207, 314
　궁상핵 72
시신경 31, 118
　시신경 세포 32
CRF 147
시차 증후군 43
식물인간 47, 49
식욕 70
　식욕 조절 73
　식욕 중추 72
신경 단백질 194, 197
신경 섬유 123
신경 세포 32, 38, 46, 71, 74, 90~92, 96, 110, 131, 147, 157, 173, 181~182, 225, 260, 263, 285
　신경 세포의 활성화 126
　신경 세포의 전문화 32
신경 전달 물질 41, 44~45, 92, 94, 130, 137, 148, 172, 198, 206~207, 217~218, 220, 222, 225, 266~267, 291, 300

신경증 185
신피질 21~24, 26~30, 33~38, 77, 99, 125, 136, 145, 152, 154
   신피질 사랑 34
실독증 249
실비우스구 30, 234
실어증 29, 233~234, 237, 238~240, 242, 247, 254
실행증 256
   관념 실행증 256
   운동성 실행증 256
   눈꺼풀 실행증 256
   입 움직임 실행증 257
   옷 입기 실행증 257

ㅇ
아드레날린 45, 93, 147~148
아세틸콜린 46, 93
안구 운동 신경 88
안전두엽 68, 137, 144, 154~156
안톤 증후군 240
알츠하이머병 54, 176, 180, 296~299, 301~302, 308~309, 322
   아밀로이드반 299~301
어지럼증 85
   현훈 85, 88
   양성 발작성 현훈 88
   현기증 85

언어 중추 29, 55, 77, 145, 182, 234~236, 254
엘도파 259~262
연수 16
12쌍의 뇌신경 50, 52, 54, 57, 67, 74, 85, 87
   삼차 신경 67
오른쪽 뇌 78, 80, 84, 198~199, 238
옥시다아제 217
옥시토신 137, 144~145, 179, 180, 195~197
온딘의 저주 16
와우 신경 75, 77, 85~86
외계인 손 증후군 249
외측 슬상체 57
왼쪽 뇌 78, 80, 84, 198~199, 238
우울증 148, 177, 185~186, 198
운동 신경 20, 94~95
운동 중추 20, 30, 77, 95~96, 98, 101, 108, 130, 145, 231, 233, 259
운동성 실어증(브로카 실어증) 235~236
윌슨병 289
유아 돌연사 증후군 146
유전자의 공유 150
유전자적 근접성 152
음악 천재들의 뇌 82
의인화 현상 244~245
이상감각증 128
인간의 기억 형성 165
인슐린 141~142, 208
일부일처제 197

임신 중독 138~139, 142~143

ㅈ

자연 살해 세포 38
작화증 168
잠금 증후군 49
전각 세포 294~295
전기 발작 치료법 266
전뇌 159
전두엽 30, 37, 64~65, 67~69, 94, 133, 171,
　　182, 191, 199, 200, 206, 218~220, 231,
　　234
　　전두엽 손상 환자 198
　　전두엽 절제술 232
전정 기관 89
전정 신경 86~88
정보 전달 91~92
조증 198
좌우 뇌 활성화의 차이 200
죄수의 딜레마 153
중격핵 24, 105, 133, 195
중독 221, 226~228
중심선 30
지능 189~191
　　자궁 내 환경설 192
　　지능 유전설 192
　　IQ 189, 193

ㅊ

척수 20, 47, 94, 123
　　척수액 27
청각 신경 76
청각 중추 31, 75~78
　　청신경 세포 32
체인스토크스 호흡 17~18
초피질 실어증 237
축삭 174
축삭 92
측두엽 30, 54, 75~76, 82, 118, 133, 165,
　　166, 182, 201, 224, 234
치매 171, 178, 254, 284

ㅋ

코티솔 147
쾌락 중추 105~106
쿠루병 306
크로이츠펠트야콥병 305~311
클루버부시 증후군 203~204

ㅌ

태아의 착취 139, 143
테스토스테론 160, 215
테이삭스병 289
통각 123
　　문지기 설 123

ㅍ

파블로프 조건 반사 186
파킨슨병 54, 100~101, 131, 259~261, 263, 284, 287, 322
팔다리 마비 93~94, 238~239, 243, 277~279
패브리병 272, 274~275
페로몬 111~113, 115~116
편도체 24, 31, 107, 109, 110, 132~133, 147, 165, 168, 187, 200
편두통 267~269, 271
폭력성 213, 216
프리온 단백질 307, 308
PET 127, 130, 181, 190, 199, 324~326

말초신경설 245
정신설 246
중추 신경설 246
후각 22, 53, 56, 111, 115, 122
후각 신경 31, 54, 166
후두엽 30~31, 58, 64~65, 107, 118~119, 169, 182, 239, 242, 248~249, 269
후두엽 손상 59
흑질 131
히포크레틴 42

ㅎ

하악지 67
할러보르덴스파츠병 289
해마 24, 31, 46, 68, 108, 165~168, 170~171, 180
행동 장애 209
헌팅턴병 220, 283~285, 286~287
혈관 조영술 233
혈관성 치매 176~177
혈전 용해제 280~281
호흡 중추 146
홍소 발작 37
환상지 현상 245~246
　　환상지 통증 246

김종성

경기고등학교와 서울대학교 의과대학을 졸업하고 현재 울산대학교 의과대학 교수 및 서울아산병원 신경과 과장으로 재직 중이다. 일상의 대부분을 환자를 보고 논문을 쓰는 의학자로서, 지나치게 전두엽(지성의 뇌)만 사용하며 살아온 것 같아 변연계(감정의 뇌)를 함께 자극해 글을 쓰기 시작했다.

함춘의학상(2001), 우수의과학자상(2002), 분쉬의학상(2003) 등을 수상하였고, 《동아일보》, 《신동아》 등에서 '최고의 신경과 명의'로 선정되었다. 저서로는 『뇌과학 여행자』, 『뇌에 관해 풀리지 않는 의문들』, 『신경학 교과서』, 『뇌졸중의 모든 것』, 『뇌졸중 119』 등이 있으며, 120편의 국외논문을 포함한 210여 편의 학술 논문을 저술했다.

뇌과학으로 풀어 보는 인간 행동의 비밀

춤추는 뇌

1판 1쇄 펴냄 2005년 3월 11일
1판 16쇄 펴냄 2022년 4월 15일

지은이 김종성
펴낸이 박상준
펴낸곳 (주)사이언스북스

출판등록 1997. 3. 24.(제16-1444호)
(06027) 서울특별시 강남구 도산대로1길 62
대표전화 515-2000 팩시밀리 515-2007
편집부 517-4263 팩시밀리 514-2329
www.sciencebooks.co.kr

ⓒ김종성, 2005. Printed in Seoul, Korea.

ISBN 978-89-8371-161-8 03400